胡凡勳 編著

Physics
物理學 2e

東華書局

國家圖書館出版品預行編目資料

物理學 / 胡凡勳編著. -- 2 版. -- 臺北市：臺灣東華, 2015.05

328 面；19x26 公分.

ISBN 978-957-483-815-8（平裝）

1. 物理學

330　　　　　　　　　　　　　　　104008432

物理學

編 著 者	胡凡勳
發 行 人	陳錦煌
出 版 者	臺灣東華書局股份有限公司
地　　址	臺北市重慶南路一段一四七號三樓
電　　話	(02) 2311-4027
傳　　眞	(02) 2311-6615
劃撥帳號	00064813
網　　址	www.tunghua.com.tw
讀者服務	service@tunghua.com.tw
門　　市	臺北市重慶南路一段一四七號一樓
電　　話	(02) 2371-9320
出版日期	2015 年 6 月 2 版
	2019 年 8 月 2 版 4 刷

ISBN　　978-957-483-815-8

版權所有 ‧ 翻印必究

序　言

　　隨著教育之普及與興盛，各專科學校紛紛改制為技術學院乃至科技大學，由其所培養出之畢業學生亦可獲得學士學位。但技術學院或科技大學基本上仍屬技職體系，學生來源以高職畢業生為主，其於高職期間對物理學的涉獵程度自無法比照普通高中學生的學習深度。

　　故若任意選擇一般大學所用之物理學教科書做為技術學院或科技大學學生的物理學教材，往往會因其內容過度艱深而導致學生學習興趣低落，且教師亦必須於課程進行中準備大量的補充教材，造成許多不必要的困擾。

　　筆者於編著本書之際即針對前述缺憾之處，特以數年來對物理學之任教心得及教材去蕪存菁，整理補充而完成此書。為兼顧專科部及四技部學生之程度，各授課教師可依本書內容予以調整涉入之深淺與進度。

　　本書之撰寫原則為：

(1) 以生活中常見之自然現象引出其所牽涉之物理定律或定理，並加以說明及適當之實驗佐證。
(2) 避免艱深之數學式推導，再以深入淺出之例題輔助說明定律、定理之應用及計算。
(3) 每章末附有選擇題與計算題兩大類型之習題若干，並附有解答，可供學生自行練習，及方便授課教師於測驗時命題方向之掌握。

本書編寫過程中，承蒙桃園創新技術學院之各級長官及同仁們的協助與建議，在此謹致最高之謝忱。並感謝家人在筆者編寫本書期間之包容及體諒。唯個人才疏學淺，疏誤之處仍望諸先進不吝指正，是所至盼。

胡 凡 勳

謹誌於中壢

2015 年 4 月

目 次

序 言　iii

第 1 章　緒　論　　　　　　　　　　　　　　1
- 1-0　物理學　　　　　　　　　　　　　　1
- 1-1　物理量　　　　　　　　　　　　　　1
- 1-2　長度的單位及其測定　　　　　　　3
- 1-3　質量的單位及其測定　　　　　　　6
- 1-4　時間的單位及其測定　　　　　　　7
- 習　題　　　　　　　　　　　　　　　　10

第 2 章　運動學　　　　　　　　　　　　　　15
- 2-1　純量與向量　　　　　　　　　　　15
- 2-2　運動學重要名詞　　　　　　　　　19
- 2-3　直線運動　　　　　　　　　　　　22
- 2-4　平面運動　　　　　　　　　　　　24
- 習　題　　　　　　　　　　　　　　　　29

第 3 章　力與運動　　　　　　　　　　　　　41
- 3-1　力的量度及單位　　　　　　　　　41
- 3-2　牛頓運動定律　　　　　　　　　　43
- 3-3　摩擦力　　　　　　　　　　　　　46
- 3-4　萬有引力　　　　　　　　　　　　49
- 3-5　向心力　　　　　　　　　　　　　52
- 3-6　簡諧運動　　　　　　　　　　　　53
- 習　題　　　　　　　　　　　　　　　　56

第 4 章　功與能　　65

4-1　功　　65
4-2　能　量　　67
4-3　功　率　　72
習　題　　74

第 5 章　質點系統　　81

5-1　動量與衝量　　81
5-2　質　心　　84
5-3　碰　撞　　87
習　題　　94

第 6 章　轉動與平衡　　101

6-1　轉　動　　101
6-2　力　矩　　106
6-3　角動量與轉動動能　　110
習　題　　114

第 7 章　流體力學　　119

7-1　液體壓力　　119
7-2　氣體壓力　　122
7-3　浮　力　　125
7-4　液體界面　　128
7-5　流體動力學　　131
習　題　　136

第 8 章　溫度與熱　　145

8-1　熱平衡與溫度　　145
8-2　熱量與比熱　　147
8-3　物態變化與潛熱　　151
8-4　熱的傳播　　153

8-5	熱膨脹	157
習 題		160

第 9 章　氣體定律與氣體動力論　**167**
9-1	理想氣體	167
9-2	氣體溫度計	171
9-3	分子運動論	173
9-4	布朗運動與分子速率的分佈	178
習 題		181

第 10 章　波動與聲音　**185**
10-1	波　動	185
10-2	波的反射與透射	187
10-3	波的重疊與干涉	190
10-4	駐　波	193
10-5	聲　波	196
10-6	海更士原理與都卜勒效應	198
習 題		202

第 11 章　光　學　**207**
11-1	光的性質	207
11-2	光的反射與折射	209
11-3	面鏡成像	216
11-4	透鏡成像	218
11-5	光的干涉與繞射	220
習 題		224

第 12 章　靜　電　**231**
12-1	電　荷	231
12-2	庫侖定律	233
12-3	電場強度與電力線	235

12-4	電　位	238
12-5	電　容	242
	習　題	245

第 13 章　直流電路　251

13-1	電　流	251
13-2	電　阻	252
13-3	電池的電動勢	257
13-4	電流、電位及電阻之量測	258
13-5	電功率與焦耳電熱定律	262
13-6	克希荷夫定律	264
	習　題	267

第 14 章　磁與電磁感應　275

14-1	磁　場	275
14-2	電流的磁效應	276
14-3	磁力作用	280
14-4	電磁感應	286
14-5	發電機與變壓器	289
14-6	電磁波	291
	習　題	293

第 15 章　近代物理　299

15-1	量子論	299
15-2	原子結構	305
15-3	原子核性質	309
15-4	X 射線	312
15-5	物質波	313
	習　題	315

索　引　319

CHAPTER 1

緒　論

1-0　物理學

　　自然科學就是將自然界的現象進行有系統的研究之一門學問。人類文明中就包含對自然界的各種現象作一系列的探討，而這種有系統的自然科學，在近四百年的西方科學家努力之下，已經有其穩固的基礎。

　　物理學屬於自然科學中的一環，具有其基本的重要地位。從古代的天文學等相關學問中，漸漸發展出「古典物理學」。同時由於十八、十九兩世紀的數學進展；物理學就有了合用的工具，而逐步成為一門相當完整的科學。

　　從力學開始到聲學、光學，接著十九世紀的熱力學、電磁學及氣體分子理論等，就是一般所謂古典物理學的範疇。至於二十世紀內物理學的新發展，則另外稱為「近代物理」。近代物理主要包括量子論及相對論兩大部門，以及它們在各方面的應用科學。

　　物理學的目標，是藉由一組簡單的原理來了解所有的物理「現象」，並且可用來預測新的結果。深入地講，物理學可以將以往已知的物理現象歸納成「原理」，也可以利用這些原理做相反的推斷，在同樣的情況下，不會有其他的物理現象發生。

1-1　物理量

　　物理學上所用的量，稱為**物理量**，協助我們在科學的研究中進行定量的分析,這將比定性的描述要清晰,也會更容易達到一個客觀的認知標準。例如:你和朋友搭客機去旅行,朋友問你目的地何在?若你回答就在前面不遠處,這種答案將太過模糊。較理想的方式就如同客機上的電腦透過衛星定位系統所呈現出之資料:距目的地剩餘 87 km,預計到達時間 15:27。這就是一種物理量的表達方式。

我們可以注意到物理量的兩個重要部分為:數字部分和單位部分。而物理量可分為基本量與導出量。基本量為一組可直接量測,不需由其他物理量來定義之物理量,在基本量決定後,則可以由基本量來推導出若干的導出量。物理學中常用的七個基本量分別是:長度、質量、時間、溫度、電流、物質的量、發光強度。其他如:密度、速度、動量……等,都是導出量。

通常這些物理量為了便於其組成之基本量組合方式的表示,會使用簡單的代號來表達,此代號即為**因次**。表 1-1 列出七大基本量之公制單位及因次。在此列舉導出量之因次表示法,如:密度為大家所熟知的「單位體積之質量」,而體積為長度這一基本量的 3 次方,故密度的表示法即為 $[ML^{-3}]$。這種分析法即稱作因次分析,可在科學的研究上利用此方法找出許多有用的參數,協助理論的推導及實驗的進行。

表 1-1　基本量之公制單位及其因次

基本物理量	基本單位	英文名稱	代號	因次
長度	公尺 (米)	meter	m	[L]
質量	公斤 (千克)	kilogram	kg	[M]
時間	秒	second	s	[T]
溫度	克耳文	Kelvin	K	$[\theta]$
電流	安培 (或安)	ampere	A	[I]
發光強度	燭光	candela	cd	[J]
物質的量	莫耳	mole	mol	[N]

1-2　長度的單位及其測定

長度的公制單位為公尺 (米)，英文代號 m，其定義的方式依時間序演進如下：

1. 以經過巴黎的子午線，由北極到赤道間地球弧長的一千萬分之一的長度，定為 1 公尺。

2. "鉑銥合金公尺原器"於 0 ℃ 時之長度，稱為標準米。

3. 氪原子 (Kr 86) 所發出橙色光波長的 1,650,763.73 倍之長度定為 1 公尺。

4. 現行之定義為：光在真空中行進 299,792,458 分之一秒所行進的距離為 1 公尺。基於此一論點，某些學者認為長度已不再屬基本量，而為時間之導出量。

另外常見的長度單位有公分 (cm)，公里 (km) 等公制單位，

表 1-2　常用倍數表示法

倍　　數	字　頭 英　文	字　頭 中　文	符　號
10^{-18}	atto-	微微微	a
10^{-15}	femto-	毫微微	f
10^{-12}	pico-	微微	p
10^{-9}	nano-	毫微	n
10^{-6}	micro-	微	μ
10^{-3}	milli-	毫	m
10^{-2}	centi-	釐	c
10^{-1}	deci-	分	d
10	deca-	十	D
10^2	hecto-	百	H
10^3	kilo-	仟	k (或 K)
10^6	mega-	百萬	M
10^9	giga-	十億	G
10^{12}	tera-	兆	T

僅與公尺間有 10 的整數次方倍變化關係。可於表 1-2 中查閱其中、英文表示法及其倍數。另外尚有英制單位，如：英寸 (in)，1 in＝2.54 cm，英尺 (ft)，1 ft＝30.5 cm。以及特殊長度單位：埃 (Å)，1 Å＝10^{-10} m。1 光年 (L.Y.)＝9.46×10^{15} m (即光行走一年的距離)。1 天文單位 (A.U.)＝1.5×10^{11} m (即地球繞日公轉的軌道半徑)。

在長度上一般常見的量測工具有皮尺、米尺、游標卡尺 (分釐卡)，如圖 1-1(a)、(b) 所示，及螺旋測微器等，如圖 1-2(a)、(b) 所示。特殊工具則如紅外線測距儀、三次元量床等。視所量測的尺度範圍及精度要求而有不同的選擇。並且這些量具都需要進行校正，如圖 1-3 即為卡尺校正器。

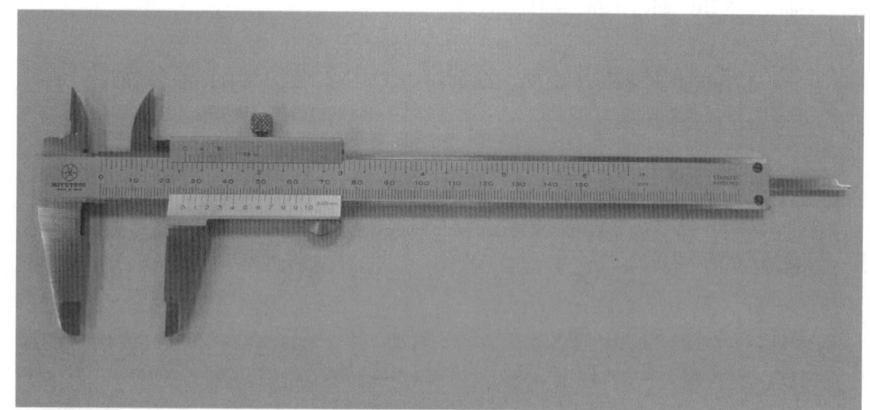

(a) 游標卡尺 150 mm

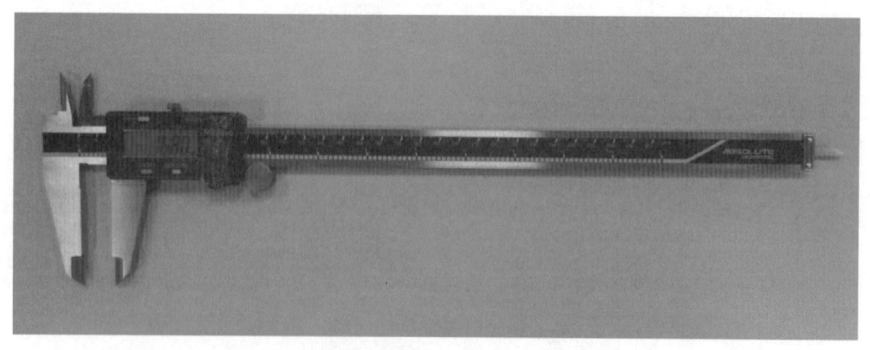

(b) 數位式游標卡尺 300 mm

圖 1-1

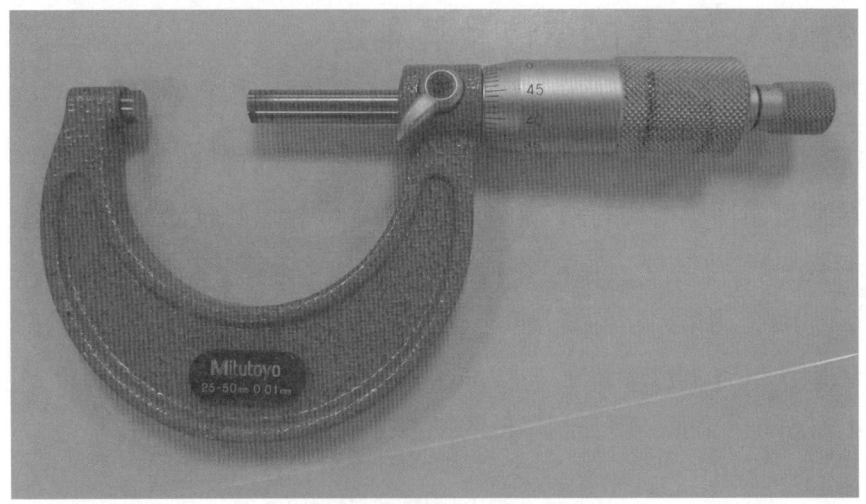

(a) 螺旋測微器 25-50 mm

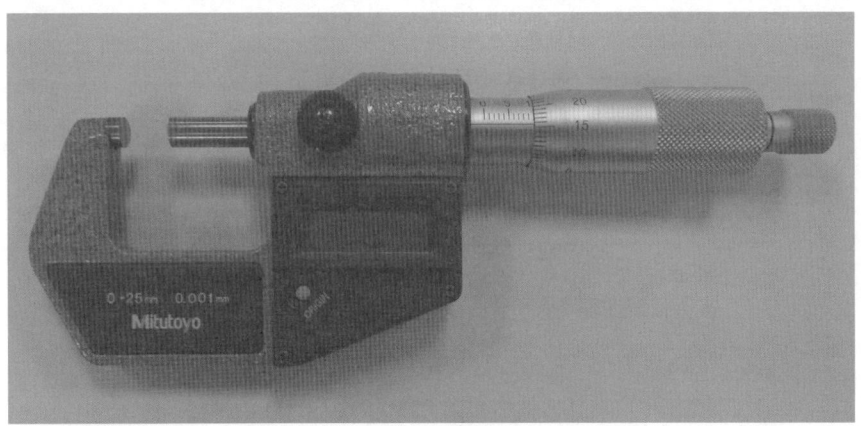

(b) 數位式螺旋測微器 0-25 mm

圖 1-2

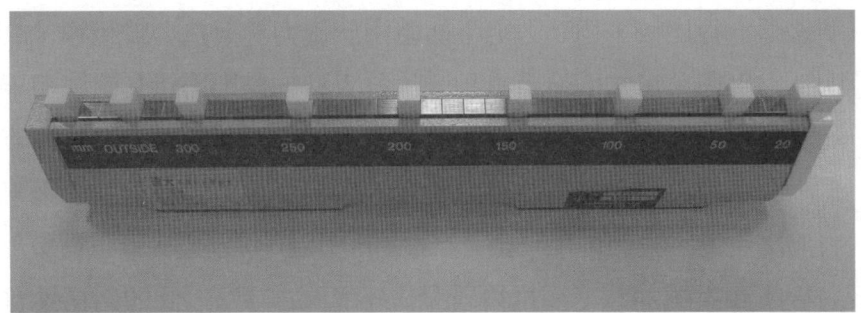

圖 1-3　卡尺校正器

1-3 質量的單位及其測定

質量的公制單位為公斤,英文代號 kg,其定義為一大氣壓下,4°C 時 1 公升純水的質量。國際上公認的質量標準是保存在國際度量衡標準局的鉑 (90%) 與銥 (10%) 合金圓柱體,稱為**標準仟克**。

而在測量原子的質量時,公制單位較不適用。故國際間公認的碳 12 (^{12}C) 的原子量為 12 **原子質量單位** (atomic mass unit),即 12 a.m.u.。a.m.u. 與公制單位的換算公式為:

$$1 \text{ a.m.u.} = 1.6605 \times 10^{-27} \text{ kg}$$

表 1-3 為一些原子的質量,係以 ^{12}C 為標準值而求出。

表 1-3　某些原子的質量

原　子	質量,a.m.u.
^{1}H	1.00782522 ± 0.00000002
^{12}C	12.00000000
^{64}Cu	63.9297568 ± 0.0000035
^{102}Ag	101.911576 ± 0.000024
^{137}Cs	136.907074 ± 0.000005
^{190}Pt	189.959965 ± 0.000026
^{238}Pu	238.049582 ± 0.000011

對於質量之量測工具,最常見的為等臂天平,將待測物與標準砝碼進行比較,達到力矩平衡時由於施力臂與抗力臂相等,故即為力平衡,可知兩端質量相等。對大型物體則需以其體積與平均密度反推其質量。另外需注意的是,天平要藉由重力來量測質量,故所得之質量又稱為**重力質量**。若在無重力場狀況下,天平將無法使用。我們可用牛頓第二運動定律 $F=ma$ 式,量測物體受力後所產生的加速度反推得質量 m,即 $m=F/a$,此即為**慣性質量**。例如一質量單位"**斯勒格**"(slug),即是一英制慣性質量,其

定義為 1 lb 的力可使 1 slug 的質量物體產生 1 ft/sec² 的加速度。若加以換算則為：

$$1 \text{ slug} = 14.7 \text{ kg}$$

1-4　時間的單位及其測定

時間的基本單位為秒，英文代號為 sec 或 s，其定義為早期的以地球自轉一周所需時間的八萬六千四百分之一為 1 秒。但由於地球自轉非等速率，因此並不適當。現行的標準為以銫 ($^{133}_{55}$Cs) 元素原子振動週期的 9,192,631,770 倍為 1 秒，其所製成之原子鐘精密度可達 3×10^3 年才有 1 秒的誤差。在此將各種計 "日" 的方式作一整理及比較：

1. **平均太陽日**：此即前述之標準秒的 86,400 倍，也就是我們目前生活中所過的 "一天"。
2. **太陽日**：地球上某定點連續兩次對準太陽的間隔時距。
3. **恒星日**：地球上某定點連續兩次對準遠處恒星的間隔時距。

上述各項計 "日" 方式之實際時間長短與地球自轉一周時間的比較如下：

地球自轉一周時間 ＜ 恒星日 ＜ 平均太陽日 ＜ 太陽日

在量測時間的工具方面，必須具有一定的規律性及週期性。例如：砂漏、日晷、單擺，及其他電子類的計時器。還有一種長時間的量度方式——**放射性元素蛻變法**。係利用放射性物質的質量 (或放射強度，或原子數目) 減為原有一半所需之時間，稱為**半生期**或**半衰期**。我們可以用這種方法估計一個動物化石的年代，如圖 1-4 所示。

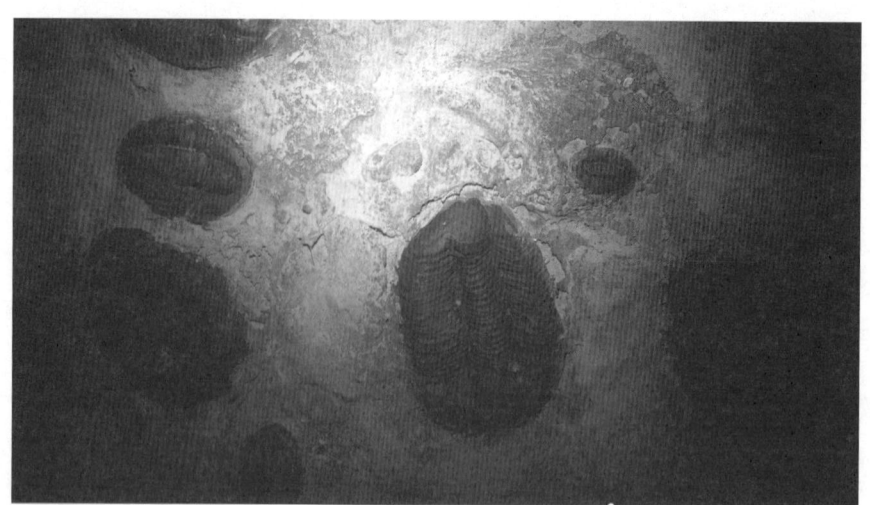

圖 1-4　在捷克所發現的三葉蟲化石群，最早出現在距今約五億一千萬年前的寒武紀。

剩餘質量 m 與原有質量 m_0 的關係為：

$$\frac{m}{m_0}=\left(\frac{1}{2}\right)^{\frac{t}{T}} \tag{1.1}$$

其中 T：半衰期

t：衰變所經歷的時間

圖形如下：

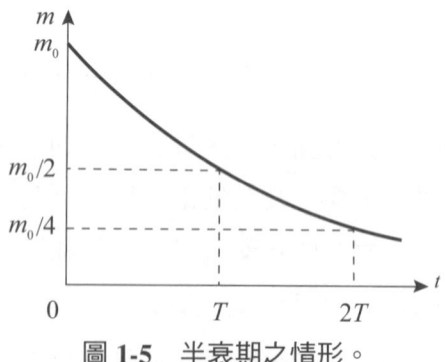

圖 1-5　半衰期之情形。

而單擺的使用簡單、方便，故亦常在物理學中探討。單擺週期與重力加速度 g 及擺長 l 乃至擺幅 θ 及空氣阻力等因素有關。故一般討論時都不計空氣阻力，且擺幅甚小 ($\theta < 5°$)，高次項將

可趨近於零，故得一週期公式：

$$T = 2\pi \sqrt{\frac{l}{g}} \tag{1.2}$$

由上式可知，週期僅與擺長和重力場強度有關。

範例 1-1

在活的生物體內，同位素 ^{14}C 與 ^{12}C 含量的比值為 10^{-13}。現有一古生物，其 ^{14}C 與 ^{12}C 含量之比值為 1.25×10^{-14}。已知 ^{14}C 的半生期為 5730 年，則此古生物死時距今約若干年？

解：

因生物體內之 ^{12}C 含量不變，可假設含量為 A，則古生物死時 ^{14}C 含量為 $m_0 = 10^{-13}$ A，現今含量為 $m = 1.25 \times 10^{-14}$ A，

由 (1.1) 式，

$$\frac{m}{m_0} = \left(\frac{1}{2}\right)^{t/T} \Rightarrow \frac{1.25 \times 10^{-14} A}{10^{-13} A} = \left(\frac{1}{2}\right)^{t/5730}$$

$$\therefore t = 17190 \text{ (年)} \text{...... } \mathbf{Ans.}$$

範例 1-2

一單擺之長為 1.00 公尺，週期為 2.0 秒。以此等數據算出的重力加速度是多少？

解：

由 (1.2) 式，

$$T = 2\pi \sqrt{\frac{l}{g}}$$

$$\Rightarrow g = \frac{4\pi^2 l}{T^2} = \frac{4 \times 9.87 \times 1.00}{2.0^2} = 9.87 \text{ (m/sec}^2\text{)} \text{...... } \mathbf{Ans.}$$

習 題

一、選擇題

1. 下列單位中何者為基本單位？ (E)
   (A) 焦耳　　(B) 牛頓　　(C) 瓦特　　(D) 公尺/秒　　(E) 公斤

2. 若擺長 1 米的單擺，其週期為 2 秒，則擺長 49 釐米的單擺在同一個地方的擺動週期為多少？ (B)
   (A) 0.49 秒　　(B) 1.4 秒　　(C) 0.98 秒　　(D) 2.8 秒

3. 月球之重力加速度為地球之 $\frac{1}{6}$ 倍，有一單擺時鐘由地球移至月球，欲使時鐘準確，需將擺長改為原來的若干倍： (B)
   (A) 6 倍　　(B) $\frac{1}{6}$ 倍　　(C) $\sqrt{\frac{1}{6}}$ 倍　　(D) $\sqrt{6}$ 倍

4. 光年屬於何種單位？ (A)
   (A) 距離　　(B) 時間　　(C) 質量　　(D) 速度

5. 下例何者為太陽日之正確定義？ (B)
   (A) 地球自轉一周之時距
   (B) 地球上一點連續兩次對準太陽之時距
   (C) 地球上某點連續兩次對準遠處恒星之時距
   (D) 以上皆非

6. 凡是物理量必須同時包含： (D)
   (A) 長度與單位　(B) 長度與質量　(C) 大小與方向　(D) 數字與單位

7. 物理之基本量包括： (B)
   (A) 長度、速度、時間　　(B) 長度、質量、時間
   (C) 長度、質量、速度　　(D) 電量、質量、時間

8. 下列物理量何者為非向量？ (C)
   (A) 位置　　(B) 速度　　(C) 電位　　(D) 電場強度

9. 甲物體在地球上的重量為乙物體在月球上重量的 3 倍，則甲物體質量為乙物體質量的若干倍？ (D)
   (A) 3　　(B) 1/3　　(C) 2　　(D) 1/2

10. 在地球表面重 60 克的物體，若移至地球中心處，其質量為若干克？　　　　　　　(A)
    (A) 60　　　　(B) 30　　　　(C) 10　　　　(D) 0

11. 甲、乙兩鐵球半徑比為 2：1，若甲球置入盛水的量杯中，水面上升 3.2 公分，則　(D)
    乙球置入相同量杯中，水面上升幾公分？
    (A) 3.2　　　(B) 1.6　　　(C) 0.8　　　(D) 0.4

12. 某籃球選手身高 6 呎 8 吋，約若干公分？　　　　　　　　　　　　　　　　　(D)
    (A) 188　　　(B) 192　　　(C) 198　　　(D) 203　　　(E) 210

13. 某拳擊手奮力擊中對手的一拳約 300 磅重，約合若干公斤重？　　　　　　　　(C)
    (A) 91　　　(B) 113　　　(C) 136　　　(D) 159

14. 下列敘述何者錯誤？　　　　　　　　　　　　　　　　　　　　　　　　　　(C)
    (A) 在月球上可用天平測物體質量　　(B) 在月球上可用彈簧秤測物體重量
    (C) 在太空中可用天平測物體質量　　(D) 在太空中物體重量為零

15. 質量 1 g 的棉花和質量 1 g 的鐵，在同一地點所受地球引力何者較大？　　　　　(C)
    (A) 鐵　　　(B) 棉花　　　(C) 一樣大　　　(D) 無法判斷

16. 某放射性元素的半衰期為 25 天，24 克的此種元素經 100 天放射後，該元素的質量　(B)
    將變為：
    (A) 仍為 24 克　　(B) 1.5 克　　(C) 6 克　　(D) 3 克

17. 下列敘述何者正確？　　　　　　　　　　　　　　　　　　　　　　　　　　(B)
    (A) 地球自轉一周即一個太陽日　　(B) 太陽日一定較恆星日長
    (C) 一年約有 366 太陽日　　　　(D) 太陽日較恆星日有時長，有時短

18. 某個木塊密度為 0.75 克/立方公分，若改用公斤/立方公尺為單位，則其數值為何？(D)
    (A) 0.075　　(B) 0.0075　　(C) 75　　(D) 750

19. 長度 L，質量 M，時間 T 稱為物理基本量的因次，速度的因次為 L/T，則能量的因　(A)
    次為：
    (A) ML^2/T^2　　(B) ML/T^2　　(C) ML^2/T^3　　(D) ML^2T^2

20. 同上題，動量的因次為：　　　　　　　　　　　　　　　　　　　　　　　　(A)
    (A) ML/T　　(B) ML/T^2　　(C) ML^2/T　　(D) ML/T^2

21. 用天平可測量物體的質量，此質量亦可稱為：　　　　　　　　　　　　　　　(B)
    (A) 慣性質量　　(B) 重力質量　　(C) 轉動慣量　　(D) 動量

22. 一物置於平地上，其重量為 10 克重，將它移至高山上，用彈簧秤測其重量，結果　(C)
    將：
    (A) 等於 10 克重　(B) 大於 10 克重　(C) 小於 10 克重　(D) 不一定

23. 有三個單擺，分別懸掛鐵球、木球、鋁球，具有相同的擺長，在同一地點使其作小角度的擺動，則擺動週期： (D)
    (A) 鐵球最大　　(B) 木球最大　　(C) 鋁球最大　　(D) 三個單擺週期一樣大

24. A、B 兩球體，半徑比為 3：1，若質量相同，則密度比為： (D)
    (A) 3：1　　(B) 1：3　　(C) 1：9　　(D) 1：27

25. 有一彈簧原長為 10 公分，掛上 8 公斤重物體，總長度為 14 公分，欲使彈簧總長度 15 公分，須掛幾公斤重物體？ (B)
    (A) 6　　(B) 10　　(C) 12　　(D) 16

26. 某生在平地上用天平測一物的質量為 a，在高山上用同一天平測得質量 b，若在月球上測其質量為 c，則： (C)
    (A) $a>b>c$　　(B) $a=b>c$　　(C) $a=b=c$　　(D) $a=b<c$

27. 一物在地球上重量為 100 克重，另一物體在月球上的重量為 20 克重，則兩物的質量比為： (D)
    (A) 5：1　　(B) 1：1　　(C) 6：1　　(D) 5：6

28. 密度的因次為： (C)
    (A) M/L　　(B) M/L^2　　(C) M/L^3　　(D) ML^3

29. 天文長度單位 (A.U.) 是地球繞太陽之軌道半徑，其大小約為 $1.5×10^{11}$ 公尺，若用數量級表示，應為若干米？ (A)
    (A) 10^{11}　　(B) 10^{12}　　(C) 10^{10}　　(D) 10^9

30. 1 公尺等於多少公引？ (B)
    (A) 10^{-3}　　(B) 10^{-2}　　(C) 10^{-1}　　(D) 10^2

31. 下列物理量的導出單位，何者正確？ (B)
    (A) 速度的單位為公斤/秒　　(B) 力的單位為公斤·公尺/秒^2
    (C) 能量的單位為公斤·公尺^2/秒　　(D) 動量的單位為公斤·公尺^2/秒

32. 同質量 0℃ 的水和 0℃ 的冰： (B)
    (A) 體積相等　　(B) 冰的體積較大
    (C) 水的體積較大　　(D) 水的體積可大於或小於冰的體積

33. 科學上長度單位以下列何種原子發光波長的 1,650,763.73 倍為一標準米尺？ (B)
    (A) 銫　　(B) 氪　　(C) 鉑　　(D) 汞

34. 單擺擺動時，若無摩擦力，則下列敘述何者錯誤？ (C)
    (A) 在最高點動能最小　　(B) 在最高點擺錘受重力力矩最大
    (C) 擺錘重者週期較長　　(D) 在擺動的每個位置，擺錘的總機械能不變

35. 甲乙二物體在月球上之質量比為 6：1，則在地球上兩者的質量比為： (C)
    (A) 1：1　　(B) 1：6　　(C) 6：1　　(D) $\sqrt{6}$：1

36. 平均太陽日： (D)
    (A) 等於 1 恆星日　　　　　　(B) 小於恆星日
    (C) 等於地球自轉一圈時間　　(D) 大於地球自轉一圈的時間

37. 下列何者質量最小？ (C)
    (A) 質子　　(B) 中子　　(C) 電子　　(D) 氫原子

38. 某生將一液體分次倒入量筒中，然後利用天平依次測量量筒（連同液體）的質量，並記錄量筒中液體之體積，將所得數據繪成右圖，則該液體的密度為多少公克/立方公分？ (B)
    (A) 0.5　　(B) 1
    (C) 2　　　(D) 3

39. 若以 a 作質量的單位，以 b 作長度的單位，則密度單位應該是： (C)
    (A) a/b　　(B) a/b^2　　(C) a/b^3　　(D) b/a

40. 若重力加速度突然減半，則地表之單擺週期變成原來的若干倍？ (D)
    (A) 1/2　　(B) 2　　(C) $1/\sqrt{2}$　　(D) $\sqrt{2}$

41. 下列物理量，何者非向量？ (B)
    (A) 速度　　(B) 速率　　(C) 加速度　　(D) 磁場

42. 單擺擺長 L，懸掛質量為 m 之物體，在擺幅不大時，其週期為 T，若改懸質量為 $3m$ 之物體，則其週期為： (C)
    (A) $T/3$　　(B) $T/\sqrt{3}$　　(C) T　　(D) $\sqrt{3}\,T$

43. 單擺擺動時，若無摩擦力，則下列何者錯誤？ (C)
    (A) 在最高點，動能最小　　(B) 在最低點，位能最小
    (C) 擺錘重的，週期較長　　(D) 機械能總和不變。

44. 一老式掛鐘，鐘擺長 1 公尺，則其週期約（$g = 10$ m/sec^2）： (B)
    (A) 1 秒　　(B) 2 秒　　(C) 3 秒　　(D) 5 秒

二、計算題

1. 在重力場 g 中，有一擺長為 l 之單擺。在其懸掛點之鉛直下方 $l/2$ 處有一細釘，故當懸線從鉛直線的一側擺到鉛直線之另一側時，擺長就成為 $l/2$。這個擺的週期等於若干？

答案：$\pi\sqrt{\dfrac{l}{g}}\left(\dfrac{2+\sqrt{2}}{2}\right)$

2. 設某放射性元素之半生期為 2 天，則該元素每一原子經過一天已行蛻變之機率為若干？

答案：0.293

3. 某恒星到地球的距離為 21 光年，試求該恒星至地球的距離約為若干公里？

答案：1.99×10^{14} 公里

CHAPTER 2

運動學

🌀 2-1 純量與向量

若物理量不具方向性，只有量值而已，則稱該物理量為**純量**，如質量、時間及溫度等均為物理學中常見的純量例子。若一物理量同時包含量值及方向，則稱該物理量為**向量**。在書寫上常用粗黑字體來表示向量，例如：**A**，或者是在字母上方加一箭頭而成 $\vec{A}$，通常以後者較方便、省時。向量可在大小相等、方向相同的情形下任意平移，並可進行下列運算：

1. 純數乘法

即將向量 $\vec{A}$ 乘以純數 a，可得 $a\vec{A}$，即產生與原向量 $\vec{A}$ 之長度 a 倍之新向量。若 $a < 0$，則表示反向。(見圖 2-1、圖 2-2)

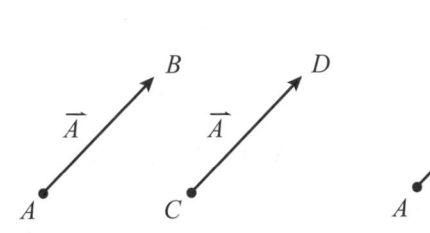
圖 2-1　向量的平移。

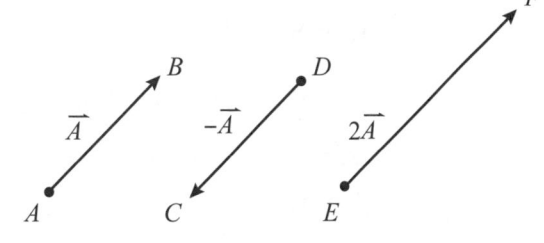
圖 2-2　向量的純數乘法。

2. 向量加法：(見圖 2-3)

    (a) 平行四邊形法。

    (b) 三角形法 (首尾相接法)。

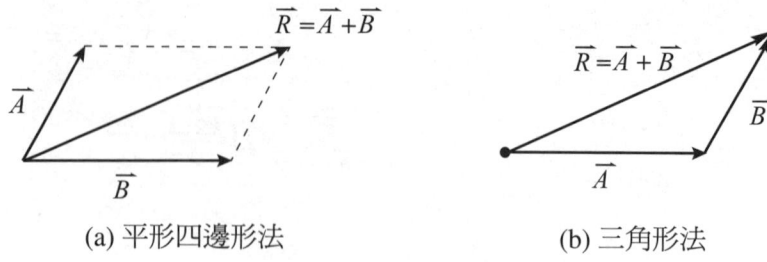

(a) 平形四邊形法　　　　　(b) 三角形法

圖 **2-3**　向量加法。

3. 向量減法：(見圖 2-4)　$\vec{A} - \vec{B} = \vec{A} + (-\vec{B})$

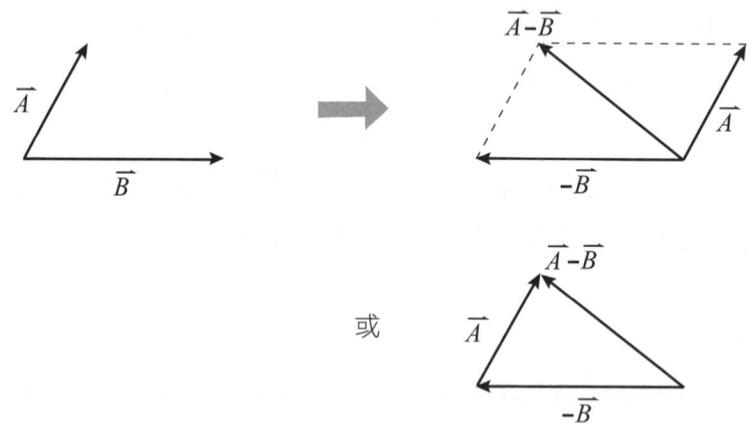

圖 **2-4**　向量減法。

4. 向量分解

通常為配合坐標系的選定及計算上的方便，常見將向量做一分解。以 $\hat{i}$、$\hat{j}$ 為 x、y 軸上的單位向量，則向量 $\vec{A}$ 可改寫成：(如圖 2-5)

$\vec{A} = (A \cos \theta) \hat{i} + (A \sin \theta) \hat{j}$ (θ 表 $\vec{A}$ 與 x 軸夾角)　　**(2.1)**

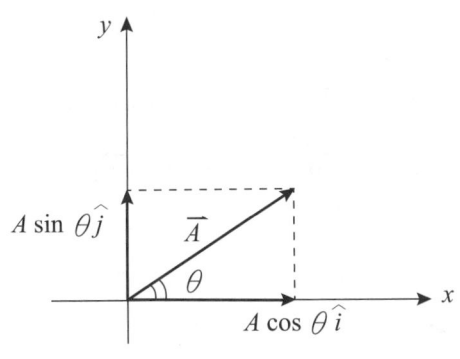

圖 2-5　向量分解。

範例 2-1

找出圖 2-6 中向量 $\vec{A}$ 與 $\vec{B}$ 之合向量。

解：

分解　　$\vec{A} = 3\hat{i} + 4\hat{j}$
　　　　$\vec{B} = 2\hat{i} - 6\hat{j}$
　　　　$\vec{R} = \vec{A} + \vec{B}$
　　　　　　$= (3+2)\hat{i} + (4-6)\hat{j}$
　　　　　　$= 5\hat{i} - 2\hat{j}$......**Ans.**

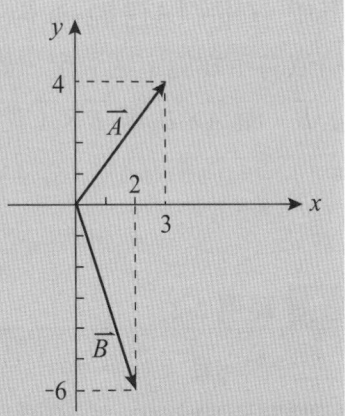

圖 2-6

由作圖法得合向量 $\vec{R}$ 為：

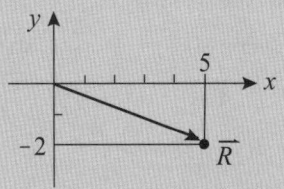

5. 向量內積(點積)

兩向量內積其結果為一純量，數學式表示為：

$$\vec{A} \cdot \vec{B} = |\vec{A}||\vec{B}| \cos \theta \qquad (2.2)$$

其中 θ 為 $\vec{A}$、$\vec{B}$ 兩者之夾角；$|\vec{A}|$ 表 $\vec{A}$ 之長度。而

$$\vec{A} \cdot \vec{B} = |\vec{A}||\vec{B}| \cos \theta = |\vec{B}||\vec{A}| \cos \theta = \vec{B} \cdot \vec{A}$$

符合交換律。

6. 向量外積（叉積）

兩向量外積其結果亦為一向量，數學式表示為：

$$\vec{A} \times \vec{B} = \vec{C} \qquad (2.3)$$

其中 $|\vec{C}| = |\vec{A}||\vec{B}| \sin \theta$，$\theta$ 為 $\vec{A}$、$\vec{B}$ 兩者之夾角。而 $\vec{C}$ 之方向可依右手螺旋定則決定，如圖 2-7 所示。有一特點為 $\vec{C} \perp \vec{A}$ 且 $\vec{C} \perp \vec{B}$。而 $\vec{A} \times \vec{B}$ 與 $\vec{B} \times \vec{A}$ 之大小相等但方向相反，故：

$$\vec{A} \times \vec{B} = -(\vec{B} \times \vec{A}) \qquad (2.4)$$

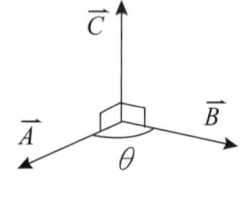

圖 2-7 向量外積。

> **範例 2-2**
>
> 已知兩向量 $\vec{A}$、$\vec{B}$，大小分別為 6 與 10，兩者夾角 30°，求其內積與外積分別為何？
>
> 解：
> (1) 內積 $\vec{A} \cdot \vec{B} = |\vec{A}||\vec{B}| \cos \theta$
> $\qquad\qquad\quad = 6 \times 10 \times \cos 30°$
> $\qquad\qquad\quad = 30\sqrt{3}$ ......**Ans.**
> (2) 外積 $|\vec{A} \times \vec{B}| = |\vec{A}||\vec{B}| \sin \theta$
> $\qquad\qquad\quad = 6 \times 10 \times \sin 30°$
> $\qquad\qquad\quad = 30$；方向垂直於 $\vec{A}$、$\vec{B}$ 所在之平面......**Ans.**

2-2 運動學重要名詞

1. 位置

描述位置時必先指定參考點，再進行比較後得出其相對空間關係。為一向量。

2. 路徑長

物體經過一段時間 Δt，沿著運動軌跡所量度的長度。為一純量。

3. 質點

在研究物理學時所作的一個假設，質點無大小、形狀，但具有質量。

4. 位移

質點初位置 $\vec{r_i}$，末位置 $\vec{r_f}$，則其位移即為向量差：

$$\Delta r = \vec{r_i} - \vec{r_i} \tag{2.5}$$

位移為一向量，僅與初位置及末位置有關，與路徑、時間及參考點均無關 (見圖 2-8)。

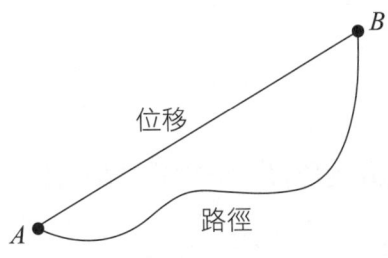

圖 2-8 位移和路徑之比較。

範例 2-3

秒針針尖長 2 公分，則秒針走 (1) 15 秒；(2) 30 秒；(3) 60 秒，其位移及路徑長分別為若干公分？

解：

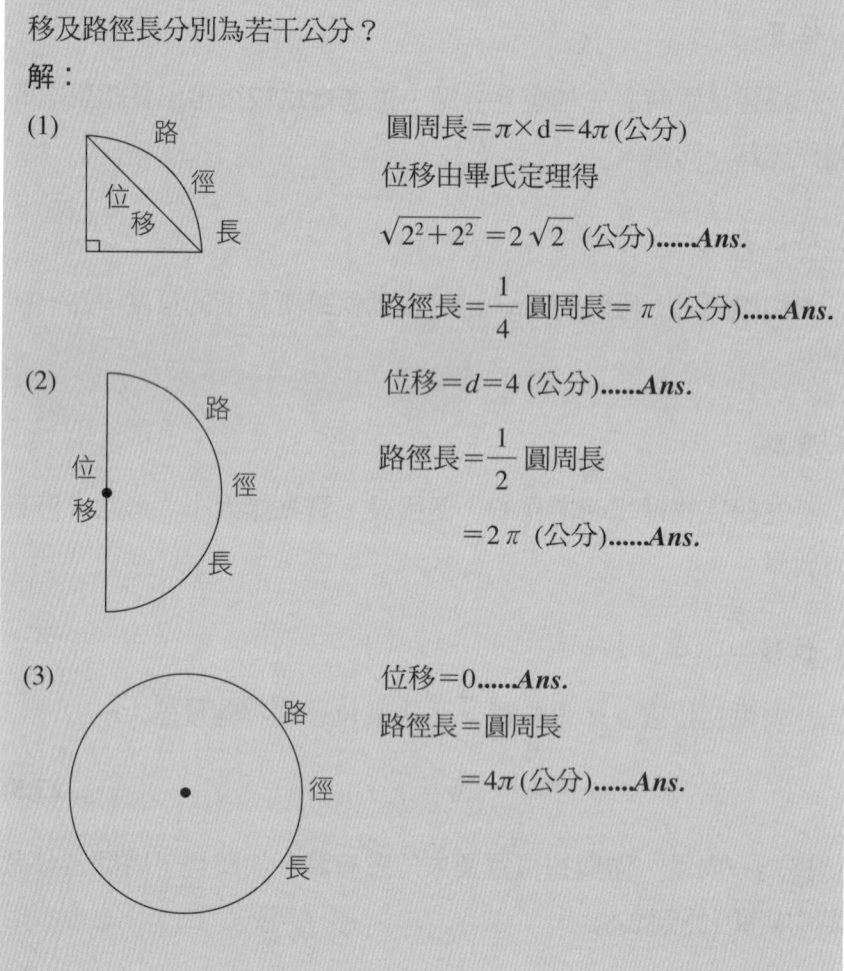

(1) 圓周長 $= \pi \times d = 4\pi$（公分）

位移由畢氏定理得

$\sqrt{2^2+2^2} = 2\sqrt{2}$（公分）......***Ans.***

路徑長 $= \dfrac{1}{4}$ 圓周長 $= \pi$（公分）......***Ans.***

(2) 位移 $= d = 4$（公分）......***Ans.***

路徑長 $= \dfrac{1}{2}$ 圓周長

$= 2\pi$（公分）......***Ans.***

(3) 位移 $= 0$......***Ans.***

路徑長 $=$ 圓周長

$= 4\pi$（公分）......***Ans.***

5. 速度

物體在單位時間內位移。一般分為兩大類：

(1) 平均速度：

$$\vec{v}_{av} = \frac{\vec{r}_f - \vec{r}_i}{\Delta t} = \frac{\Delta \vec{r}}{\Delta t} \qquad (2.6)$$

(2) 瞬時速度：(即我們簡稱之速度)

$$\vec{v} = \lim_{\Delta t \to 0} \frac{\vec{r_f} - \vec{r_i}}{\Delta t} = \frac{d\vec{r}}{dt} \qquad (2.7)$$

速度為向量，其方向與瞬時位移 $\vec{dr}$ 相同，即為軌跡切線方向。

6. 速率

物體在單位時間內所經歷的路徑長。下面進行一些比較。

(1) 等速度運動必為等速率運動，反之不一定成立。

(2) 等速度運動必為直線運動，但等速率運動之軌跡可任意變動。

(3) 速度改變，速率不一定改變。

7. 加速度

物體運動時在單位時間內速度之變化量。通常分為兩大類：

(1) 平均加速度：

$$\vec{a}_{av} = \frac{\vec{v_2} - \vec{v_1}}{t_2 - t_1} = \frac{\Delta \vec{v}}{\Delta t} \qquad (2.8)$$

(2) 瞬時加速度：(即我們簡稱之加速度)

$$\vec{a} = \lim_{\Delta t \to 0} \frac{\Delta \vec{v}}{\Delta t} = \frac{d\vec{v}}{dt} \qquad (2.9)$$

加速度亦為一向量，與速度不一定同向，例如進站中的火車，為了要停車，其加速度為負值，但車身仍然在前進，速度為正，故加速度與速度不同向。

> **範例 2-4**
>
> 一輛原為靜止之車子,在 9.00 秒內加速至 97.0 公里/時。試求該車之平均加速度。
>
> 解:
>
> 首先將時速轉換成秒速,即:
>
> $\vec{v}_f = 97.0$ km/h $= 26.94$ m/s
>
> $\vec{a}_{av} = \dfrac{\vec{v}_f - \vec{v}_i}{t_2 - t_1} = \dfrac{26.94 - 0}{9} = 2.99$ (m/s^2)......**Ans.**
>
> 此解為平均加速度,事實上,以車子的加速度方式應屬於變加速度 (尤其是需要換檔時)。

2-3 直線運動

在了解運動學中主要名詞的意義之後,我們要討論的是一種簡單的一維直線運動,它將可帶領我們進入運動學的領域。首先介紹直線運動之三大公式:

$$\textbf{1. } v = v_0 + at \qquad (2.10)$$

$$\textbf{2. } s = v_0 t + \frac{1}{2} at^2 \qquad (2.11)$$

$$\textbf{3. } v^2 = v_0^2 + 2as \qquad (2.12)$$

其中 s 表位移,v 表速度,v_0 表初速度,a 表加速度,t 表時間。當 $a=0$ 時,即加速度為 0,該物體為等速度運動 (速度為 0 則靜止)。當 a 為定值 (不隨時間變化) 時,則為等加速度運動。在運動函數圖形的分析上,通常都以時間 t 為橫軸,而以 s、v 或 a 作為縱軸。大致之分析如圖 2-9、圖 2-10 所示。

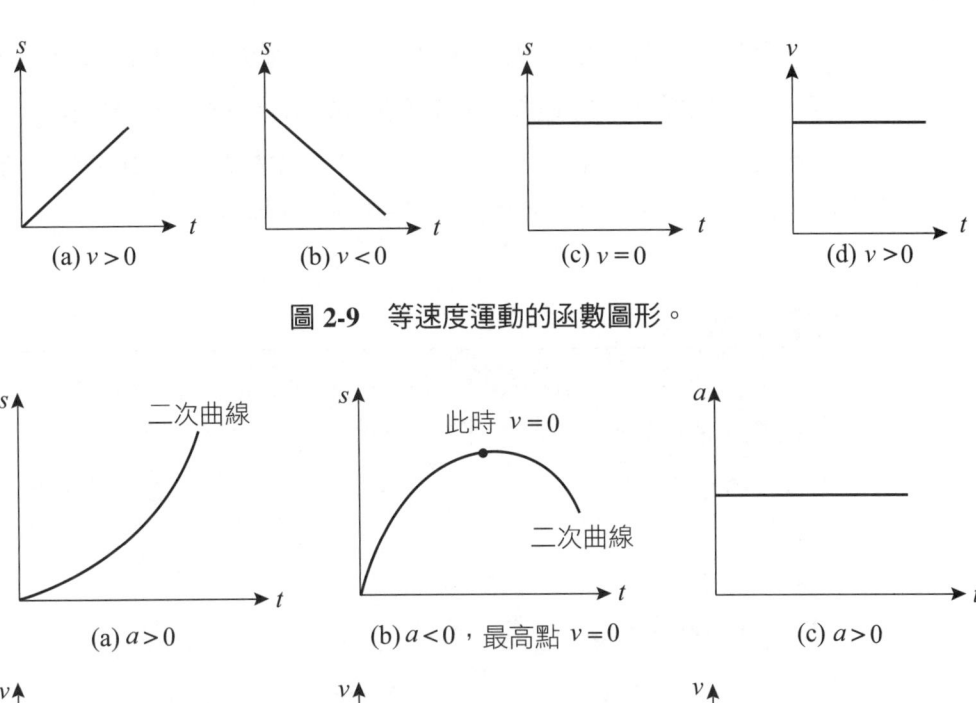

圖 2-9　等速度運動的函數圖形。

圖 2-10　等加速度運動的函數圖形。

由上面各圖可得到下列結論：

1. s-t 圖中之曲線上任兩點之割線斜率為該段時間內之平均速度，而曲線上任一點之切線斜率為該時刻之瞬時速度。

2. s-t 圖中若曲線凹向上，斜率漸增，加速度為正值。或曲線凹向下，斜率漸減，加速度為負值。

3. v-t 圖中之曲線上任兩點之割線斜率為該段時間內之平均加速度，而曲線上任一點之切線斜率為該時刻之瞬時加速度。且由曲線下和橫軸所包圍的面積可求得運動的位移量。

4. a-t 圖中之曲線下和橫軸所包圍的面積為速度變化量值。

為印證上述論點，引入運動函數作一例證，並進行微分的運算。如一質點作直線運動，位置的函數 $x(t)=3t^2+2t-1$，則速度函數可由 dx/dt 求得，所以 $v(t)=6t+2$，加速度函數可由 dv/dt 求得，所以 $a(t)=6$，為一常數，故為等加速度運動。

範例 2-5

有一質點沿 x 軸方向作直線運動，於行經 120 m 之位移內速度由 4 m/s 均勻地增至 8 m/s，試求：

(1) 加速度之大小？
(2) 經過時間？

解：

(1) 由 (2.12) 式可求加速度，即

$$8^2=4^2+2 \cdot a \cdot 120 \Rightarrow a=0.2 \text{ (m/s}^2)\text{……Ans.}$$

(2) 若使用 (2.11) 式解 t，必須解二次函數，較不方便。故我們採用 (2.10) 式，即

$$8=4+0.2 \cdot t \Rightarrow t=20 \text{ (sec)……Ans.}$$

2-4 平面運動

所謂**平面運動**，事實上亦包含某些直線運動，特別是受重力影響的重力加速度之效應。重力加速度以 g 表示，在地球表面，g 值約為 9.80 m/sec^2、980 cm/sec^2 或 32.2 ft/sec^2。本節對下列幾種平面運動加以探討：

1. 自由落體運動

其加速度之大小與落體質量無關，常用公式為：

$$v=gt \tag{2.13}$$

$$H = \frac{1}{2}gt^2 \qquad (2.14)$$

$$v^2 = 2gH \qquad (2.15)$$

若觀察上列三式與 (2.10)～(2.12) 式之比較，不難發現即同樣的直線運動，但 $v_0 = 0$，$a = g$。

2. 鉛直上拋運動

亦為等加速運動，加速度為 g，公式為：

$$v = v_0 - gt \qquad (2\text{-}16)$$

$$H = v_0 t - \frac{1}{2}gt^2 \qquad (2\text{-}17)$$

$$v^2 = v_0^2 - 2gH \qquad (2\text{-}18)$$

由上列三式可知上拋之初速度與加速度之方向相反，故於式中出現減號，取代原有之加號。

3. 水平拋射運動

仍為等加速度運動，加速度為 g，軌跡為拋物線。其速度必須以水平方向速度及垂直方向速度之向量來求取，故無直接之公式。但需注意由於加速度作用在垂直方向，故水平方向之速度將永不改變，直到落地為止。而垂直方向之速度亦獨立於水平速度之外，僅受重力加速度影響而改變。一般較常見要求取的二點為：

(1) 水平位移

$$R = v_0 \times t \qquad (2.19)$$

(2) 著地時間

$$t = \sqrt{\frac{2H}{g}} \qquad (2.20)$$

4. 斜向拋射運動

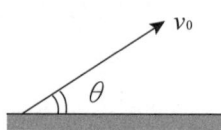

圖 2-11 斜向拋射運動示意圖。

為等加速度運動，加速度為 g，軌跡為拋物線。假設其拋射方式如圖 2-11 所示，則可進行以下分析：

水平速度分量 $v_x = v_0 \cos\theta$ (2.21)

垂直初速度分量 $v_{0y} = v_0 \sin\theta$ (2.22)

水平位移 $x = (v_0 \cos\theta)t$ (2.23)

垂直速度分量 $v_y = v_{0y} - gt = v_0 \sin\theta - gt$ (2.24)

垂直位移 $y = (v_0 \sin\theta)t - \dfrac{1}{2}gt^2$ (2.25)

(1) 當物體到達最高位置時，$v_y = 0$，故可由 (2.24) 式中求得飛行時間

$$t_1 = \frac{v_0 \sin\theta}{g} \tag{2.26}$$

(2) 當物體再落回地面時，$y = 0$，由 (2.25) 式可知其全程飛行時間為

$$t_2 = \frac{2v_0 \sin\theta}{g} \tag{2.27}$$

(3) 水平位移則可由 (2.23) 式中 $x = (v_0 \cos\theta)t$，將 t_2 代入則

$$x = v_0 \cos\theta \cdot \frac{2v_0 \sin\theta}{g}$$

$$= \frac{v_0^2 \cdot 2\sin\theta\cos\theta}{g} = \frac{v_0^2 \sin 2\theta}{g} \tag{2.28}$$

(4) 最大飛行高度可將 (2.26) 式中之 t_1 代入 (2.25) 式中，即得

$$H = \frac{v_0^2 \sin^2\theta}{2g} \tag{2.29}$$

再由上式 (2.28) 和 (2.29) 可知欲得到最大水平射程，則 θ 需為 45°，而最大高度必然發生在 $\theta = 90°$ 時。

5. 等速率圓周運動

若質點運動之軌跡為一圓周，就稱為圓周運動。當質點以等速率 v 進行圓周運動時，速度向量之大小不變，但方向卻不斷改變，如圖 2-12 所示。可由幾何圖形得知此質點沒有切線加速度，僅具有法線加速度，即 $\overrightarrow{\Delta v}$ 指向圓心，故又稱向心加速度。欲求向心加速度的大小可用圖 2-12 來說明。

圖 2-12 圓周運動之向量變化。

當 $\Delta\theta \to 0$ 時，$\Delta v = v \cdot \Delta\theta$。由定義

$$a = \frac{\Delta v}{\Delta t} = v \frac{\Delta\theta}{\Delta t}$$

$$= v \cdot \omega \;(\omega\;為角速度\;\frac{\Delta\theta}{\Delta t}) \qquad (2.30)$$

而 v 與 ω 之關係即為

$$v = R \cdot \omega \;(R\;為圓周運動之半徑)$$

故 (2.30) 式可改寫為：

$$a = R\omega^2 \;或\; \frac{v^2}{R} \qquad (2.31)$$

範例 2-6

自高於地面 14.7 m 的窗口，以初速 19.6 m/s，仰角 30° 拋出一球，則球著地時水平位移為若干？

解：

以 y 方向為觀察重點，球在拋出時之高度定為 0，故落地時之高度為 -14.7 m，由 (2.25) 式可列出：

$$-14.7 = (v_0 \sin \theta)t - \frac{1}{2}gt^2$$

$$-14.7 = 19.6 \cdot \sin 30° \cdot t - \frac{1}{2} \times 9.8 \times t^2$$

解二次方程式 $(t-3)(t+1)=0$
取正值 $t=3$ (sec)
將飛行時間代入水平位移 (2.23) 式可得

$$x = (v_0 \cos \theta)t = 19.6 \cdot \cos 30° \cdot 3$$
$$= 50.9 \text{ m} \quad \textbf{\textit{......Ans.}}$$

範例 2-7

以 v_0 初速，沿仰角 θ 之方向，拋出一球。設球飛行時之重力場強度 g 為定值，則球在路徑最高點處之運動情況，相當於一圓周運動，而該圓之半徑為若干？

解：

球在路徑最高點處之速率為 $v = v_0 \cos \theta$
而加速度 $\vec{a} = \vec{g}$ 且 $\vec{a} \perp \vec{v}$，
故 $\vec{a}$ 為法線加速度，由 (2.31) 式，$a = \dfrac{v^2}{R}$

可得 $R = \dfrac{v^2}{a} = \dfrac{(v_0 \cos \theta)^2}{g}$ **......Ans.**

習 題

一、選擇題

	答案
1. 加速度方向即是：	(C)
(A) 運動之方向　　(B) 速度之方向	
(C) 速度變化之方向　(D) 位移之方向	
2. 下列敘述何者正確？	(B)
(A) 等速率一定為等速度　(B) 等速度一定為等速率	
(C) 等速率一定為直線運動　(D) 以上皆非	
3. 下列敘述何者錯誤？	(B)
(A) 斜拋運動為等加速率運動　(B) 等加速度一定是直線運動	
(C) 光滑斜面下滑物體作等加速度運動　(D) 以上皆非	
4. 有一物體，當其行經 2 m 之位移時，速率由 2 m/s 升至 4 m/s，則加速度為若干 m/s²？	(C)
(A) 1　(B) 2　(C) 3　(D) 4	
5. 一人西行 6 m，轉而北行 4 m，再轉而東行 9 m，其位移大小為：	(D)
(A) 19 m　(B) 15 m　(C) 7 m　(D) 5 m	
6. 下列之方程式表示物體沿 x 軸運動之位移與時間的關係式，下列何者表示等加速度運動？	(B)
(A) $x=3t^3+t^2+1$　(B) $x=t^2+1$　(C) $x=2t-1$　(D) $x=5$	
7. 物體作等速率圓周運動時，其運動情形屬：	(A)
(A) 等速率　(B) 變速率　(C) 等加速度　(D) 變加速度運動	(D)
8. 右圖為某物運動之速率 v 與時間 t 之關係圖，則該物之加速度 a 與時間 t 之關係圖應為：	(C)

(A)　(B)　(C)　(D)

9. 一物體由靜止自同一高度沿不同斜度的光滑斜面滑至斜面底端時： (B)
   (A) 所需時間相同　　　(B) 末速相同
   (C) 斜面長者，末速較大　(D) 斜面短者，加速度較小

10. 一直線運動物體，其速度與時間之關係如右圖所示，則物體在 5 至 10 秒期間為： (B)
    (A) 靜止　　　　　　(B) 等速度運動
    (C) 等加速度運動　　(D) 加速過程

11. 同上題，物體在前 10 秒內之位移量為若干公尺？ (B)
    (A) 50　　(B) 75　　(C) 125　　(D) 150

12. 同上題，物體在 20 秒的運動期間，平均速度為若干公尺/秒？ (D)
    (A) 2.5　　(B) 7.5　　(C) 3.5　　(D) 6.25

13. 一物體作等加速度直線運動，其初速度為 5 m/s，經 5 秒後，速度變為 35 m/s，則在此 5 秒內物體共行若干距離？ (A)
    (A) 100 m　　(B) 125 m　　(C) 175 m　　(D) 50 m

14. 有一物體以 19.6 m/s 之初速度垂直上拋，則該物所能達到之最大高度為若干米？ (B)
    (A) 9.8　　(B) 19.6　　(C) 29.4　　(D) 39.2

15. 有一鐵球自高為 44.1 m 之樓頂自由下落，則幾秒可達地面？ (C)
    (A) 1　　(B) 2　　(C) 3　　(D) 4

16. 一物體由靜止開始作等加速度運動，其前半時距與後半時距位移之比為： (C)
    (A) 1：1　　(B) 1：2　　(C) 1：3　　(D) 1：4

17. 由靜止開始自由落下之物體，其落下之距離與時間之關係為： (D)
    (A) 成正比　　(B) 成反比　　(C) 平方根成正比　　(D) 平方成正比

18. 一汽車以 72 km/hr 速度行駛，作緊急煞車，經 20 m 停止，則其加速度 (負值) 為若干 m/s²？ (C)
    (A) 20　　(B) 15　　(C) 10　　(D) 5

19. 某氣球以 2 m/s 之速率等速上升，今由氣球上自由落下一石塊，經 10 秒著地，則石塊離開氣球時，氣球之高度為若干米？ (A)
    (A) 470　　(B) 440　　(C) 540　　(D) 590

20. 同上題，石塊著地前瞬間速率為若干 m/s？(向上為正，向下為負) (C)
    (A) 98　　(B) −98　　(C) −96　　(D) −93

21. 一鋼球自高 h 之塔頂自由落下，忽略空氣阻力，則鋼球落地時間 t 為： (D)
    (A) $\sqrt{2gh}$　　(B) $\sqrt{gh}$　　(C) $\sqrt{h/g}$　　(D) $\sqrt{2h/g}$

22. 一石子自高 H 之崖頂自由落下之同時，另一石子自崖底以 V 之速度上拋，若兩石會相遇，則兩石子相遇的時間為： (A)
    (A) H/V (B) $2H/V$ (C) $\sqrt{2H/g}$ (D) $\sqrt{H/V}$

23. 甲球原來的高度 20 公尺，而乙球高度未知，若甲球自由落下時，乙球同時以 20 公尺/秒垂直下拋，二球同時著地，則乙球之高度為：($g = 10$ m/s^2) (B)
    (A) 50 公尺 (B) 60 公尺 (C) 70 公尺 (D) 49 公尺

24. 不計空氣阻力，質量分別為 3 公斤與 1 公斤的甲、乙兩物體，皆自 20 米的高樓自由落下，則甲、乙兩物體到達地面所需的時間比為： (C)
    (A) 3：1 (B) 1：3 (C) 1：1 (D) 1：9

25. 有一自由落體自 h 高處自由落下，若其前半程所需時間為 t_1，後半程所需時間為 t_2，則 t_1/t_2 為： (B)
    (A) $\sqrt{2}-1$ (B) $\sqrt{2}+1$ (C) $1/(\sqrt{2}+1)$ (D) 1

26. 機車從靜止，沿直線以等加速度前進，經 t 秒走了 x 公尺，則此機車的加速度值為： (A)
    (A) $\dfrac{2x}{t^2}$ (B) $\dfrac{x}{t}$ (C) $\dfrac{t}{2x^2}$ (D) $\dfrac{x}{2t^2}$

27. 下列運動何者不具有切線加速度？ (C)
    (A) 水平拋體運動 (B) 斜拋運動 (C) 等速率圓周運動 (D) 自由落體運動

28. 甲物自由落下之同時，乙物自相同高度水平射出，則甲、乙落地時間： (C)
    (A) 甲較長 (B) 乙較長 (C) 同時落地 (D) 無法判斷

29. 地球表面一定高度作水平拋射運動物體，若不計空氣阻力，則當初速加倍時，其在空中飛行時間： (A)
    (A) 不變 (B) 減半 (C) 加倍 (D) 為原時間的 4 倍

30. 同上題，當初速加倍，其落地的水平射程： (C)
    (A) 不變 (B) 減半 (C) 加倍 (D) 為原射程的 4 倍

31. 將重量、大小不等的兩個物體，自同高處自由落下，若不計空氣阻力，則： (C)
    (A) 體積小的先著地 (B) 較重者先著地
    (C) 兩者同時著地 (D) 無法判斷

32. 一物體自由落下，其 1 秒末、2 秒末、3 秒末之速度比為： (A)
    (A) 1：2：3 (B) 1：4：9 (C) 1：3：5 (D) 1：5：10

33. 同上題，其位移比為： (B)
    (A) 1：2：3 (B) 1：4：9 (C) 1：3：5 (D) 1：5：10

34. 物體自由落下，其落下的第 1 秒內、第 2 秒內、第 3 秒內的位移比為： (C)
   (A) 1：2：3　　(B) 1：4：9　　(C) 1：3：5　　(D) 1：5：10

35. 有一時鐘之秒針長 2 公分，則秒針針尖在 15 秒內之位移為若干公分？ (D)
   (A) π　　(B) 2　　(C) $2\sqrt{3}$　　(D) $2\sqrt{2}$

36. 同上題，秒針針尖在 15 秒內之平均速度大小為若干公分/秒？ (D)
   (A) $\dfrac{\pi}{15}$　　(B) $\dfrac{2}{15}$　　(C) $\dfrac{2\sqrt{3}}{15}$　　(D) $\dfrac{2\sqrt{2}}{15}$

37. 任何物體作自由落體運動，下列何者必相同： (D)
   (A) 所受重力的大小　(B) 位移大小　(C) 速度大小　(D) 加速度大小

38. 一物自高 H 的樓頂自由落下，其落地前之速度為： (A)
   (A) $\sqrt{2gH}$　　(B) $\sqrt{2H/g}$　　(C) $\sqrt{H/g}$　　(D) mgH

39. 在地面上以 v_0 的初速度垂直向上拋出一球，若不計空氣阻力，則球在空中停留的時間為： (A)
   (A) $2v_0/g$　　(B) v_0^2/g　　(C) v_0/g　　(D) $2v_0^2/g$

40. 在地面上垂直向上拋出一球，忽略空氣阻力，當此物到最高點時之加速度為： (C)
   (A) 0　　(B) $g/2$　　(C) g　　(D) $2g$

41. 一石塊以 v 的速度垂直上拋，其最大高度為 H，若拋出速度增為 $2v$，則最大高度為： (B)
   (A) $8H$　　(B) $4H$　　(C) $2H$　　(D) H

42. 一球自 19.6 m 高的塔頂水平拋出，若拋出初速為 5 m/s，則球落地處與塔的水平距離為若干公尺？ (D)
   (A) 2.5　　(B) 5　　(C) 7.5　　(D) 10

43. 一物以 20 m/s 之初速，仰角 60° 斜向拋出，則該物到達最高點時之速度大小為： (C)
   (A) 0　　(B) 9.8　　(C) 10　　(D) 19.6

44. 同上題，物體到達最高點時之加速度大小為： (B)
   (A) 0　　(B) 9.8　　(C) 10　　(D) 4.9

45. 下列運動，何者不是等加速度運動？ (D)
   (A) 物沿光滑斜面下滑　(B) 向上拋射　(C) 自由落體　(D) 等速率圓周運動

46. 汽車在全程前半段之時速 50 公里，已知全程平均時速為 60 公里，則後半段平均時速多少公里？ (B)
   (A) 70　　(B) 75　　(C) 80　　(D) 85

47. 在等速運動的火車上有一球自由落下，在車外靜止地面上的觀察者所見球的運動為： (C)
    (A) 自由落體　　(B) 向下拋射　　(C) 水平拋射　　(D) 斜向拋射

48. 甲車往正北方行駛，乙車往正東方行駛，兩車速度大小相同，則甲車看乙車行進方向為： (B)
    (A) 正東　　(B) 東南　　(C) 正南　　(D) 東北

49. 不計空氣阻力，斜向拋體之初速度大小相等時，則下列哪一組仰角其水平射程相同： (D)
    (A) 20°，75°　　(B) 30°，90°　　(C) 45°，60°　　(D) 37°，53°

50. 不計空氣阻力，斜向拋體之初速度大小相等時，則下列仰角何者可得最大的水平射程？ (C)
    (A) 0　　(B) 30°　　(C) 45°　　(D) 60°

51. 以初速度 9.8 m/s 沿著傾角為 30 度之光滑斜面拋上一石，則此石到達最高點之時間為若干秒？ (B)
    (A) 1　　(B) 2　　(C) 3　　(D) 4

52. 一物體作斜向拋射運動，當其達到最高點時之速率為初速率之一半，則拋射之仰角為若干度？ (C)
    (A) 30°　　(B) 45°　　(C) 60°　　(D) 75°

53. 一傘兵從飛機跳下來後，不受空氣阻力，自由下落了 44.1 公尺，然後傘張開，作加速度為負值的等加速度運動，負加速度為 2.0 公尺/秒^2。若傘兵著地之瞬間速率為 3.0 公尺/秒，則傘兵在空中的時間為多少秒： (B)
    (A) 8.1　　(B) 16.2　　(C) 20.2　　(D) 24.3

54. 某物自 19.6 公尺高處行自由落體過程中，下列敘述何者錯誤： (B)
    (A) 第 1 秒內下落距離為 4.9 公尺
    (B) 第 1 秒末的瞬時速率為 4.9 公尺/秒
    (C) 全程落地時間為 2 秒
    (D) 全程之平均速率為 9.8 公尺/秒

55. 右圖自由落體實驗，每隔 1/20 秒照相一次所得之記錄，下列敘述何者錯誤？ (C)
    (A) h_2＝3.6 (cm) (D)
    (B) h_4＝8.4 (cm)
    (C) EF 之平均速度為 216 (cm/s)
    (D) 此實驗之重力加速度為 980 (cm/s^2)

A ×
　　h_1 = 1.2 cm
B ×
　　h_2 = ?
C ×
　　h_3 = 6 cm
D ×
　　h_4 = ?
E ×
　　h_5 = 10.6 cm
F ×

56. 右圖為一靜止物體之位移和時間的關係圖，下列敘述何者錯誤？　(D)
    (A) 0～5 秒之加速度為 4 (m/s²)
    (B) 第 10 秒的瞬時速度為 20 (m/s)
    (C) 第 15 秒的瞬時速度為 0 (m/s)
    (D) 5～10 秒物體作等加速度運動

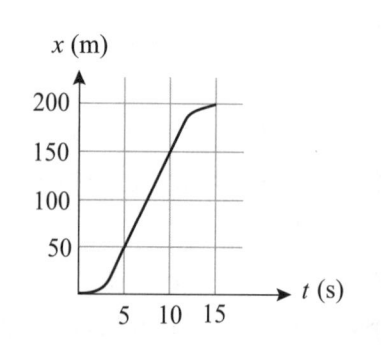

57. 在同一高度處，將三物體同時、同速拋出後，不計空氣阻力 (甲物垂直向上拋，乙物水平拋出，丙物垂直向下拋)，下列敘述何者錯誤？　(D)
    (A) 三物所受的外力皆相同
    (B) 三物皆作等加速度運動且加速度都相同
    (C) 甲物和丙物著地時的速度相同
    (D) 三物皆同時著地

58. 一物體沿斜面由靜止下滑，測得下滑時間與斜面上位置的關係，如下表所示，則下列敘述何者正確？　(A)
    甲：1 至 3 秒的平均速度為 2.4 公尺/秒
    乙：平均加速度為 0.8 公尺/秒²
    丙：3 秒末的瞬時速度為 3.2 公尺/秒

時間 (秒)	0	1	2	3
位置 (公尺)	0.6	1.2	3.0	6.0

    (A) 甲　(B) 甲乙　(C) 甲丙　(D) 乙丙

59. 如下圖所示為一球由地面垂直向上拋射時，速度對時間之關係圖形。若不計空氣阻力，當球到達最高點時距離地面多少公尺：　(C)
    (A) 14.7　(B) 29.4　(C) 44.1　(D) 58.8

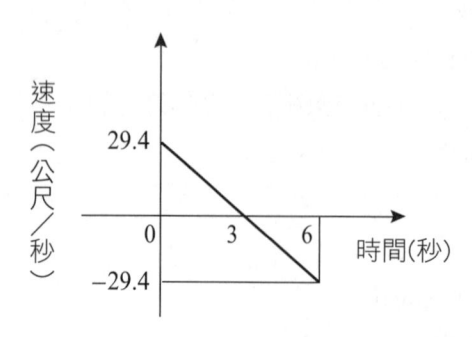

60. 甲、乙兩物體在無空氣阻力下，分別在高為 h 及 $4h$ 處由靜止釋放。至著地所需時間甲為乙的多少倍： (B)

   (A) 1/4 倍　(B) 1/2 倍　(C) 2 倍　(D) 4 倍

61. 甲為公路上違規者，乙為靜止警車，乙見甲車通過，開始追趕，兩車速度對時間關係如右圖，則乙車在第幾秒可追上甲車？ (C)

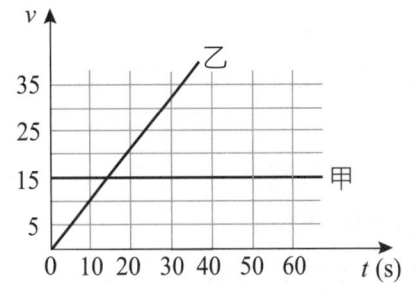

   (A) 15　　　　　　　(B) 20
   (C) 30　　　　　　　(D) 40

62. 物體在同高處沿不同光滑斜面下滑，若兩斜面長度比為 2：1，則滑至底部所需時間比為： (B)

   (A) 4：1　(B) 2：1　(C) 1：1　(D) 1：2

63. 一物體自靜止開始作等加速度運動，其在第 2 秒內所經之距離為其第 1 秒內所經距離的多少倍： (D)

   (A) 4 倍　(B) 2 倍　(C) 1/2 倍　(D) 3 倍

64. 繞地球作等速率圓周運動之衛星，下列各種物理量，何者恆為不變： (A)

   (A) 動能　(B) 動量　(C) 力　(D) 速度

第 65～66 題意：一車自原點出發，其行進距離與時間關係如下圖所示。

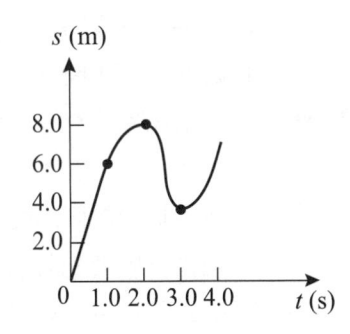

65. 此車 3.0 秒內平均速率為若干米/秒？ (D)

   (A) 1.3　(B) 2.0　(C) 3.0　(D) 4.0

66. 此車瞬間靜止的時刻是： (B)

   (A) 第 1.0 秒，2.0 秒，3.0 秒　　(B) 第 2.0 秒，3.0 秒
   (C) 第 2.0 秒，3.0 秒，4.0 秒　　(D) 無靜止之時刻

67. 一物自高空 H 處自由落下,若落地時速率為 29.4 m/sec (重力加速度 $g=9.8$ m/sec²),則落地前最後一秒內下落之距離為: (A)
    (A) $(5/9) \times H$ (B) $(3/7) \times H$ (C) $(2/5) \times H$ (D) $(1/4) \times H$

68. 有一石頭以水平方向射離山崖,若不計空氣阻力,此石自山崖作水平拋射運動時: (C)
    (A) 水平速度減小 (B) 水平速度增加
    (C) 鉛直速度增加 (D) 鉛直速度減小

69. 將 5 g 的物體由橋面垂直向上拋,若初速為 19.6 米/秒且橋面距河水面 98 米,則此體物體落水前在空中飛行時間為: (B)
    (A) 3.8 秒 (B) 4.3 秒 (C) 5.4 秒 (D) 6.9 秒
    (此表重力加速度為 9.8 米/秒²)

70. 一運動員繞圓跑道跑步,跑道周長是 360 公尺,前面 120 公尺他花了 12 秒,中間 120 公尺他花了 15 秒,最後 120 公尺他花了 15 秒,則他繞了一圈的平均速度為多少? (D)
    (A) $8\frac{2}{3}$ 公尺/秒 (B) $8\frac{4}{7}$ 公尺/秒 (C) 9 公尺/秒 (D) 0 公尺/秒

71. 北上時速 100 公里的火車上乘客甲,南下時速 80 公里的火車乘客乙,下列敘述何者正確? (A)
    (A) 甲看乙南下時速 180 公里 (B) 乙看甲南下時速 180 公里
    (C) 甲看乙北上時速 20 公里 (D) 乙看甲南下時速 20 公里

72. 完全相同兩球自同高度同時出發,其一自由落下,另一作水平拋射,則不計空氣阻力時,下列敘述何者正確? (B)
    (A) 落地時末速度相等 (B) 兩者恆位於同高度
    (C) 兩者之總機械能相等 (D) 自由落體者先著地

73. 甲、乙兩車由十字路口出發,甲車以 30 公里/時向東行駛。乙車以 30 公里/時向正南行駛。甲車上的人看乙車向何方向行駛? (C)
    (A) 東北 (B) 西北 (C) 西南 (D) 東南

74. 一子彈自由掉落到橋下,另一子彈同時以手槍射向橋下。不計空氣阻力,到水面時,其加速度: (C)
    (A) 射出之子彈大 (B) 掉落之子彈大
    (C) 兩顆子彈一樣 (D) 要看橋高於水面之距離

75. 一拋體以 10 m/sec 垂直拋向天空,需多少時間才到達最高點?($g=10$ m/sec²) (A)
    (A) 1 秒 (B) 2 秒 (C) 10 秒 (D) 5 秒

76. 羽毛和硬幣同時在真空中落下時，下列何者相等？　　　　　　　　　　　　　　　(C)
    (A) 受力　　　　　(B) 動量　　　　　(C) 加速度　　　　　(D) 動能
77. 有一質點作半徑 5 cm，速率為 10 cm/s 之等速率圓周運動，則其向心加速度大小為　(C)
    若干 cm/s² ？
    (A) 10　　　　　　(B) 15　　　　　　(C) 20　　　　　　(D) 50
78. 有一質點作半徑 5 cm，速率為 10 cm/s 之等速率圓周運動，則其週期為若干秒？　(B)
    (A) 1.57　　　　　(B) 3.14　　　　　(C) 4.17　　　　　(D) 6.28

二、計算題

1. 某人開車向東行駛 20.0 公里後，轉向東南行駛 30.0 公里，再朝南行駛 10.0 公里。試求此人之總位移。
   答案：52 km，東偏南 37°

2. 在 10.0 秒內，質點之位置由 $x=2.00$ 公尺，$y=4.00$ 公尺處移至 $x=6.00$ 公尺，$y=4.00$ 公尺處。試求此質點之平均速度。
   答案：0.4 m/s，x 軸正向

3. 一人在長 20.0 公尺之游泳池中，以等速來回游一趟需時 30.0 秒，試求
   (1) 此人游泳之速率及平均速度
   (2) 他的加速度何時不等於零
   答案：(1) 速率 1.33 m/sec，平均速度 0；(2) 折返時

4. 一電梯之初速為 12.0 公尺/秒向上，若其以 4.00 公尺/秒² 向下之加速度行進 3.00 秒，試求：
   (1) 電梯之末速度
   (2) 電梯在 3.00 秒內之位移
   答案：(1) 0；(2) 18.0 m

5. 在乾燥且平坦的公路上行駛，汽車煞車系統的加速度大小為 5.00 公尺/秒²。若一車原以 30.0 公尺/秒之速率在公路上行駛，試求煞車後多久車子完全停止下來？且行進了多遠？
   答案：6 秒；90 m

6. 若你在某未知之行星表面向上拋出一銅板，銅板可達之最大高度為地球上拋出所達高度的 10.0 倍，試求此行星之重力加速度之值。
   答案：0.98 m/sec²

7. 有一球自一樓簷落下，其穿越 9 呎高的窗戶，費時 0.25 秒，問窗頂在樓簷下若干距離？
   答案：16 ft

8. 某汽車以 72 公里/小時之速率超速行車，當其行經交通警察的面前時，該警察立即開動摩托車，以 0.50 米/秒² 之等加速度追之，當摩托車的速率達到 90 公里/小時，即改用等速前進，問 (1) 開始追逐至兩車相遇共費時若干？(2) 兩車相遇之處與開始追逐之處距離為若干？(3) 作 v-t 圖及 x-t 圖表示之，並加以說明。

   答案：(1) 125 秒；(2) 2500 米；(3) 略

9. 上山速率為 6.0 公里/小時，下山速率為 12.0 公里/小時，則往返一趟，其平均速度與平均速率各為多少？

   答案：0；8 公里/小時

10. 以 v_0 之初速水平拋射一物體。(1) 在拋出若干時間後，其前進之水平距離與落下之鉛直距離相等？(2) 此時速度之方向為何？(3) 當水平速度和鉛直速度大小相等時，其前進之水平距離與落下之鉛直距離之比為若干？

    答案：(1) $t = \dfrac{2v_0}{g}$；(2) $\theta = \tan^{-1} 2 = 63°$（俯角）；(3) 2

11. 一足球員以仰角 45° 踢出一球，其初速為 20 公尺/秒。另一球員正在其踢球的方向，距踢球者 60 公尺。當球被踢出時，後者即奔往接球。問其奔跑之速度應為多大，方可在球著地前之瞬間將其接住？

    答案：$v = 6.62$ m/sec

12. 一人造衛星在平均高度 400 km 軌道上運轉，其速率為 7.6×10^3 m/sec，軌道上重力加速度為 8.6 m/sec²，若地球半徑為 6.4×10^6 m，則 (1) 其每繞地球一周需時若干？(2) 其向心加速度多少？

    答案：(1) 93 分；(2) 8.6 m/sec²

13. 一棒球投手，以 44.0 公尺/秒的初速水平擲出一球，試問球越過 18.0 公尺遠之本壘板時，高度下降若干？

    答案：0.82 m

14. 一球被踢出 5.00 秒後落地，該球在水平方向之位移為 60.0 公尺，試求球被踢出之初速為若干？仰角若干？

    答案：27.3 m/s，仰角 63.9°

15. 一棒球選手擊出一支距本壘板 104 公尺之左外野全壘打，球被擊出時，當球在本壘板正上方 1.00 公尺處，初速的方向與水平夾 30.0° 角偏向上，若球在空中共歷時 3.00 秒抵達全壘打牆正上方，試求球越過 3.00 公尺高之全壘打牆時，超過牆之高度若干？

    答案：4.93 m

16. 一大型遊樂場中的旋轉木馬每 10.0 秒轉一圈,坐在上頭之小孩距旋轉中心 6.00 公尺,試求其加速度為若干?

    答案:2.37 m/s² 指向中心

17. 某部離心機在距離轉軸 10.0 公分處產生的向心加速度大小為 1000 g,試問離心機的轉速為若干?(g 為重力加速度)

    答案:49.8 轉/秒

18. 一質點等速繞半徑為 20.0 公尺之圓一周需時 4.00 秒,當 $t=0$ 時,質點向東運動,且其瞬時加速度方向向南。

    試求:

    (1) 質點自 $t=0$ 至 $t=4.00$ 秒之平均加速度

    (2) 質點自 $t=0$ 至 $t=2.00$ 秒之平均加速度

    (3) 質點自 $t=0$ 至 $t=1.00$ 秒之平均加速度

    (4) 質點在 $t=0$ 時之瞬時加速度大小

    答案:(1) 0

    (2) 31.4 m/s² 向西

    (3) 44.4 m/s² 西偏南 45°

    (4) 49.3 m/sec² 向南

19. 假設你想跳過一個寬 3.00 公尺的大水溝,你起跳的最小初速應為若干?仰角若干?

    答案:5.42 m/sec;仰角 45°

CHAPTER 3

力與運動

3-1 力的量度及單位

力作用在物體上,可能使物體產生的效應有二:

1. 使物體變形:如彈簧。
2. 改變運動狀況:如推鉛球。

當然有可能二者同時發生。

力是一種向量,故其包含三要素:

1. 大小。
2. 方向。
3. 作用點。

力若依其作用情形可區分為兩大類:

1. 接觸力:兩物體必須互相接觸才會發生,如踢球。
2. 超距力:兩物體不需接觸即可產生力,如重力。

在力的量度上我們最常用的工具應為彈簧 (如圖 3-1),一彈簧的伸長量在其彈性限度內係與拉力成正比,此即**虎克定律**。寫成數學式則為:

$$F = k\Delta x \tag{3.1}$$

其中 F 為外力,k 為彈力常數 (隨彈簧之種類變化),Δx 為伸長量 (壓縮量)。常見之用途為製作彈簧秤,但需注意彈簧秤所量度的

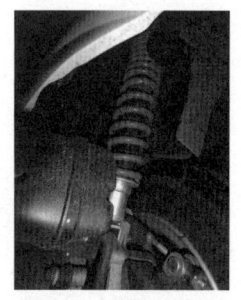

圖 3-1 機車避震器使用之彈簧。

是重量而非質量。

由於力為向量之一種,故其在不同方向上之作用時,若欲求其合力或分力都必須依第二章所述之向量加、減法處理之。而力的單位可分為兩種:

1. 絕對單位:M.K.S. 制為牛頓 (nt),C.G.S. 制為達因 (dyne)。
2. 重力單位:M.K.S. 制為公斤重 (kgw),C.G.S. 制為克重 (gw)。

而絕對單位與重力單位間之關係為:

$$1 \text{ 公斤重} = 9.8 \text{ 牛頓} \tag{3.2}$$

上式係由於在地球表面上,重力加速度 g 值為 9.8 m/s²,因此根據牛頓第二運動定律 (後節詳細說明) $F=ma$,1 kg 質量之物體,其重量在地表附近即為 1 kgw,而 $F=ma$ 中之 F 為絕對單位,故可得出 1 kg 乘上 9.8 m/s² 之結果為 9.8 nt。亦即 1 牛頓之定義即為使質量 1 kg 之物體產生 1 m/s² 加速度之力。若 M.K.S. 制要與 C.G.S. 制作一換算,則

$$1 \text{ nt} = 10^5 \text{ dyne} \tag{3.3}$$

範例 3-1

一螺旋彈簧垂直置於桌上,上端放一 30.0 克重的砝碼時,彈簧長 8.0 cm,若改放 90.0 克重的砝碼時,彈簧長 4.0 cm,求彈簧原長若干?

解:

本例為一壓縮彈簧,可應用虎克定律:
由 (3.1) 式,

$$(90.0 - 30.0) = k \cdot (8.0 - 4.0)$$

可得 $k = 15$ (gw/cm)。
故由第一次所放 30 gw 的砝碼可再藉由虎克定律得知其壓縮量

$$\Delta x = \frac{30}{15} = 2 \text{ (cm)}$$

故　　　　　　原長＝2＋8＝10 (cm)……***Ans.***

3-2　牛頓運動定律

牛頓於 1687 年提出牛頓三大運動定律，奠定了古典力學的基礎，本節將分別解釋。

1. 牛頓第一運動定律

牛頓對第一運動定律之描述為：

除非物體受到外力作用而改變其狀態，否則每一物體均保持其靜止的狀態或沿直線作等速運動。

這種「靜者恆靜，動者恆以等速運動」即為「慣性」，故牛頓第一運動定律又稱慣量定律。在日常生活中常見之慣性實例：

(1) 靜止車開動，人往後倒。
(2) 向東行駛中之車，突然轉向北方行駛，車中乘客向東方傾斜。
(3) 等速行駛中之車上的乘客向上跳起後會落下在原處。
(4) 手拍衣服，灰塵會掉落。

牛頓第一運動定律能適用的坐標系，稱為慣性參考坐標系，因此在所有慣性參考坐標系中，描述同一物體運動的物理定律均有相同的形式。一般而言，在地球自轉效應下的向心加速度值不高，故可視為慣性參考坐標系；相反的，若加速度較高的環境中，則不可視為慣性參考坐標系，許多的運動學定律必須加以修正。

2. 牛頓第二運動定律

在慣性坐標系中物體受外力作用且合力≠0，則物體運動狀態會發生改變，即產生加速度。且合外力的大小等於物體的質量與加速度的乘積 (這在本章前一節曾提及)，這就是經由實驗所歸納出的牛頓第二運動定律。其數學式表示法為：

$$\Sigma \vec{F} = m\vec{a} \tag{3.4}$$

我們可以看到上式是向量表示式，事實上，讀者不必因此而困擾，只要注意所產生的加速度向量之方向必與合力之方向一致即可 (因為質量非向量)。

我們在牛頓第二運動定律的應用上最常見的問題有兩類：

(1) 已知物體運動狀況，求作用於物體的作用力。
(2) 由物體所受之合力，求其運動狀況的變化情形。

範例 3-2

一物體質量 4.9 仟克，受 9.8 牛頓力之作用，物體由靜止出發，求 5 秒後物體之速度及位移若干？

解：

首先由牛頓第二運動定律，即 (3.4) 式，$F=ma$，可得

$$9.8 = 4.9 \cdot a \Rightarrow a = 2 \text{ (m/s}^2\text{)}$$

再代入運動學公式 (2.10) 及 (2.11) 可得速度及位移，

$$v = 0 + 2 \times 5 = 10 \text{ (m/s)} \dots\dots Ans.$$

$$s = 0 \times 5 + \frac{1}{2} \times 2 \times 5^2 = 5 \text{ (m)} \dots\dots Ans.$$

範例 3-3

質量為 200 公斤的物體,由靜止而加速運動,經過 50 公尺距離後,物體的速度為 40 公尺/秒,求所加之力?

解:

題目中包含初速、末速及位移,故可引用 (2.12) 式,

$$40^2 = 0^2 + 2 \cdot a \cdot 50 \Rightarrow a = 16 \text{ (m/s}^2\text{)}$$

再代入牛頓第二運動定律,(3.4) 式可得

$$F = 200 \cdot 16 = 3200 \text{ (nt)} \text{......} \boldsymbol{Ans.}$$

本題若是已有物理學基礎之讀者可能可以想到另外之解法,即是由功能定理求解。將力對物體所作之功與其表現出之動能互相轉換,亦可得同樣正確之解答,此法將在功與能的章節中詳加介紹。

3. 牛頓第三運動定律

凡有一作用力的產生,同時必伴隨著一個反作用力,兩者量值相等,方向相反,作用在同一直線上。稱為牛頓第三運動定律,又稱為反作用力定律。其應注意之特徵如下:

(1) 定律指出物體間的作用是相互的,即力是成對出現的。作用力和反作用力同時產生,同時消失,沒有先後之分。

(2) 作用力與反作用力不可以離開對方而單獨存在,於相互作用時沒有主從之分。

(3) 作用力與反作用力是屬於一對同性質的力。

(4) 作用力和反作用力分別作用在兩物體上,它們不是一對平衡力,故不可相互抵消。

(5) 作用力與反作用力是在慣性參考坐標系中定義的,因此適用於慣性參考坐標系。不論兩物體是靜止或運動中,牛頓第三運動定律都適用。

而牛頓第三運動定律之例子很多，如游泳、火箭升空，乃至於人類行走於地面等都是藉由反作用力的表現。

3-3 摩擦力

在日常生活中我們會觀察到一種現象，即用手施微小力量平推某置於非光滑水平面上之物體，但並未使物體產生形變或運動，直到加大力量至某一程度時物體才會開始運動。這意味著有一與施力相反方向之阻力存在，此即為**摩擦力**。摩擦力可分為兩大類；一為**靜摩擦力**，即物體未發生運動前 (靜止) 之摩擦力，與所受外力之大小相等而方向相反。另一為**動摩擦力**，即物體運動時所受之摩擦力。而在物體開始運動之瞬間摩擦力最大，稱為**最大靜摩擦力**。圖 3-2 為外力與摩擦力之關係圖。

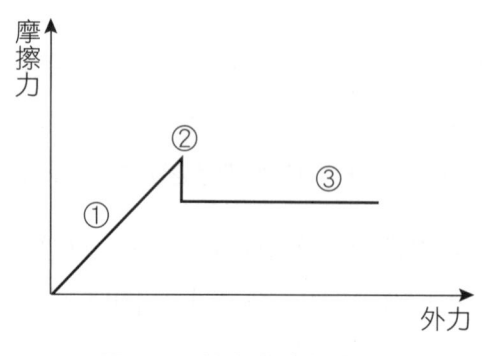

圖 3-2 外力與摩擦力。

在圖中 ① 號區代表靜摩擦力發生的階段，由圖中我們可以發現摩擦力與外力大小相等 (非僅成正比關係)，故斜直線之斜率為 1，且由於力平衡的原因，物體保持靜止狀態。而在外力等於零時，摩擦力就消失了。在 ② 號點代表最大靜摩擦力，亦即外力若能大於此值時，即會開始運動，進入動摩擦力的 ③ 號區。我們也可以發現動摩擦力為定值 (圖形呈水平)，而且小於 ② 號點的最大靜摩擦力。這意味著當外力使物體開始運動後若將外力略減，則物體仍能保持運動狀態，當減至與動摩擦力的大小相等時，物體則會依牛頓第一運動定律所述來保持等速運動。

在摩擦力的成因方面，我們知道通常是由於物體間的接觸表面凹凸不平所致，即使看似光滑的表面，由微觀的角度觀察仍有凹凸不平的現象。在影響摩擦力的因素中，除了接觸表面之粗糙情形外，亦與兩物體間的正向力有關。我們可以得到下列兩個公式：

1. 對最大靜摩擦力

$$f_{s,\max} = \mu_s \cdot N \tag{3.5}$$

2. 對動摩擦力

$$f_k = \mu_k \cdot N \tag{3.6}$$

其中 μ_s 稱為**靜摩擦係數** (不過，我們要注意它僅可用在「最大」靜摩擦之計算上)，μ_k 稱為**動摩擦係數**。此兩者都是兩物質之接觸表面之性質，並非單一物質所能決定的。N 代表正向力。對同一接觸面而言，一般來說，$\mu_s > \mu_k$，這與前述最大靜摩擦力大於動摩擦力的理論相同。摩擦力與其接觸面積大小無關，動摩擦力與其速度亦無關。

摩擦力在我們的生活中會阻礙運動，由能量的觀點來看，摩擦力為非保守力，會消耗能量 (機械能)，似乎都是缺點。但假如沒有摩擦力的存在，卻也帶來許多不便，甚至連開車、走路都沒有辦法進行。就像我們著平底靴在冰上走路，因為摩阻力太小而舉步維艱。表 3-1 列出一些材料間的摩擦係數：

表 3-1　常見物體之靜摩擦係數

相摩擦的材料	靜摩擦係數
哺乳動物的骨頭關節	0.002～0.01
雪地溜冰 (0°C，乾)	0.04
雪地溜冰 (0°C，濕)	0.1
雪地溜冰 (−20°C)	0.2
鐵弗龍 (Teflon) 與鋼	0.04
石墨與鋼	0.1
鋼與鋼	0.74
煞車器材料與鐵片	0.4
木材與木材 (乾)	0.25～0.5
玻璃與玻璃	0.94
橡皮擦與固體	1～4
鋁與鋼	0.61
銅與鋼	0.53
黃銅與鋼	0.51
鋅與鑄鐵	0.85
銅與鑄鐵	1.05
銅與玻璃	0.68

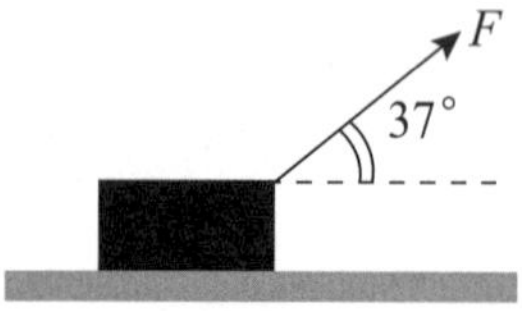

範例 3-4

如圖 3-3，物體質量 10 kg，假設重力加速度值為 10 m/s²，施以外力 F 值為 20 牛頓，與水平面夾角 37°，恰使物體保持等速前進，則摩擦力大小若干？該接觸面之動摩擦係數若干？

圖 3-3

解：

首先將 F 分解為水平分力與垂直分力，得

水平分力 $F_H = 20 \times \cos 37° = 16$ (nt) →

垂直分力 $F_V = 20 \times \sin 37° = 12$ (nt) ↑

物重 $= mg = 10 \times 10 = 100$ (nt) ↓

因為物體保持等速運動，水平方向之受力為 F 之水平分力與摩擦力 f 之合力，必須等於 0。

故　　　　　$f = 16$ nt ←　......Ans.

又　　　　　$f = \mu_k \cdot N$

其中 $N = mg - F_v = 100 - 12 = 88$ (nt)

故動摩擦係數 $\mu_k = \dfrac{16}{88} = \dfrac{2}{11} \doteqdot 0.182$ ......***Ans.***

由此我們可以看出摩擦係數為無因次的。

3-4　萬有引力

在牛頓三大運動定律之外，牛頓尚有另一項重要成就，即**萬有引力之理論**。此理論是建立在克卜勒行星運動三大定律上，三大定律如下：

1. 軌道定律：(克卜勒第一定律)

每一個行星均運行於橢圓形軌道上，太陽位於橢圓之一焦點上。

2. 等面積定律：(克卜勒第二定律)

對某一個行星，太陽與此行星的連線在相等時距內掠掃過相等的面積，因此行星在近日點運行較遠日點為快。

3. 週期定律：(克卜勒第三定律)

對太陽系的所有行星而言，軌道平均半徑之立方與繞日週期之平方的比值，恆為一個定值。即

$$\dfrac{R^3}{T^2} = K \qquad (3.7)$$

其中 R 代表軌道平均半徑，T 表週期，K 為定值。

藉由克卜勒三大定律，牛頓推導出他的萬有引力定律：

謂宇宙中任何兩物體之間都存在著相互吸引的力，其中任一物體所受之引力 F 的大小與兩個物體質量的乘積 Mm 成正比，而與兩物體間距離 r 的平方成反比，引力的方向在兩物體的連線上。

在此應注意的是，只有在物體的大小遠小於物體間的距離時，也就是只有在物體可以看作質點的情形下，萬有引力定律才適用。當物體不能看作單一質點處理時，須將兩物體都看成是由許多質點所組成，一物體的所有質點對另一物體所有質點的引力之合力，才是兩物體間的引力。其數學式為：

$$F=\frac{GMm}{r^2} \tag{3.8}$$

在牛頓提出萬有引力定律時 G 值仍未知，因為 G 值相當小，當時並未有精良的儀器可測出微小的力量。直到一百多年後，即 1789 年卡文狄西才實驗出 G 值。目前之公認值為：

$$G=6.67\times 10^{-11} \text{ m}^3/\text{kg}\cdot\text{s}^2$$

範例 3-5

地球和月球的距離為 3.8×10^5 仟米，地球質量為月球的 81 倍。一太空船在地球和月球之間。問當它受到地球引力恰和它所受月球引力相等的地點，此地點與地球的距離為多少仟米？

解：
地球和月球對太空船引力相等的地點與地球的距離設為 x，則它和月球的距離為 $(3.8\times 10^5-x)$ 仟米。

按萬有引力公式：

$$F_e=\frac{GM_e m}{x^2} \text{，} F_m=\frac{GM_m m}{(3.8\times 10^5-x)^2}$$

$$G\frac{M_e m}{x^2} = G\frac{M_m m}{(3.8\times 10^5 - x)^2}$$

$$x^2 = \frac{M_e}{M_m}\times(3.8\times 10^5 - x)^2 = 81\times(3.8\times 10^5 - x)^2$$

解 x 之二次方程式，得 $x = 3.42\times 10^5$ 仟米……**Ans.**

將萬有引力應用於地表附近的物體在地球重力場中所受的引力可得物體的重量。由於地球係一球體，由牛頓之微積分法則可將其質量視為集中於地心之質點。故地表附近之物體與地心之距離即可視為地球半徑。根據牛頓第二運動定律 $F=ma$，可與萬有引力定律配合得

$$F = m\left(\frac{GM}{r^2}\right) = ma$$

當 M 表地球質量，r 用地球半徑 r_e 代入時，可得重力加速度：

$$g = \frac{GM}{r_e^2} = \frac{6.67\times 10^{-11}\times 6\times 10^{24}}{(6.38\times 10^6)^2} = 9.8\ (m/s^2) \quad (3.9)$$

此值與伽利略測量重力加速度的結果一致。而且我們可以發現 g 值將隨 r 之改變而有變化。結論如下：

1. g 值在高山上比平地小。
2. g 值在南北極比赤道大 (因地球係一略呈扁形之球體)。
3. 物體在地心處重量為 0。
4. 引力在地球內部處，由於質點之分佈需以微積分處理，故引力正比於距地心之距離。如圖 3-4 所示。

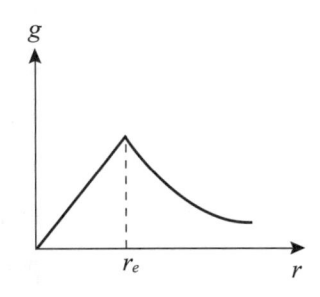

圖 3-4 物體與地心距離 r 之 g 值關係。

範例 3-6

在地面重為 80 公斤重之物體，當其離地面高度恰等於地球半徑之高處，重量應為若干？

解：

其距地心之 $r = 2r_e$

故重力加速度 $g' = \dfrac{GM}{(2r_e)^2} = \dfrac{1}{4}\dfrac{GM}{r_e^2} = \dfrac{1}{4}g$

重量亦為原重之 $\dfrac{1}{4}$，即 $\dfrac{1}{4} \times 80 = 20$ (kgw)......**Ans.**

3-5 向心力

在 2-4 節中提及之等速率圓周運動具有一向心加速度，即 (2.31) 式中之 $a = v^2/R$，將之代入牛頓第二運動定律中之加速度，即可得

$$F = m \cdot \dfrac{v^2}{R} \tag{3.10}$$

此即為與向心加速度同向之向心力，皆指向圓周運動之圓心。當外力除去後，即向心力消失時，由於慣性的作用，原來作圓周運動之物體必沿切線方向飛去。在日常生活中的向心力之實例，如衛星繞地球運動所需的向心力為萬有引力；在彎路上輪胎與地面之摩擦力作為轉彎時之向心力，但為擔心車速過高，僅靠摩擦力轉彎可能不足，故路面常做成外側高內側低，以加入車重之分力作為向心力。

範例 3-7

質量 50 克的物體，在半徑 20 釐米的圓周上，以每秒 3 轉作等速運動，求其向心力的大小？

解：

角速度　　　$\omega = 3$ (轉/秒) $= 6\pi$ (rad/sec)

向心加速度由 (2.31) 式可得

$$a = R\omega^2 = 20 \times 36\pi^2 = 720\pi^2 \text{ (cm/sec}^2\text{)}$$

故向心力為 $F = ma = 50 \times 720\pi^2 = 36000\pi^2$ (達因).....**Ans.**

3-6 簡諧運動

考慮一質點受力而運動，若質點所產生的加速度 $\vec{a}$ 與離開平衡的位移 $\vec{x}$ 成正比，方向相反，則稱此質點作**簡諧運動**(S.H.M.)，以數學式表示為 $\vec{a} = -c\vec{x}$，c 為常數。若將質點之質量列入考慮，則數學式可改寫成 $m\vec{a} = \vec{F} = -k\vec{x}$，$k$ 為力常數。如彈簧的振動，單擺之小角度擺動等。

在彈簧的振動中，如圖 3-5 中，力常數為 k 的彈簧，受力與形變的關係為 $\vec{F} = -k\vec{x}$，由牛頓第二運動定律 $\vec{F} = m\vec{a}$，可推導得

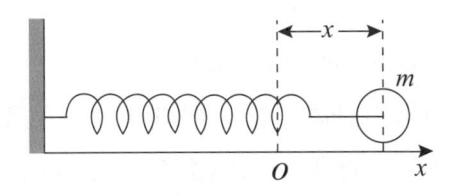

圖 3-5　彈簧振動之情形。

$$\vec{a} = -\frac{k}{m}\vec{x} \tag{3.11}$$

為一簡諧運動之形式。而簡諧運動之一般式為：

$$\vec{a} = -\omega^2 \vec{x} \tag{3.12}$$

將 (3.11) 式及 (3.12) 式作一比較可得：

$$\omega = \sqrt{\frac{k}{m}} \tag{3.13}$$

而角速度 $\omega = \dfrac{2\pi}{T}$ (T 為週期)，

故
$$T = 2\pi \sqrt{\frac{m}{k}} \tag{3.14}$$

物體的位移、速度及加速度如下：

$$x = R \cos\left(\sqrt{\frac{k}{m}}\, t\right) \tag{3.15}$$

$$v_x = -\sqrt{\frac{k}{m}}\, R \sin\left(\sqrt{\frac{k}{m}}\, t\right) \tag{3.16}$$

$$a_x = -\frac{k}{m}\, R \cos\left(\sqrt{\frac{k}{m}}\, t\right) \tag{3.17}$$

其中 R 為彈簧振動的振幅，t 為時間。

事實上，簡諧運動除了由一般式 (3.12) 可觀察之外，另一方式係由其運動週期觀察，如單擺之週期式 (1.2) 所述之

$$T = 2\pi \sqrt{\frac{l}{g}}$$

與 (3.14) 式有異曲同工之妙，此即為判斷週期運動是否為簡諧運動之另一方式。在平衡點處之受力為零，加速度為零，但速

度為最大值。在端點處之位移為最大值，謂之**振幅**，該處受力最大，加速度最大，速度為零。而簡諧運動遵守機械能守恆定律。

範例 3-8

一質量可略去之彈簧，其下掛一質量為 1 kg 之托盤，如在托盤中再放一質量 1 kg 之砝碼，則托盤會較前再下降 1 cm (如右圖)，此時突然將砝碼移去，令托盤上下振盪，求其振盪頻率若干 Hz？

解：

由虎克定律知

$$k = \frac{F}{x} = \frac{mg}{x} = \frac{1 \times 9.8}{0.01} = 980 \text{ (N/m)}$$

又由簡諧運動之週期公式

$$T = 2\pi \sqrt{\frac{m}{k}}$$

$$\Rightarrow 頻率 f = \frac{1}{T} = \frac{1}{2\pi} \sqrt{\frac{k}{m}}$$

$$= \frac{1}{2 \times 3.14} \times \sqrt{\frac{980}{1}}$$

$$\approx 4.98 \text{ (Hz)} \ldots\ldots Ans.$$

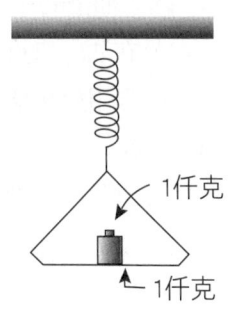

習　題

一、選擇題

	答案
1. 落入油槽的小球若以等速下降，是因為此時：	(C)
(A) 在油內無重力　　　　　　　　(B) 力場被電場抵消	
(C) 作用於小球之合力為零　　　　(D) 沒有摩擦力	
2. 胖瘦二人相撞，則何者所受之撞擊力較大？	(D)
(A) 原速度大者　(B) 胖者　(C) 瘦者　(D) 兩者相等	
3. 通常人從高處跳回地面時，腳尖先著地用以延長著地時間，此可減少：	(B)
(A) 衝量　　(B) 衝力　　(C) 動量　　(D) 動能	
4. 兩物體碰撞時，牛頓第三運動定律可以判斷碰撞前後：	(B)
(A) 動能守恆　(B) 動量守恆　(C) 機械能守恆　(D) 位能守恆	
5. 以竹片拍打衣服時可除去附於衣上之灰塵是因為：	(A)
(A) 慣性定律　(B) 克卜勒定律　(C) 牛頓運動定律　(D) 動量守恆定律	
6. 兩個向量之大小分別為 2、8，而方向不定，則下列何者不可能為其合向量之大小？	(D)
(A) 6　　(B) 8.12　　(C) 10　　(D) 12	
7. 二向量若欲得最大合向量，其夾角應為若干度？	(A)
(A) 0　　(B) 60　　(C) 90　　(D) 180	
8. 一靜止物體，質量 100 g，受一定力作用 20 秒，其速度大小變為 40 m/s，此力之大小為若干牛頓？	(A)
(A) 0.2　　(B) 200　　(C) 20　　(D) 2	
9. 某塊磚重 5 牛頓，小孩用手以 8 牛頓之力將磚向上舉起，則磚向上運動的加速度為若干公尺/平方秒？	(C)
(A) 16　　(B) 0.6　　(C) 6　　(D) 1.6	
10. 重量為 9.8 牛頓之物體，受 19.6 牛頓力量之作用時，其加速度為若干米/秒²？	(A)
(A) 19.6　　(B) 9.8　　(C) 2　　(D) 1	
11. 有一定力 F 作用於質量為 m_1 之物體產生 a_1 之加速度，作用於 m_2 之物體產生 a_2 之加速度，今將 m_1 和 m_2 連在一起，仍以 F 作用於其上，則加速度為何？	(C)
(A) a_1+a_2　(B) $\dfrac{a_1+a_2}{4}$　(C) $\dfrac{a_1 \times a_2}{a_1+a_2}$　(D) $\dfrac{a_1 a_2}{2(a_1+a_2)}$	

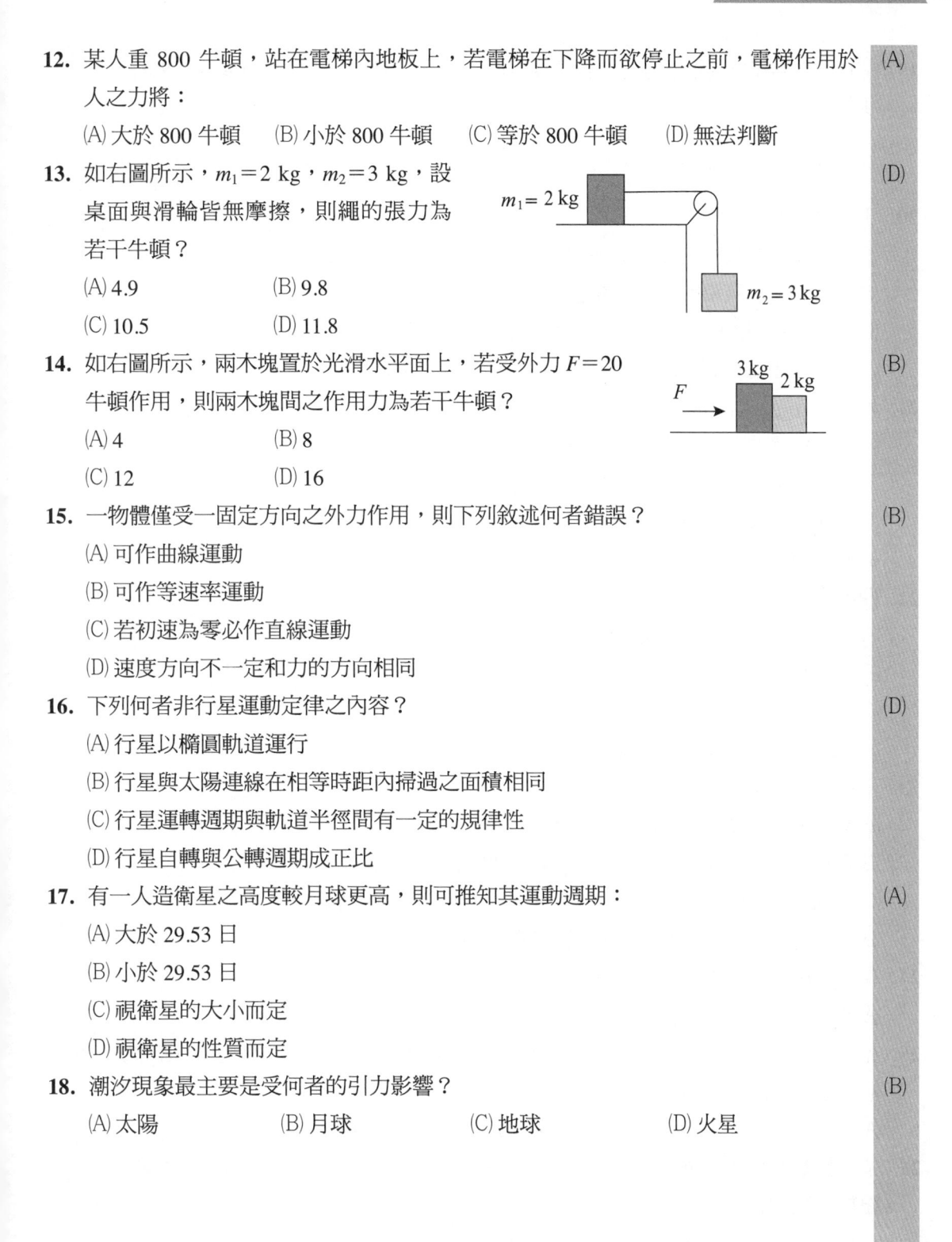

12. 某人重 800 牛頓，站在電梯內地板上，若電梯在下降而欲停止之前，電梯作用於人之力將：   (A)
    (A) 大於 800 牛頓　(B) 小於 800 牛頓　(C) 等於 800 牛頓　(D) 無法判斷
13. 如右圖所示，$m_1 = 2$ kg，$m_2 = 3$ kg，設桌面與滑輪皆無摩擦，則繩的張力為若干牛頓？   (D)
    (A) 4.9　　　　(B) 9.8
    (C) 10.5　　　 (D) 11.8
14. 如右圖所示，兩木塊置於光滑水平面上，若受外力 $F = 20$ 牛頓作用，則兩木塊間之作用力為若干牛頓？   (B)
    (A) 4　　　　　(B) 8
    (C) 12　　　　 (D) 16
15. 一物體僅受一固定方向之外力作用，則下列敘述何者錯誤？   (B)
    (A) 可作曲線運動
    (B) 可作等速率運動
    (C) 若初速為零必作直線運動
    (D) 速度方向不一定和力的方向相同
16. 下列何者非行星運動定律之內容？   (D)
    (A) 行星以橢圓軌道運行
    (B) 行星與太陽連線在相等時距內掃過之面積相同
    (C) 行星運轉週期與軌道半徑間有一定的規律性
    (D) 行星自轉與公轉週期成正比
17. 有一人造衛星之高度較月球更高，則可推知其運動週期：   (A)
    (A) 大於 29.53 日
    (B) 小於 29.53 日
    (C) 視衛星的大小而定
    (D) 視衛星的性質而定
18. 潮汐現象最主要是受何者的引力影響？   (B)
    (A) 太陽　　　　(B) 月球　　　　(C) 地球　　　　(D) 火星

19. 若地球之半徑變為原來的 $\frac{2}{3}$ 倍，質量變為 2 倍，則地面上人的體重變為原來的多少倍？ (C)

    (A) $\frac{2}{3}$ 倍　　(B) 2 倍　　(C) $\frac{8}{9}$ 倍　　(D) $\frac{4}{9}$ 倍　　(E) $\frac{4}{3}$ 倍

20. 下列何者不正確？ (B)

    (A) 在太空中舉起棉花與鉛塊同樣容易

    (B) 在太空中舉起鉛塊仍然非常吃力

    (C) 在太空中用力踢鉛塊，鉛塊將輕易被踢走，且腳不會痛

    (D) 在太空中物質仍有質量，但天平在太空中不可以使用

21. 地表附近的一蘋果與地球間的萬有引力為： (C)

    (A) 蘋果所受的引力大於地球所受的引力

    (B) 地球所受的引力大於蘋果所受的引力

    (C) 地球與蘋果所受的引力相等

    (D) 僅地球給蘋果引力

22. 關於萬有引力下列何者正確？ (C)

    (A) 氫氣球會向上飛，是因為它不受地心引力的緣故

    (B) 人造衛星在太空中故不受地心引力

    (C) 潮汐現象是海水受太陽及月亮之萬有引力吸引的緣故

    (D) 地球在地心處萬有引力最強

23. 下列敘述何者錯誤？ (C)

    (A) 步槍發射子彈，槍身會向後反退

    (B) 用螺旋槳飛行的直升機，若無空氣，就無法飛行前進

    (C) 火箭是利用噴射氣體作用於空氣、空氣產生反作用的結果

    (D) 作用力和反作用力是分別作用於不同物體上

24. 車子在轉彎時所需要的向心力和運動速率成： (C)

    (A) 正比　　(B) 反比　　(C) 平方正比　　(D) 平方反比

25. 光滑水平面上，一質量為 5 公斤之物體，受力後由靜止而運動，4 秒內所行距離為 8 公尺，則此力為若干牛頓？ (A)

    (A) 15　　(B) 10　　(C) 15　　(D) 20

26. 某人體重為 60 公斤重，若此人站於以 4.9 m/s² 等加速度上升之升降梯內，其體重變為若干公斤重？ (C)

    (A) 60　　(B) 70　　(C) 90　　(D) 30

27. 物體作等速圓周運動，則其加速度為： (D)
    (A) 0　　　　(B) 離開圓心　　　　(C) 沿切線方向　　　　(D) 指向圓心

28. 等速行駛中的兩車，甲車時速 60 公里/小時，乙車時速 40 公里/小時，則下列敘述 (C)
    何者正確：
    (A) 甲車所受外力較乙車大
    (B) 甲車加速度比乙車大
    (C) 兩車所受外力總和皆為零
    (D) 無法判斷兩車受力大小

29. 如右圖所示，若忽略滑輪之摩擦力，則彈簧秤上 (B)
    指標顯示之值應為：
    (A) 196 牛頓　　(B) 98 牛頓
    (C) 20 牛頓　　(D) 10 牛頓

30. 有一質量為 2 公斤的物體，同時受到向東 4 牛頓，向北 3 牛頓的作用，則 4 秒後 (A)
    物體的位移大小為若干公尺？
    (A) 20　　　　(B) 2.5　　　　(C) 16　　　　(D) 8

31. 下列何者不是力的單位？ (B)
    (A) 達因　　　　(B) 馬力　　　　(C) 牛頓　　　　(D) 公斤重

32. 兩力同時作用在同一質點上，合力最大時為 14 牛頓，合力最小時為 0 牛頓，則當 (B)
    兩力夾角為 120 度時，其合力大小為若干牛頓？
    (A) 6　　　　(B) 7　　　　(C) 8　　　　(D) 10

33. 質量為 3 公斤之物體於光滑水平面上以等速向東運動，突然受一向西 15 牛頓之力 (C)
    作用，行經 7.5 公尺後其速率減半，則此物體之原來速度大小為若干公尺/秒？
    (A) 20　　　　(B) 16　　　　(C) 10　　　　(D) 8

34. 一物置於升降機內之彈簧秤上，當升降機以加速度 a 上升時，秤得物重 W_1，以加 (C)
    速度 a 下降時，秤得物重 W_2，則電梯靜止時之物重為：
    (A) $\dfrac{W_1 - W_2}{2}$　　(B) $\dfrac{W_1 + W_2}{W_1 - W_2}$　　(C) $\dfrac{W_1 + W_2}{2}$　　(D) $W_1 + W_2$

35. 一比重為 3.0 的石塊在湖面釋放，不計水的黏滯力作用，則石塊在湖中下沉的加速 (C)
    度若干 m/s² ？
    (A) g　　(B) $\dfrac{3}{4}g$　　(C) $\dfrac{2}{3}g$　　(D) $\dfrac{g}{2}$

36. 某星球之平均密度和地球相同，半徑為地球之 3 倍，在地球上重 50 公斤的人在該星球上之重量為若干公斤重？ (D)
    (A) 25　　　　(B) 50　　　　(C) 100　　　　(D) 150

37. 有一力作用於 A 物上得加速為 3 cm/s²，作用於 B 物上得加速度為 1 cm/s²，則 A、B 兩物之質量比為： (A)
    (A) $\frac{1}{3}$　　(B) 3　　(C) $\frac{1}{9}$　　(D) 9

38. 有一質量 m 的物體，以 v_0 速度自地面垂直向上拋，到最高點時，此物體的動量變化量為： (B)
    (A) 0　　(B) mv_0　　(C) $2mv_0$　　(D) $\frac{1}{2}mv_0$

39. 有 A、B 二彈簧其力常數分別為 4 牛頓/公分，6 牛頓/公分，則此二彈簧並聯時，其等值力常數為若干牛頓/公分？ (D)
    (A) 4　　(B) 6　　(C) 2.4　　(D) 10

40. 同上題，若此二彈簧串聯時，其等值力常數為若干牛頓/公分？ (C)
    (A) 4　　(B) 6　　(C) 2.4　　(D) 10

41. 以等加速度 $a=9.8$ m/s² 前進的火車天花板上懸掛一單擺，則此單擺和鉛直方向所成的夾角為若干度？ (C)
    (A) 0　　(B) 30　　(C) 45　　(D) 60

42. 有一電梯正以 a 之加速度下降時，若有一物自高 H 之電梯頂落下，則落至電梯底面所需之時間為： (D)
    (A) $\sqrt{2gh}$　　(B) $\sqrt{2(g-a)H}$　　(C) $\sqrt{\frac{2H}{g+a}}$　　(D) $\sqrt{\frac{2H}{g-a}}$

43. 一質量 m 之物體作等速率圓周運動，速率 v，半徑 r，則其向心力為： (A)
    (A) $m\frac{v^2}{r}$　　(B) $m\frac{v}{r}$　　(C) $m\frac{r}{v^2}$　　(D) $\frac{rv^2}{m}$

44. 等速率圓周運動： (B)
    (A) 僅具有切線加速度
    (B) 僅具有法線加速度
    (C) 可同時具有切線及法線加速度
    (D) 可同時不具有切線及法線加速度

45. 簡諧運動的特徵是： (B)
   (A) 回復力固定大小
   (B) 回復力正比偏離平衡點的位移
   (C) 等速率運動
   (D) 等加速度運動

46. 一物作簡諧運動，在平衡點處，其： (A)
   (A) 速度最大　　(B) 加速度最大　　(C) 受力最大　　(D) 速度為零

47. 等速直線前進的火車上，某人鉛直上拋一銅幣，則銅幣落於何處？ (C)
   (A) 前方　　　　(B) 後方　　　　(C) 原處　　　　(D) 無法判定

48. 一物體重為 4.9 牛頓，靜置於光滑無摩擦之水平桌面上，受 1 公斤重之水平方向外力作用，則其加速度是： (A)
   (A) 19.6 m/s²　　(B) 9.8 m/s²　　(C) 4.9 m/s²　　(D) 0.5 m/s²

49. 用 3 牛頓的水平拉力作用於 4 kg 的物體上，如下左圖所示，且拉力與初速同向，測得速度與時間的關係如下右圖 (0 秒至 6 秒末)，則此物體所受的摩擦力為多少牛頓？ (A)

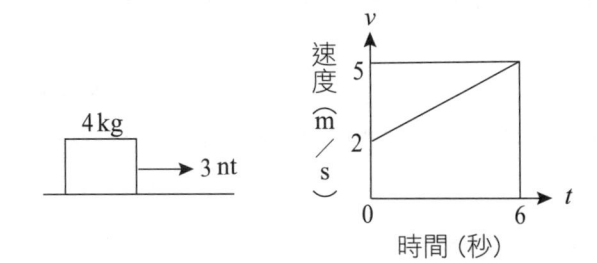

   (A) －1　　　　(B) －2　　　　(C) －3　　　　(D) 0

50. 體重分為 60 kgw 及 40 kgw 之甲、乙二人，在無摩擦力的水面上互推，若甲受到 40 kgw 的推力，則乙應受到多大的推力？ (C)
   (A) 20 kgw　　(B) 30 kgw　　(C) 40 kgw　　(D) 60 kgw

51. 有一個 15 kgw 的冰箱，小明只用 10 kgw 的力往上抬，冰箱仍靜止不動，由此可知： (B)
   (A) 冰箱合力所受合力為 5 kgw
   (B) 冰箱所受合力為零
   (C) 地面給冰箱的反作用力為 15 kgw
   (D) 地面給冰箱的反作用力為 10 kgw

52. 小明騎腳踏車，車與人的總質量為 60 kg，行進中作急煞車，歷經 2 秒後車子停下，此期間車子滑行 1.2 公尺，設煞車過程的摩擦力一定，則車子開始煞車時的速度及車子受到的摩擦力各多少？ (A)
    (A) 1.2 m/s，－36 nt
    (B) 1.0 m/s，－12 nt
    (C) 2.0 m/s，－48 nt
    (D) 2.4 m/s，－24 nt

53. 有關力的敘述下列何者正確？ (C)
    (A) 物體作等速率圓周運動時合力為零
    (B) 物體在地面上愈跑愈慢時為不受力
    (C) 物體作等速直線運動時合力為零
    (D) 物體愈跑愈快時為不受力

54. 有關作用力與反作用力下列何者正確？ (D)
    (A) 作用力與反作用力可施於同一物體
    (B) 地球吸引人的力大於人吸引地球的力
    (C) 人推樹，樹不倒，是因為作用力與反作用力抵消
    (D) 火箭在外太空可以前進，就是因為作用力與反作用力

55. 週期為 1 秒/次的等速率圓周運動，若半徑為 1 米，則物體所需向心加速度之大小為： (D)
    (A) 2π 米/秒^2
    (B) 4π 米/秒^2
    (C) $2\pi^2$ 米/秒^2
    (D) $4\pi^2$ 米/秒^2

56. 有一人站立於升降機內的彈簧秤上，則下列何者彈簧秤上讀數將大於物體原有重量： (C)
    (A) 升降機等速下降時
    (B) 升降機等速上升時
    (C) 升降機減速下降時
    (D) 升降機加速下降時

57. 下列何者物體所受的合力不為零？ (D)
    (A) 靜置於桌面的物體
    (B) 置於地心處物體所受的地心引力
    (C) 置於電梯中等速率上升的物體
    (D) 作等速率圓周運動的物體

第 3 章　力與運動

58. 靜止於光滑水平面上 A 點之某物體，受一 5 牛頓之水平力推至 B 點，B 在 A 點右側 10 米，此時該力減為 2 牛頓，方向不變，又推了 6 秒而至 C 點，若物體質量為 4 公斤，下列何者錯誤？　(C)
    (A) 物體在 B 點的速率為 5 米/秒
    (B) 物體在 C 點的速率為 8 米/秒
    (C) 此力從 A 點至 C 點共作功 62 焦耳
    (D) 此力從 B 點至 C 點共作功 78 焦耳

59. 下列何種運動係受定力作用？　(D)
    (A) 等速圓周運動　　　　　　(B) 簡諧運動
    (C) 單擺之擺動　　　　　　　(D) 真空中之水平拋射運動

60. 物體作等速率圓周運動：　(D)
    (A) 必受切線方向之力　　　　(B) 必受與運動方向相同之力
    (C) 不必受任何力　　　　　　(D) 必受與運動方向垂直之力

61. 下列哪一種力不屬於超距力？　(C)
    (A) 萬有引力　　(B) 電力　　(C) 彈力　　(D) 磁力

二、計算題

1. 一質量 975 公斤之車子在平坦路面上滑行，初速為 15.0 公尺/秒，經 15.0 秒後停止，試求作用在車子之摩擦力。
   答案：975 牛頓

2. 如下圖，兩木塊 $m_1 = m_2 = m$，與斜面動摩擦係數分別為 μ_1、μ_2，斜面角度 α，中間連接之細繩不會伸縮，且質量可不計。
   (a) 求 m_2 加速度。
   (b) 求繩子所受張力。

   答案：(a) $g \sin \alpha - \left(\dfrac{\mu_1 + \mu_2}{2}\right) g \cos \alpha$

   　　　(b) $mg \left(\dfrac{\mu_1 - \mu_2}{2}\right) \cdot \cos \alpha$

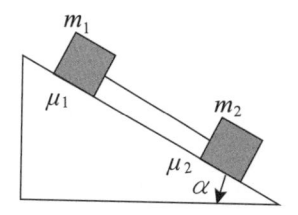

3. 某質量 50.0 公斤之人在北極測得之體重比在赤道測得之體重重若干牛頓？(知北極 $g = 9.83$ 公尺/秒², 赤道 $g = 9.78$ 公尺/秒²)
   答案：2.50 牛頓

4. 某質點位於兩質量分別為 1.00×10^2 公斤及 4.00×10^2 公斤的物體之間，兩物體相距 10.0 公尺。試求將此質點置於距 1.00×10^2 公斤之物體多遠處，可使質點所受的合力為零。

答案：3.33 公尺

5. 一顆人造衛星在地球表面上高度為 R 的圓周軌道上運行 (R 為地球半徑)。如果在此高度上的重力加速度為 a，則此人造衛星的速率為若干？(以 R 和 a 表示)

答案：$\sqrt{2aR}$

6. 試求質量分別為 0.100 公斤及 0.500 公斤，引力距為 2.00 公尺之兩物體的萬有引力。

答案：8.34×10^{-13} 牛頓

7. 土星 (Saturn) 與太陽的平均距離約為地球到太陽平均距離的九倍，試估計土星上的一年約為地球上的若干年？

答案：27 年

CHAPTER 4

功與能

4-1 功

功的定義為力 $\vec{F}$ 在物體位移方向的分量 F_x 和位移大小 s 的乘積，即：

$$W = F_x s = F\cos\theta \cdot s = \vec{F} \cdot \vec{s} \tag{4.1}$$

其中 θ 表作用力 $\vec{F}$ 與位移 $\vec{s}$ 的夾角，如圖 4-1。故當力與位移之夾角 $\theta = 90°$，即兩者相互垂直時，此力將不作功。例如手提行李箱等速前進；萬有引力作為向心力對人造衛星所作的功；及單擺擺動時繩子張力所作的功，都是不作功之情形。除此之外，亦可解釋為施力方向上之位移為零，或在運動方向上之外力為零。

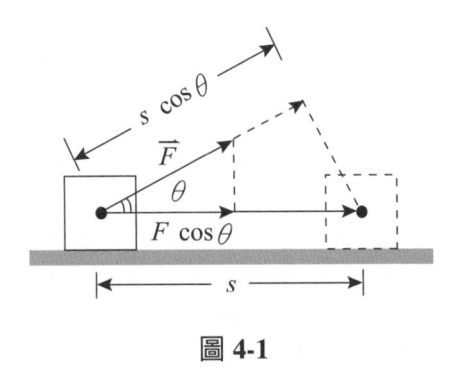

圖 4-1

在功的特性方面，歸納如下：

1. 功非狀態，有累積之效果，可以用代數和相加。
2. 功只有量值沒有方向，為一純量，但有正負的區別：
   (1) 當 $0° \leq \theta < 90°$ 時為正功，稱為外力對物體作功。

(2) 當 $90° < \theta < 180°$ 時為負功，稱為物體反抗外力所作的功。

3. 保守力 (力為距離的函數，如彈力、重力、靜電力……) 所作之功僅與始點及終點位置有關，而與所經路徑無關。

4. 非保守力 (力非距離的函數，如摩擦力、空氣阻力……) 所作的功與所經路徑有關。

功之單位在 M.K.S. 制中為**焦耳** (joule)，若在 C.G.S. 制中則為**爾格** (erg)，其換算公式為：

$$1 \text{ 焦耳} = 1 \text{ 牛頓} \cdot \text{米} = 10^5 \text{ 達因} \times 10^2 \text{ 公分}$$
$$= 10^7 \text{ 爾格} \tag{4.2}$$

範例 4-1

用繩將質量為 M 的木塊垂直放下。以 $g/4$ 的向下加速度下降距離 l，則繩對木塊所作的功為若干？

解：

木塊受重力 $\vec{Mg}$ 與繩子張力 $\vec{T}$ 之合力作用而作等加速度 $a = g/4$ 下降，由牛頓第二運動定律，

$$Mg - T = Ma = M\left(\frac{g}{4}\right) \Rightarrow T = \frac{3}{4}Mg \text{ 方向向上}$$

∴ 繩對木塊作功，

$$W = \vec{T} \cdot \vec{l} = \left(\frac{3}{4}Mg \uparrow\right) \cdot (l \downarrow)$$

$$= -\frac{3}{4}Mgl$$

因張力 T 與木塊之位移方向相反，故為負功。

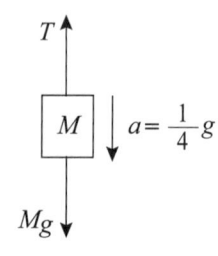

4-2 能　量

　　能量的形式有許多，可以互相轉換，但不能創造，亦不會消失。大致上可區分為六項：

1. 機械能(力學能)：包含動能和位能。
2. 熱能：主要來自物質內的分子運動。
3. 電磁能：包括電能和磁能，兩者具有密切關係。
4. 輻射能：光能即為輻射能之一種，任何熱的東西都會放出輻射能。
5. 核能：儲存於原子核內，當原子核分裂或融合時，因質量虧損而釋放大量能量。如太陽內部釋出之能量即為核能。
6. 化學能：由物質進行化學組合或分解時以熱能、光能或電能形式釋出之特殊位能，潛存於化學組合中。

　　在本節中針對機械能特別加以研究，首先探討動能。動能即物體運動而具有的作功能力，代號 E_K，數學式為：

$$E_K = \frac{1}{2}mv^2 \quad (4.3)$$

其中 m 表質量，v 表速度，且 $v \ll$ 光速。

　　而位能表示物體反抗保守力作功而產生形變或位置改變所具有之能量，代號 U。在重力位能方面，若以地表附近而言，假設為均勻重力場，g 為定值，則其重力位能係以地面為零位面，數學式為：

$$U = mgh \quad (4.4)$$

其中 h 為由零位面算起之高度差。

　　若以距地球較遠之萬有引力所形成之重力場而言，$g = \dfrac{GM}{r^2}$，令無窮遠處為零位面，則其重力位能之形式為：

$$U = -\frac{GMm}{r} \tag{4.5}$$

其中 M 表地球質量，m 表物體質量。

至於彈簧 (彈力常數為 k) 之彈力位能，若令彈簧之原長為零位面，則其數學式為：

$$U = \frac{1}{2}kx^2 \tag{4.6}$$

其中 x 表伸長 (壓縮) 量。

位能、動能的單位與功的單位相同，也同樣都是純量。而位能的值會因零位面的選取方式不同而有所差異。而功與動能之間存在"功能定理"，即在不改變位能之狀況下，淨力對物體所作之功會等於物體的動能變化。即：

$$W = \Delta E_K \tag{4.7}$$

當外力對物體作正功時，會增加物體之動能；反之，若作負功時，則會減少物體之動能。若將功能原理加以廣義之解釋，即配合"力學能守恆定理"，可得：淨力對系統所作之功會等於系統的總能量變化。

質量 m 之衛星，在半徑為 r 的軌道上繞質量為 M 的地球作圓周運動，在第三章中曾提及其向心力係由衛星與地球間之萬有引力所提供。衛星之動能可由下列方式推出：

$$\text{向心力 } F = \frac{GMm}{r^2} = m \cdot \frac{v^2}{r}$$

故

$$\text{動能 } E_K = \frac{1}{2}mv^2 = \frac{GMm}{2r} \tag{4.8}$$

而衛星之位能已如 (4.5) 式所示，$U = -\dfrac{GMm}{r}$。綜合動能與位能可得到此系統之力學能為：

$$E = E_K + U = \frac{GMm}{2r} - \frac{GMm}{r} = -\frac{GMm}{2r} \qquad (4.9)$$

由於此時定義在無窮遠處 ($r \rightarrow \infty$) 為零位面，故欲使衛星脫離地球重力場之束縛所需供給之能量為 $+\frac{GMm}{2r}$，此即稱為**束縛能**。若考慮一靜止於地球表面之物體，其質量仍為 m，則位能 $U = -\frac{GMm}{r}$，動能 $E_K = 0$，力學能 E 為 $-\frac{GMm}{r}$。欲脫離地球重力場所需供給之能量為克服其力學能 E 到達零位面之能量；即 $\frac{GMm}{r}$，稱為**脫離能**。通常提供脫離能之方式為供給物體動能。在不考慮空氣阻力的情形下，可得下式：

$$E_K = \frac{1}{2}mv^2 = \frac{GMm}{r}$$

經移項後可得：

$$v = \sqrt{\frac{2GM}{r}} \qquad (4.10)$$

此速度稱為**脫逃速度**，我們可以發現脫逃速度與物體之質量 m 無關。

範例 4-2

如附圖，設平面 AB 與圓形曲面 BCD (半徑為 r) 均光滑，一質點以初速 $v_0 = \sqrt{5gr}$ 自 A 點朝曲面運動 (g 為重力加速度)。此質點經 B、C、D 各點後落回平面 AB 上。問落點與 B 點的距離為若干？

解：

假設質點到達 D 點時之速率 v，則由力學能守恆可求其 v 值，即在 D 點與 B 點之位能與動能和須相等，故

$$\frac{1}{2}mv^2 + mg(2r) = \frac{1}{2}m(\sqrt{5gr})^2 + 0 \Rightarrow v = \sqrt{gr}$$

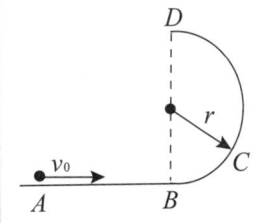

在質點通過 D 點後，即以 v 為水平初速進行平拋運動，故由 (2.20) 式可求其落回 AB 平面之時間為

$$t=\sqrt{\frac{2\cdot(2r)}{g}}=\sqrt{\frac{4r}{g}}$$

再代入 (2.19) 式可得水平位移

$$R=vt=\sqrt{gr}\cdot\sqrt{\frac{4r}{g}}=2r$$

此即落點與 B 點的距離 ......**Ans.**

範例 4-3

一彈簧橫置於一水平光滑平面上，一端固定，另一端連結一木塊作簡諧運動。當木塊離平衡點的位移為最大位移的 $\frac{2}{3}$ 時，其動能為最大動能的幾倍？

解：

令彈力常數為 K，最大位移（即振幅）為 R，則在位移 $x=\frac{2}{3}R$ 時，木塊的動能

$$E_K=\frac{1}{2}kR^2-\frac{1}{2}kx^2$$

$$=\frac{1}{2}kR^2-\frac{1}{2}k\left(\frac{2R}{3}\right)^2$$

$$=\frac{5}{18}kR^2$$

而由力學能守恆 $\Rightarrow$ 木塊之最大動能 $E_m=$ 彈簧的最大位能 $\frac{1}{2}kR^2$，

$$\therefore \frac{E_K}{E_m}=\frac{5kR^2/18}{kR^2/2}=\frac{5}{9} \quad ......\textbf{Ans.}$$

範例 4-4

設有兩星球其質量均為 m，在相互吸引之重力作用下，同時以半徑 r 對此兩星球之質量中心做圓周運動，如右圖所示，則至少需多少能量，才能將此兩星球拆散成相距無限遠？(G 為重力常數)

解：

假設兩星球之運動速率為 v，距離為 $2r$，故可由 (4.8) 式得到"其中一星球"之動能求法為：

$$向心力\ F = \frac{GMm}{(2r)^2} = m \cdot \frac{v^2}{r}$$

$$動能\ E_K = \frac{1}{2}mv^2 = \frac{Gm^2}{8r}$$

對兩星球所共構之系統而言之動能為

$$2E_K = \frac{Gm^2}{4r}$$

重力位能由 (4.5) 式可得

$$U = -\frac{Gm^2}{2r}$$

系統之力學能 E 為

$$\frac{Gm^2}{4r} - \frac{Gm^2}{2r} = -\frac{Gm^2}{4r}$$

欲將之拆散至無限遠所需能量，即使其達到力學能 $E=0$ 之狀況，故需提供能量 $\dfrac{Gm^2}{4r}$ ……**Ans.**

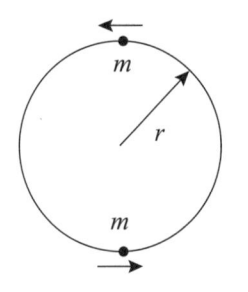

4-3 功 率

單位時間內所作之功稱為**功率**，代號 P，為一純量。功率之公制單位為**瓦特**，定義為：

$$瓦特 = \frac{焦耳}{秒} \tag{4.11}$$

功率可分為平均功率及瞬時功率：

$$平均功率 \; \overline{P} = \frac{\Delta W}{\Delta t} = \frac{\vec{F} \cdot \vec{\Delta s}}{\Delta t} = \vec{F} \cdot \frac{\vec{\Delta s}}{\Delta t}$$

$$= \vec{F} \cdot \vec{v}_{AV} \tag{4.12}$$

$$瞬時功率 \; P = \frac{dw}{dt} = \lim_{\Delta t \to 0} \frac{\vec{F} \cdot \vec{\Delta s}}{\Delta t} = \vec{F} \cdot \frac{\vec{ds}}{dt}$$

$$= \vec{F} \cdot \vec{v} \tag{4.13}$$

其中 $\vec{v}_{AV}$ 及 $\vec{v}$ 之定義如 (2.6) 及 (2.7) 式，即平均速度與瞬時速度。

在英制中常用之功率的單位為馬力 (H.P.)，與公制瓦特之換算為：1 馬力 ≒ 746 瓦特。在電學中有一常用之電功單位，即我們日常生活中電費之計費單位：1 度電＝1 瓩·小時＝3.6×10^6 焦耳，特別注意此為 "功"，而非 "功率"。

範例 4-5

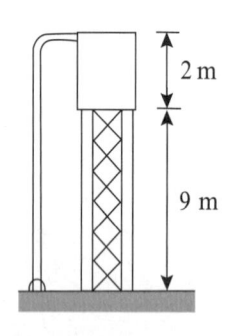

在高為 9 公尺的枱上放置一圓柱形水槽，其圓底面的面積為 5 平方公尺，高為 2 公尺。若一馬達抽水機欲以 4 分 40 秒的時間由地面抽水充滿此水槽，則其平均功率為幾仟瓦？

解：

本題須注意一般水槽之進口水多設於其上端，如左圖所示，故所有進入水槽之水都必須被抽至距地面高度為 (2+9) m 之管口。

由已知資料可求水槽中滿水之總質量

$$M = V \times D$$
$$= (5 \times 2) \times 10^3 = 10^4 \text{ (kg)}$$

故平均功率

$$\overline{P} = \frac{\Delta W}{\Delta t} = \frac{Mgh}{\Delta t} = \frac{10^4 \times 9.8 \times 11}{(4 \times 60) + 40}$$

$$= 3850 \text{ (瓦特)} = 3.85 \text{ 仟瓦 }……Ans.$$

習　題

一、選擇題

1. 下列哪一種情況，力並未對物體作功？　　　　　　　　　　　　　　　　　　　　答案 (C)
　(A) 以繩拉雪車等速前進　　　　　　(B) 手提重物登上公車
　(C) 地球引力使衛星作圓周運動　　　(D) 重力使物體沿斜面等速下滑

2. 某物體質量 m，由靜止開始，受外力作用期間，速度增為 v，則外力作功為何？　(A)
　(A) $\dfrac{1}{2}mv^2$　　　(B) mgh　　　(C) mv　　　(D) $2mv$

3. 某物體質量 m，以 v 的速度鑽入砂中而停止，其所經位移為 d，則在砂中所受的平均阻力大小為：　(A)
　(A) $\dfrac{mv^2}{2d}$　　　(B) $\dfrac{mv}{d}$　　　(C) $\dfrac{m^2v^2}{d}$　　　(D) $\dfrac{m^2v^2}{2d}$

4. 一物體質量為 10 kg，由初速度增加至 8 m/s，其間動能增加量為 240 焦耳，則初速度為若干 m/s？　(C)
　(A) 2　　　(B) 3　　　(C) 4　　　(D) 5

5. 質量 10 kg 物體，由 10 m 高處自由落下，其到達地面之動能為？　(A)
　(A) 980　　　(B) 490　　　(C) 245　　　(D) 98　　焦耳

6. 質量 M 之物體，自 H 高處自由落下，若重力加速度為 g，則當落下 $\dfrac{3}{4}H$ 時，其動能為：　(C)
　(A) MgH　　　(B) $\dfrac{1}{4}MgH$　　　(C) $\dfrac{3}{4}MgH$　　　(D) $\dfrac{3}{2}MgH$

7. 兩木塊壓住彈簧靜止於光滑水平面上 (如圖所示)，若彈簧彈開，兩木塊 m_1 和 m_2 的動能比為：　(A)
　(A) m_2/m_1　　　(B) $\sqrt{m_2/m_1}$
　(C) m_1/m_2　　　(D) $\sqrt{m_1/m_2}$

8. 有一木塊以 9.8 m/s 之初速度，在水平地板上滑行 49 m 後停止，則木塊與地板間之摩擦係數為：　(A)
　(A) 0.1　　　(B) 0.2　　　(C) 0.3　　　(D) 0.6

9. 一質量為 m 的人造衛星，以 v 的速度在半徑 r 的軌道上運行，設地球質量 M，其總機械能為： (B)

    (A) $\dfrac{GMm}{2r}$　　(B) $-\dfrac{GMm}{2r}$　　(C) $\dfrac{GMm}{r}$　　(D) $-\dfrac{GMm}{r}$

10. 質量為 5 kg 的物體，受外力在光滑水平面以 4 m/s² 等加速度滑行 100 m，則外力對此物作功若干焦耳？ (A)

    (A) 2000　　(B) 500　　(C) 400　　(D) 20

11. 有一彈簧，當其壓縮 10 cm 時需用力 1000 達因，則由平衡點將其壓縮 2 cm 時需作功若干爾格？ (B)

    (A) 2000　　(B) 200　　(C) 4000　　(D) 400

12. 有一單擺，已知擺錘由最高點擺至最低點之落差為 4.9 cm，則其經過最低點時之速率為若干 cm/s？ (B)

    (A) 49　　(B) 98　　(C) 147　　(D) 196

13. 質量為 m 之物體自地球上欲脫離地球之脫逃速度為 v，則質量為 5 m 物體之脫逃速度為： (C)

    (A) 25 v　　(B) 2.5 v　　(C) v　　(D) 5 v

14. 質量為 5 kg 之木塊平置於水平桌面上，若與桌面間之摩擦係數為 0.2，則欲使此木塊移動需用力若干牛頓？ (C)

    (A) 1　　(B) 4.9　　(C) 9.8　　(D) 98

15. 物體靜置於斜面上，若逐漸增加斜面角度，當傾斜角 $\theta=37°$ 時物體開始下滑，則接觸面的靜摩擦係數為： (A)

    (A) 0.75　　(B) 0.25　　(C) $\dfrac{1}{\sqrt{3}}$　　(D) 0.6

16. 下列何者不是能量的單位？ (A)

    (A) 瓦特　　(B) 焦耳　　(C) 電子伏特　　(D) 爾格

17. 一般所謂 1 度電即 1 仟瓦小時，仟瓦小時是何種單位？ (D)

    (A) 電量　　(B) 時間　　(C) 功率　　(D) 能量

18. 某人提一重為 20 kg 之水桶在水平面上行走 20 m，則此人所作之功為若干焦耳？ (D)

    (A) 400　　(B) 20　　(C) 1　　(D) 0

19. 質量為 10 克之子彈以 600 公尺/秒之速率飛行，則其動能為若干焦耳？ (D)

    (A) 600　　(B) 1,800,000　　(C) 3,600　　(D) 1,800

20. 將一重為 10 公斤,長為 10 公尺之均勻木棒,由水平置於地面垂直豎起,約需作功若干焦耳? ...... (D)
   (A) 100　　(B) 50　　(C) 980　　(D) 490

21. 小雨滴在等速下落期間,則下列敘述何者正確? ...... (B)
   (A) 位能降低,動能增加　　(B) 位能降低,動能不變
   (C) 位能不變,動能不變　　(D) 位能不變,動能增加

22. 如右圖所示,$m = 5$ kg 質量置於斜角 30° 之斜面上,今以一平行斜面之外力作用於該物體,恰可使其往上做等速移動,已知摩擦係數為 $1/\sqrt{3}$,若 $g = 10$ m/s²,則外力 F 大小為若干牛頓? ...... (B)
   (A) 25　　(B) 50
   (C) 75　　(D) 100

23. 1 kgw・m 等於多少焦耳? ...... (B)
   (A) 1　　(B) 9.8　　(C) 980　　(D) 9,800

24. 若 p、m、D 分別代表壓力、質量和密度,則以 mp/D 表示之物理量為: ...... (C)
   (A) 功率　　(B) 力　　(C) 能量　　(D) 動量

25. 質量 1 kg 的物體,自 $H = 10$ m 處自由落下,若落地之速率為 12 m/s,則摩擦力所作的功最接近: ...... (C)
   (A) 52 焦耳　　(B) 144 焦耳　　(C) 26 焦耳　　(D) 72 焦耳

26. 同上題,若無摩擦力,則落地之速率應為若干 m/s?(若 $g = 10$ m/s²) ...... (A)
   (A) $10\sqrt{2}$　　(B) 12　　(C) 20　　(D) 18

27. 某物自某高度自由落下,與自同一高度沿光滑斜面滑下,則: ...... (A)
   (A) 到達地面時速率相同　　(B) 前者速率較大
   (C) 後者速率較大　　(D) 兩者落下的加速度相同

28. 質量 M 物體,自高度 H 處自由落下,若忽略空氣阻力,則落至 $\frac{H}{2}$ 處之總機械能為: ...... (A)
   (A) Mgh　　(B) $2MgH$　　(C) $\frac{1}{2}MgH$　　(D) $\frac{1}{4}MgH$

29. 某抽水機可於 10 分鐘內將 2 m³ 的水抽高 9 m,則該抽水機作功若干焦耳? ...... (B)
   (A) 88.2×10^3　　(B) 176×10^3　　(C) 44.1×10^3　　(D) 以上皆非

30. 同上題，此抽水機之功率為多少馬力？(1 馬力＝746 瓦特)　(C)
    (A) 0.1　　(B) 0.2　　(C) 0.4　　(D) 0.6

31. 有一力常數 $k=200$ N/m 的彈簧靜止於光滑水平面上，一端固定於牆上，今有一質量 $m=2$ kg 的物體，以 5 m/s 之速度正向碰撞此彈簧，則此彈簧的最大壓縮量為若干公尺？　(C)
    (A) 0.2　　(B) 0.3　　(C) 0.5　　(D) 0.6

32. 在彈性限度內，彈簧一端固定，另一端以 20 牛頓的力將其拉長 10 公分，此時彈簧所具有之彈性位能為若干焦耳？　(A)
    (A) 1　　(B) 2　　(C) 5　　(D) 20

33. 將一端固定的彈簧拉長 X 須作功 W，若再拉長為 X 須再作功若干？　(C)
    (A) W　　(B) $2W$　　(C) $3W$　　(D) $4W$

34. 某船引擎的輸出功率為 8,000 瓦特，若維持 $v=20$ m/s 等速前進，則船所受之平均阻力為若干牛頓？　(B)
    (A) 160,000　　(B) 400　　(C) 20　　(D) 4,000

35. 一舉重機在 5 秒內，將 10 公斤之物體，以等速率舉高 2 公尺，若 $g=10$ m/s^2，則其功率為若干瓦特？　(A)
    (A) 40　　(B) 196　　(C) 19.6　　(D) 98

36. 有一質量 2 g 之小球繫於 10 cm 長的細線一端。將其拉高到與天花板成 30° 角時鬆手，則球擺至最低點時之速度大小為若干 m/s？　(D)
    (A) 3　　(B) 2　　(C) 1.5　　(D) 1

37. 小明以水平方向的力推動 40 公斤的行李箱，一起以 1 公尺/秒等速度前進 10 公尺。如果地面與行李箱之間的摩擦力是 4 牛頓，小明對行李箱作功多少焦耳：　(B)
    (A) 4　　(B) 40　　(C) 400　　(D) 4,000

38. 有一拉力，將質量 1 公斤的木塊以 1 公尺/秒的等速度，沿光滑斜面，拉至 1 公尺高處，則合力對此物體所作的功為：　(A)
    (A) 0 焦耳　　(B) 0.5 焦耳　　(C) 4.9 焦耳　　(D) 9.8 焦耳

39. 觀察一垂直落下質量為 m 之雨滴，除重力之外，當有空氣阻力之作用，在一段觀察期間內，若維持等速下降 h 距離，則在此過程中，下列敘述，何者錯誤？　(A)
    (A) 重力未對雨滴作功
    (B) 雨滴的動能無變化
    (C) 雨滴的重力位能減少了 mgh
    (D) 空氣阻力並非守恆力，所以雨滴的重力位能與動能之總和並不守恆

40. 質量 6.0 公斤的物體，沿一粗糙水平面以 12 公尺/秒的初速度滑行，8 秒末即停止，則摩擦力 (設大小為一定值) 對該物體所作功的大小為若干焦耳？ (D)
    (A) 36　　(B) 192　　(C) 256　　(D) 432

41. 某人施一水平方向 5 公斤重的力，拖著 8 公斤重的行李，沿水平方向等速走了 10 公尺，一共費時 4 秒鐘，下列敘述何者正確： (A)
    (A) 摩擦力作功為 490 焦耳　　(B) 此人作功為 50 焦耳
    (C) 此人作功為 1274 焦耳　　(D) 此人作功功率為 196 瓦特

42. 有一乒乓球由 A 點以初速 V_0 鉛直向上拋，到達最高點 B 後再下落到原處 A，若考慮空氣阻力，則此球落下至 A 點的速率較初速 V_0 為： (B)
    (A) 大　　(B) 小　　(C) 相等　　(D) 不一定

43. 5 公克的石子在距地面 20 公尺高時之速率為 10 m/sec，則此石子相對於地面之機械能為： (B)
    (A) 10.3 焦耳　　(B) 1.23 焦耳　　(C) 10.2 爾格　　(D) 1.23 爾格

44. 質量 4 公斤物體，沿一粗糙水平面以 5 米/秒的初速度滑行，經 2 秒即停止，則摩擦力對物體所作功的大小為： (A)
    (A) 50 焦耳　　(B) 20 焦耳　　(C) 10 焦耳　　(D) 100 焦耳

45. 一汽車引擎之最大功率為 15 仟瓦，若其在高速公路上之最高速限為 108 公里/小時，則當時汽車所受之各項阻力總和約為多少牛頓？ (D)
    (A) 140　　(B) 280　　(C) 420　　(D) 500

46. 10 磅之木塊以 16 呎/秒 之速率衝上 30° 之斜面沿斜面行 5.0 呎後停止，然後滑回底部，若來回摩擦力皆不變，則木塊滑回斜底部之速率為： (A)
    (A) 8 呎/秒　　(B) 10 呎/秒　　(C) 12 呎/秒　　(D) 6 呎/秒

47. 木塊沿斜面上推，至少須施力 5 牛頓始能推動，若沿斜面下拉則只須 1 牛頓，則木塊與斜面間之摩擦力為若干牛頓？ (B)
    (A) 4　　(B) 3　　(C) 2　　(D) 1

48. 有一單擺在鉛直面上擺動，當擺錘通過最低點時速率若為 v_1，擺錘可以升高 4 公分，若速率為 v_2 時可以升高 9 公分，則 $v_1 : v_2$ 為： (B)
    (A) 3：2　　(B) 2：3　　(C) 1：1　　(D) 4：9

49. 有一石子自 10 m 高處自由落下，則當其落下若干距離時其動能和位能恰相等？ (D)
    (A) 10 公尺　　(B) 4.9 公尺　　(C) 2 公尺　　(D) 5 公尺

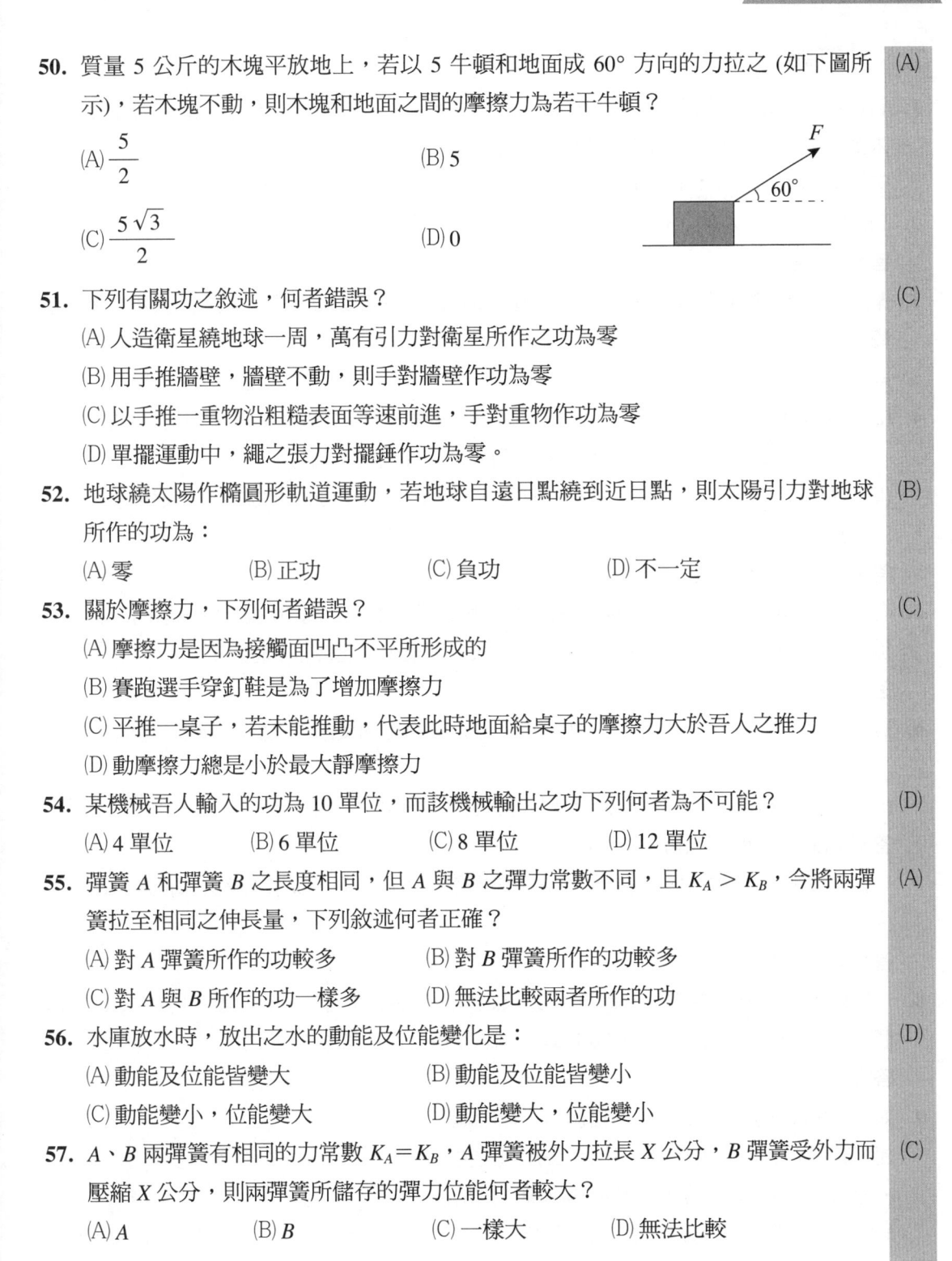

50. 質量 5 公斤的木塊平放地上，若以 5 牛頓和地面成 60° 方向的力拉之 (如下圖所示)，若木塊不動，則木塊和地面之間的摩擦力為若干牛頓？　(A)

(A) $\dfrac{5}{2}$ 　(B) 5 　(C) $\dfrac{5\sqrt{3}}{2}$ 　(D) 0

51. 下列有關功之敘述，何者錯誤？　(C)
   (A) 人造衛星繞地球一周，萬有引力對衛星所作之功為零
   (B) 用手推牆壁，牆壁不動，則手對牆壁作功為零
   (C) 以手推一重物沿粗糙表面等速前進，手對重物作功為零
   (D) 單擺運動中，繩之張力對擺錘作功為零。

52. 地球繞太陽作橢圓形軌道運動，若地球自遠日點繞到近日點，則太陽引力對地球所作的功為：　(B)
   (A) 零　(B) 正功　(C) 負功　(D) 不一定

53. 關於摩擦力，下列何者錯誤？　(C)
   (A) 摩擦力是因為接觸面凹凸不平所形成的
   (B) 賽跑選手穿釘鞋是為了增加摩擦力
   (C) 平推一桌子，若未能推動，代表此時地面給桌子的摩擦力大於吾人之推力
   (D) 動摩擦力總是小於最大靜摩擦力

54. 某機械吾人輸入的功為 10 單位，而該機械輸出之功下列何者為不可能？　(D)
   (A) 4 單位　(B) 6 單位　(C) 8 單位　(D) 12 單位

55. 彈簧 A 和彈簧 B 之長度相同，但 A 與 B 之彈力常數不同，且 $K_A > K_B$，今將兩彈簧拉至相同之伸長量，下列敘述何者正確？　(A)
   (A) 對 A 彈簧所作的功較多　(B) 對 B 彈簧所作的功較多
   (C) 對 A 與 B 所作的功一樣多　(D) 無法比較兩者所作的功

56. 水庫放水時，放出之水的動能及位能變化是：　(D)
   (A) 動能及位能皆變大　(B) 動能及位能皆變小
   (C) 動能變小，位能變大　(D) 動能變大，位能變小

57. A、B 兩彈簧有相同的力常數 $K_A = K_B$，A 彈簧被外力拉長 X 公分，B 彈簧受外力而壓縮 X 公分，則兩彈簧所儲存的彈力位能何者較大？　(C)
   (A) A　(B) B　(C) 一樣大　(D) 無法比較

二、計算題

1. 質量為 10 公斤的物體靜置於光滑水平面上，受一水平力 20 牛頓作用，此外力在第 5 秒末至第 7 秒末所作的功為若干？其平均功率為若干？

答案：(a) 480 焦耳；(b) 240 瓦特

2. 1 hp 之馬達，一小時可作功若干？

答案：2.69 MJ

3. 某人在 2.00 秒內將一重 1.00×10^3 牛頓之重物鉛直舉起 2.00 公尺，試求此人舉重物時之輸出功率？

答案：1 kW

4. (a) 一重 1.00×10^4 牛頓之車子以 20.0 公尺/秒之速率等速爬上傾斜角為 5° 之斜坡，若不計摩擦力及空氣阻力，試求車子爬坡時引擎之輸出功率為若干？

(b) 當車子正以 10.0 公尺/秒之速率行駛時，欲使它產生 0.100 g 的加速度，則車子之輸出功率為若干？

答案：(a) 17.4 kW；(b) 10 kW

5. 有一抽水馬達功率標示為 1000 瓦特，今利用此馬達抽水到高 30 公尺的水塔內，設重力加速度為 10 m/s^2，若水塔容量為 1 立方公尺，則至少須運轉若干時間？

答案：5 分鐘

6. 質量 80.0 公斤的人在飛機上以 1.00 公尺/秒之速率走向機頭，飛機以相對於地面 300 公尺/秒之速率飛行，試求：

(a) 相對於飛機此人之動能；(b) 相對於地面此人之動能

答案：(a) 40.0 焦耳；(b) 3.60 MJ

7. 一彈力常數為 1.50×10^3 牛頓/米之彈簧被壓縮了 10.0 公分，試求壓縮該彈簧之力作功多少？

答案：7.50 焦耳

8. 一質量 1.00 公斤之物體，自長 20.0 公尺之斜面頂端靜止滑下，斜面傾斜角為 30.0°，物體滑至斜面底端時之動能為 98.0 焦耳，試求摩擦力作功若干？

答案：0

9. 如右圖所示，質量 16 公斤的物體 A，以細繩連接跨過斜面上的定滑輪，用 10 公斤重的力 F 等速向下拉 50 公分，不計滑輪摩擦，則斜面摩擦力在此期間對 A 物體作功若干？

答案：-9.8 焦耳

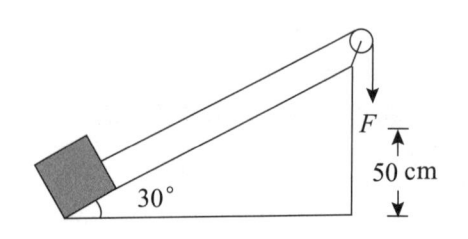

CHAPTER 5

質點系統

5-1 動量與衝量

一個運動中之物體，其速度與質量的乘積，稱為該物體之**動量**，代號 $\vec{P}$，為一向量。數學表示式為：

$$\vec{P} = m\vec{V} \tag{5.1}$$

故其公制單位為公斤-公尺/秒 (kg-m/s)。而動量之物理意義乃表示質點在某一時刻的運動狀態，若動量大之質點可能是速度項或質量項兩者之一較大，都足以使其運動狀態不易改變。例如：子彈由槍管發射後，質量小但速度大，故動量大，不易改變其運動狀態。又如土石流速度小但質量大，亦不易改變其運動狀態。

若我們依據牛頓第二運動定律，考慮平均力的觀念，可得下式：

$$\vec{F} = m\vec{a} = m\frac{\Delta \vec{V}}{\Delta t} = \frac{\Delta(m\vec{V})}{\Delta t} = \frac{\Delta \vec{P}}{\Delta t} \tag{5.2}$$

移項後可得衝量 $\vec{J}$，如下式：

$$\vec{J} = \Delta \vec{P} = \vec{F} \Delta t \tag{5.3}$$

亦即物體的動量變化量即為**衝量**，同樣是一種向量。由衝量的介紹中我們可以發現在日常生活中的一些例子。例如：高速行進中之車輛，若單純依靠摩擦力欲停止，因其動量變化量 (即衝量) 大，而摩擦力有限，必然會延長其停止所需之時間；也就是無法瞬間停止。而且車速愈高，所經歷的煞車時間必定要愈長，換言之，煞車距離亦較長。故車禍發生後常見警察在現場測煞車痕跡，即可反推求當時之車速是否超速。

但有一點須在此特別強調的是 (5.3) 式中的力，由於在整個動量變化的過程中，力不會保持定值，故我們經由該式所得之力係在作用時間 Δt 內的平均力。

對於一個不受外力作用的獨立系統而言，其總動量必保持為一定值，此即**動量守恆定律**。但此類獨立系統之選取必須謹慎，否則會使動量守恆定律受到質疑。動量守恆定律之數學式表示法為：

$$\Delta \vec{P}=0 \text{ 或 } \Sigma \vec{P}_{初}=\Sigma \vec{P}_{末} \tag{5.4}$$

範例 5-1

重 5 公斤的物體速度 $\vec{V}=4.0\vec{i}-30\vec{j}$ m/s，碰撞一重 2.5 公斤之物，結果由靜止而得到 $\vec{V}=2.0\vec{i}$ m/s 的速度，求碰撞後 5 公斤物體的速度若干？

解：

依動量守恆定律知：

(5.4) 式， $\Sigma \vec{P}_{初}=\Sigma \vec{P}_{末}$

假設碰撞後 5 公斤物體的速度為 $x\vec{i}+y\vec{j}$ m/s，則可列出下式：

$$5(4\vec{i}-30\vec{j})+2.5\cdot 0=5(x\vec{i}+y\vec{j})+2.5\cdot 2\vec{i}$$

在 x 方向： $20\vec{i}=(5x+5)\vec{i} \Rightarrow x=3$

在 y 方向： $-150\vec{j}=(5y)\vec{j} \Rightarrow y=-30$

故可得 5 公斤物的速度向量表示式為：

$$\vec{V'}=3\vec{i}-30\vec{j}\,(m/s) \quad ......Ans.$$

在本例中，若我們以速度量值進行其碰撞前後之動能檢驗，可以發現並不守恆，這一點稱為**非彈性碰撞**。關於此，我們將在 5-3 節中詳細敘述。

範例 5-2

某人坐在蘋果樹下，忽然有顆成熟的蘋果落下，打在他頭上，並在接觸 0.1 秒後靜止於頭上。設蘋果質量為 0.20 公斤，落下的距離為 2.5 公尺，則在碰撞過程中，它所受淨力平均值若干？

解：

設蘋果落下到觸及頭部前之速度為 V，由自由落體公式 (2.15) 可求出

$$V^2 = 2gH = 2 \times 9.8 \times 2.5 \Rightarrow V = 7 \text{ (m/s)}$$

而最後靜止於頭上，即 $V' = 0$。

由 (5.3) 式可求其平均力，故

$$\Delta \vec{P} = m(\vec{V'} - \vec{V}) = \vec{F} \cdot \Delta t$$
$$\Rightarrow 0.20(0 - 7) = F \times 0.10$$
$$\Rightarrow F = -14 \text{ (nt)}$$

其中負號表示與運動方向相反。即蘋果在碰撞頭部的過程中所受之淨力平均值為 14 牛頓，方向向上。......**Ans.**

在日常生活中，我們可以觀察到一些現象，幫助我們對動量及衝量更加清楚。例如：我們人類由高處跳回地面時，通常以腳尖先著地來延長著地的時間。這種本能的反應可能不需要學過物理學或體育的人都會去做這個動作。那我們從動量及衝量的觀點來看，這個動作對動量變化情形 (即衝量) 並未加以改變，延長著地時間應是使平均力減少，進而保護我們的腿部，避免受到過大的力而骨折。

5-2 質 心

在物體運動時，我們可觀察在其進行無轉動運動中，物體各細部的速度或加速度都相同 (大小及方向)，如圖 5-1 所示。所以我們可以視為一個單一質點的運動，以點稱為**質心**。即使在轉動中的物體系統內，其各細部在同一瞬間之速度和加速度不同，但我們仍可以找到系統中的某一點以其運動狀態代表整體系統的運動狀態，並遵循牛頓運動定律，此即質心。

質心的重要特性計算方式，分述於下：

1. 質心的質量：(即所有質點之質量和)

$$m_{cm} = \sum_{i=1}^{n} m_i \tag{5.5}$$

2. 質心的位置：

$$\vec{r}_{cm} = \frac{\sum_{i=1}^{n} m_i \vec{r}_i}{\sum_{i=1}^{n} m_i} = \frac{\sum_{i=1}^{n} m_i \vec{r}_i}{m_{cm}} \tag{5.6}$$

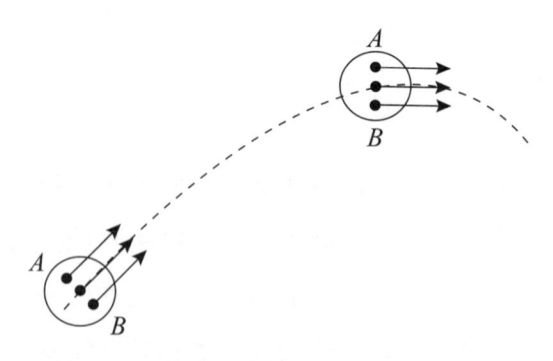

圖 5-1 物體各部之速度及加速度相同。

若將之分解為直角坐標系之三分量可得：

$$X_{cm}=\frac{\sum_{i=1}^{n} m_i x_i}{m_{cm}} \text{,} \quad Y_{cm}=\frac{\sum_{i=1}^{n} m_i y_i}{m_{cm}} \text{,} \quad Z_{cm}=\frac{\sum_{i=1}^{n} m_i z_i}{m_{cm}} \quad (5.7)$$

3. 質心的速度：

$$\vec{V}_{cm}=\frac{\sum_{i=1}^{n} m_i \vec{V}_i}{\sum_{i=1}^{n} m_i}=\frac{\sum_{i=1}^{n} m_i \vec{V}_i}{m_{cm}} \quad (5.8)$$

4. 質心的動量：(即各質點的動量和)

$$\vec{P}_{cm}=m_{cm}\vec{V}_{cm}=\sum_{i=1}^{n} m_i \vec{V}_i \quad (5.9)$$

5. 質心的加速度：

$$\vec{a}_{cm}=\frac{\sum_{i=1}^{n} m_i \vec{a}_i}{\sum_{i=1}^{n} m_i}=\frac{\sum_{i=1}^{n} m_i \vec{a}_i}{m_{cm}} \quad (5.10)$$

6. 質心所受的力：(即各質點所受外力的和)

$$\vec{F}_{cm}=m_{cm}\vec{a}_{cm}=\sum_{i=1}^{n} m_i \vec{a}_i=\sum_{i=1}^{n} \vec{F}_i \quad (5.11)$$

若一個不受外力之系統內部的各質點間彼此有相互作用力在作用，進而產生了位置之變化，但因此作用力為一種內力，故其質心位置將保持在原有位置。

範例 5-3

一炸彈自 600 米之高空自由下落，於中途爆裂成兩個等重的破片，在垂直線上分上、下散開。如空氣的阻力可以不計，炸彈下落後 10 秒時有一破片擊中地面，則此時另一破片距地面之高度為若干？

解：

因爆炸為一種內力，故炸彈之質心不受爆炸影響，仍作自由落體運動，以 (2.14) 式可得其質心在 10 秒內下落距離為

$$\frac{1}{2} \times 9.8 \times 10^2 = 490 \text{ (m)}$$

而距地面高度為　　　　$600 - 490 = 110 \text{ m}$

此時向下的一破片已著地，由 (5.7) 式之 y 方向公式，

$$Y_{cm} = 110 = \frac{\frac{1}{2}m \times 0 + \frac{1}{2}m \times h}{\frac{1}{2}m + \frac{1}{2}m} \quad \left(\begin{array}{l}\text{其中 } m \text{ 表炸彈原重，}\\ h \text{ 表另一破片高度}\end{array}\right)$$

$\Rightarrow h = 220 \text{ (m)}$ ......**Ans.**

範例 5-4

於光滑之平面上置一傾角 θ，質量 M 之斜面體。另一質量為 m 之質點自斜面體上高度 h 處滑下，在此質點滑下之時間內斜面體移動之位移為若干？

解：

假設斜面體向右位移 x，則質點滑至底面時，其實際水平方向之位移為向左 Δx_2。

由於在水平方向無外力作用（質點與斜面體之正向力為內力）。故質心的水平位移為 0，即

$$X_{cm} = \frac{Mx + m(-\Delta x_2)}{M + m} = 0$$

$$\Rightarrow Mx+m[-(h\cot\theta-x)]=0$$

$$\Rightarrow (M+m)x=mh\cot\theta$$

故斜面體之位移 $x=\dfrac{mh\cot\theta}{M+m}$ ......Ans.

5-3 碰　撞

　　碰撞可分為兩種，在碰撞體間之作用力若為保守力，稱之為**彈性碰撞**。若其間之作用力為非保守力，則稱之為**非彈性碰撞**。此兩種碰撞皆遵循動量守恆定律，其特徵分述於後。

1. 彈性碰撞

　　兩物體在彈性碰撞發生的"前後"，除了前述的遵循動量守恆定律外，同時其動能守恆。而在碰撞"過程"中，因系統有內力之作用，故系統之動量及力學能均守恆，但動能卻不守恆。首先探討一維彈性碰撞，設兩物體之質量為 m_1 及 m_2，碰撞前之速度分別為 v_1 及 v_2，碰撞後之速度分別為 v'_1 及 v'_2，且質心速度為 v_{cm}，可得下列式子：

動量守恆：$m_1v_1+m_2v_2=m_1v'_1+m_2v'_2$ 　　　　　　(5.12)

動能守恆：$\dfrac{1}{2}m_1v_1^2+\dfrac{1}{2}m_2v_2^2=\dfrac{1}{2}m_1v'^2_1+\dfrac{1}{2}m_2v'^2_2$

　　　　　　　　　　　　　　　　　　　　　　　　(5.13)

推導可得碰撞後之速度

$$v'_1=\dfrac{m_1-m_2}{m_1+m_2}v_1+\dfrac{2m_2}{m_1+m_2}v_2 \quad (5.14)$$

$$v'_2=\dfrac{m_2-m_1}{m_2+m_1}v_2+\dfrac{2m_1}{m_2+m_1}v_1 \quad (5.15)$$

若碰撞前 2 號物體為靜止，即 $v_2=0$，則可得

$$v'_1 = \frac{m_1 - m_2}{m_1 + m_2} v_1 \text{ 及 } v'_2 = \frac{2m_1}{m_2 + m_1} v_1 \quad (5.16)$$

至於系統的質心速度由於動量守恆，故必保持定值，即

$$v_{cm} = \frac{m_1 v_1 + m_2 v_2}{m_1 + m_2} = \frac{m_1 v_1' + m_2 v_2'}{m_1 + m_2} \quad (5.17)$$

若將 (5.15) 式與 (5.14) 式相減，可發現 $v'_2 - v'_1 = v_1 - v_2$，此式之意義為碰撞前兩物之接近速度等於碰撞後兩物之遠離速度。當 $m_1 = m_2$ 時，$v'_1 = v_2$ 且 $v'_2 = v_1$，即速度互換 (此狀況僅發生在"一維"彈性碰撞)。

在兩物體距離最近時，可將之視為一組相連體，故兩物等速，即皆以質心速度 v_{cm} 運動。此時之動能為 $\frac{1}{2} m_{cm} v^2_{cm}$ 為整個碰撞過程中之最小值。而此時兩物體間之位能為最大值 (如彈力位能)。但力學能保持定值。

若 $v_2=0$，m_1 的動能為 $E_{K1} = \frac{1}{2} m_1 v_1^2$，碰撞後之動能分別為：

$$E'_{K1} = \frac{1}{2} m_1 v'^2_1 = \left(\frac{m_1 - m_2}{m_1 + m_2} \right)^2 E_{K1} \quad (5.18)$$

$$E'_{K2} = \frac{1}{2} m_1 v'^2_2 = \frac{4 m_1 m_2}{(m_1 + m_2)^2} E_{K2} \quad (5.19)$$

範例 5-5

設有一中子與一靜止之鉛原子核 (質量約為中子之 206 倍) 作正面彈性碰撞，則碰撞後中子損失之動能約為原動能的百分之幾？

解一：

設中子質量為 m，碰撞前速度為 v_1；鉛原子核質量為 $206\,m$。
由 (5.16) 式可知碰撞後鉛原子核之速度為

$$v'_2 = \frac{2m_1}{m_1+m_2}v_1 = \frac{2}{207}v_1$$

由於鉛原子核之末動能即為由中子損失之動能提供，故所求之中子 (損失動能)/(原有動能) 為

$$\frac{\frac{1}{2}(206m)\left(\frac{2}{207}v_1\right)^2}{\frac{1}{2}mv_1^2} \fallingdotseq 0.0192 = 1.92\,\% \quad\text{……Ans.}$$

解二：
可直接利用 (5.19) 式，E'_{K2} 與 E_{K1} 之比值為

$$\frac{E'_{K2}}{E_{K1}} = \frac{4m_1m_2}{(m_1+m_2)^2} = \frac{4\times m\times 206m}{(m+206m)^2}$$

$$\fallingdotseq 0.0192 = 1.92\% \quad\text{……Ans.}$$

範例 5-6

在光滑水平面上，有質量分別為 m_1 及 m_2 之兩方塊。m_1 起初靜止，m_2 以初速 v_0 向 m_1 接近。m_2 之前端有力常數為 k 之彈簧 (質量不計)，則在一維彈性碰撞過程中彈簧被壓縮成最短時，其縮短量為若干？

解：
由動量守恆定律知

$$m_2 v_0 = m_{cm} v_{cm}$$

其中 m_{cm} 即為 m_1+m_2，v_{cm} 為質心速度。而彈簧被壓縮成最短時，即位能最大，動能最小時。
由力學能守恆可得

$$\frac{1}{2}m_2v_0^2 = \frac{1}{2}m_{cm}v_{cm}^2 + \frac{1}{2}kx^2 \qquad (x\text{ 為壓縮量})$$

將 v_{cm} 以 $\dfrac{m_2v_0}{m_{cm}}$ 代入上式，移項化簡後可得

$$x = \sqrt{\frac{m_1m_2}{k(m_1+m_2)}}\,v_0 \quad\text{......Ans.}$$

由本例可知 v_0 愈大，可壓縮之距離愈大，成正比；而 k 值愈大，x 將愈小，成平方反比之關係。

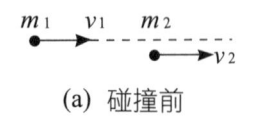

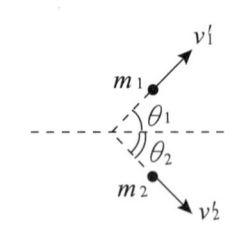

其次，我們探討的是二維彈性碰撞，即碰撞後兩物體與入射運動方向不在一直線上，如圖 5-2 所示。但由於仍屬彈性碰撞，故將遵循動量守恆定律及碰撞前後動能守恆，分述於後。

在動量守恆方向以向量表示為：

$$m_1\vec{v}_1 + m_2\vec{v}_2 = m_1\vec{v}_1' + m_2\vec{v}_2' \tag{5.20}$$

而由於是二維平面的碰撞，故可將動量之向量表示式化為兩軸之獨立動量守恆式，即：

x 軸　　$m_1v_1 + m_2v_2 = m_1v_1'\cos\theta_1 + m_2v_2'\cos\theta_2$ 　　(5.21)

y 軸　　$0 = m_1v_1'\sin\theta_1 - m_2v_2'\sin\theta_2$ 　　(5.22)

在動能守恆方面，由於動能為純量，不需要分解為兩軸之分量，即

$$\frac{1}{2}m_1v_1^2 + \frac{1}{2}m_2v_2^2 = \frac{1}{2}m_1v_1'^2 + \frac{1}{2}m_2v_2'^2 \tag{5.23}$$

對於二維碰撞的狀況中，有一個特例，即當 $m_1 = m_2$ 且 $v_2 = 0$ 時，則可得下列兩式：

動量守恆　　$m_1\vec{v}_1 = m_1\vec{v}_1' + m_2\vec{v}_2' \Rightarrow \vec{v}_1 = \vec{v}_1' + \vec{v}_2'$ 　　(5.24)

(a) 碰撞前

(b) 碰撞後

圖 5-2

動能守恆 $\quad \dfrac{1}{2} m_2 v_2^2 = \dfrac{1}{2} m_1 v_1'^2 + \dfrac{1}{2} m_2 v_2'^2$

$$\Rightarrow v_1^2 = v_1'^2 + v_2'^2 \tag{5.25}$$

由 (5.24) 和 (5.25) 兩式可得 $\vec{v_1'} \perp \vec{v_2'}$，即運動方向互相垂直。

範例 5-7

A、B 二小球質量均為 m，設 A 球以 v 之初速與靜止之 B 球作非正面之彈性碰撞，碰撞後 A 球運動方向與原入射方向之夾角為 $+30°$。則 B 球碰撞後射出之方向與原入射方向之夾角為幾度？其速率為何？（以 v 表示。）

解：

如右圖，設二維彈性碰撞後 A、B 兩物之速度為 $\vec{v_A'}$ 與 $\vec{v_B'}$，由於其質量相等，故 $\vec{v_A'} \perp \vec{v_B'}$，由圖中知三角形三內角和 $= 180°$，即 $\theta = 60°$，但由題意需考慮其角度之方向為順時針方向。應為 $-60°$。......***Ans.***

速率 v_B' 即 $\vec{v_B'}$ 之大小量值，由三角函數可知

$$|\vec{v_B'}| = |\vec{v_A}| \sin 30° = v \cdot \dfrac{1}{2} = \dfrac{v}{2} \text{......}\textbf{\textit{Ans.}}$$

2. 非彈性碰撞

兩物體在非彈性碰撞發生的前後動量守恆，但動能不守恆。其原因係有非保守力的作用，造成部分之力學能轉換成熱能，而散失於系統外無法回復成力學能之形式，因此視力學能為不守恆。

在此引進一參數 e，稱為**恢復係數**，定義為：

$$e = \dfrac{|v_{12}'|}{|v_{12}|} = \dfrac{\text{分離速率}}{\text{接近速率}} \tag{5.26}$$

當 $e = 1$ 時，為彈性碰撞。

當 $0 \leq e < 1$ 時，為非彈性碰撞。

尤其 $e=0$ 時，兩物碰撞後合為一體，無分離速率，稱為完全非彈性碰撞。碰撞發生後之速度、動量及動能都以質心之狀況代表，而損失之動能為內動能，完全轉變成內能(熱能)。

範例 5-8

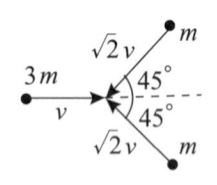

三質點在原點發生碰撞而結合為一體，其質量及速度分別如左圖所示，則在此碰撞過程中，損失的動能與碰撞前的總動能之比值若干？

解：

由動量守恆求碰撞後結合體之速率 v'，得下式：

x 方向　$3mv - m \cdot \sqrt{2}v \cdot \cos 45° - m \cdot \sqrt{2}v \cdot \cos 45°$
　　　　　$= (3m+m+m)v'_x$

y 方向　$m \cdot \sqrt{2}v \cdot \sin 45° - m \cdot \sqrt{2}v \cdot \sin 45°$
　　　　　$= (3m+m+m)v'_y$

可解得　　　　　　　　$v'_x = \dfrac{1}{5}v \cdot v'_y = 0$

故　　　　　　　　　　$v' = v'_x = \dfrac{1}{5}v$

碰撞前之動能和 $E_K = \dfrac{1}{2} \times 3m \times v^2 + \dfrac{1}{2} \times m \times (\sqrt{2}v)^2$

$$+ \dfrac{1}{2} \times m \times (\sqrt{2}v)^2$$

$$= \dfrac{7}{2}mv^2$$

碰撞後之動能 $E'_K = \dfrac{1}{2} \times (3m+m+m) \times v'^2$

$$= \dfrac{1}{2} \times 5m \times (\dfrac{1}{5}v)^2 = \dfrac{1}{10}mv^2$$

損失的動能/碰撞前的總動能

$$\frac{E_K - E'_K}{E_K} = \frac{\left(\frac{7}{2} - \frac{1}{10}\right)mv^2}{\frac{7}{2}mv^2} = \frac{34}{35} \quad \text{......Ans.}$$

習　題

一、選擇題

1. 質量 10 g，速度為 600 m/s 之槍彈擊中質量為 1.99 kg 之靜止木塊，彈留木塊中，則木塊被擊中後速度為若干 m/s？　(C)
　(A) 302　　(B) 2　　(C) 3　　(D) 3.02

2. 兩木塊壓住彈簧靜止於光滑水平面上(如右圖所示)，若彈簧彈開，兩木塊 m_1 和 m_2 的速度比為：　(A)
　(A) m_2/m_1　(B) $\sqrt{m_2/m_1}$　(C) m_1/m_2　(D) $\sqrt{m_1/m_2}$

3. 一火箭每秒噴出燃料廢氣 0.5 kg，相對於火箭的速度為 1400 m/s，則火箭所受之衝力為若干牛頓？　(A)
　(A) 700　　(B) 0.5　　(C) 1400　　(D) 2800

4. 設一質量為 50 g 之靜止物體，受 10 牛頓之力作用 13 秒，則其動量為若干 kg-m/s？　(D)
　(A) 0.5　　(B) 500　　(C) 1.3　　(D) 130

5. 靜止在光滑水平面上的爆裂物突然裂為三塊，一塊往東，一塊往北，第三塊運動的方向可能向：　(C)
　(A) 西方　(B) 南方　(C) 西南方　(D) 西北方

6. 用棒球手套接住質量為 0.5 公斤，速度大小為 20 m/s 的棒球所受到的衝量大小為若干 kg-m/s？　(D)
　(A) 40　　(B) 20　　(C) 100　　(D) 10

7. 質量 3 kg 之步槍發射質量為 10 g 之子彈，若彈之出口速度為 600 m/s，則槍之後座速度為若干 m/s？　(A)
　(A) 2　　(B) 200　　(C) 0.5　　(D) 0.005

8. 一球質量 m，速度為 v，垂直擊中牆後以原速率反跳，若碰撞時間為 t，球作用於牆之平均力的大小為：　(B)
　(A) $1\,mv/t$　(B) $2\,mv/t$　(C) $4\,mv/t$　(D) $5\,mv/t$

9. 已知一物體之動量為 10 kg-m/s，動能為 10 焦耳，則其質量為多少公斤？　(C)
　(A) 1　　(B) 3　　(C) 5　　(D) 7

10. 兩物體動能相等，則： (B)
    (A) 較輕者動量較大　　　　　　(B) 較重者動量較大
    (C) 兩者動量相等　　　　　　　(D) 無法比較其動量

11. 已知某物體的質量為 m，動量為 p，則該物之動能可表為： (D)
    (A) $\frac{1}{2}mp^2$　　(B) $\frac{p^2}{m}$　　(C) $2mp^2$　　(D) $\frac{p^2}{2m}$

12. 有一孤立系統，由兩物所構成，下列敘述中，何者為錯？ (C)
    (A) 整個系統的總能量必恆保持為一常數
    (B) 兩物作完全彈性碰撞，系統之撞後總動能必等於撞前者
    (C) 兩物作完全彈性碰撞期間，兩物之總動能必保持不變
    (D) 兩物作非彈性碰撞後，總動能必有變化
    (E) 兩物作彈性碰撞後，運動方向不一定互相垂直

13. 質量分別為 m 與 $2m$ 的甲、乙兩小車，如兩小車間有一壓縮著的彈簧，整個系統放在一無摩擦的水平桌面上。若將彈簧放鬆，使兩車彈開，則甲車的動能增加量為乙車動能增加量的 (D)
    (A) 四倍　　(B) 四分之一　　(C) 相同值　　(D) 二分之一　　(E) 二倍

14. 兩小球質量分別為 m_1 及 m_2，由一長度為 l 之細桿 (質量可忽略) 相連，並以通過兩球質量中心且垂直於細桿的軸，做等角速度 ω 的轉動，則下列敘述何者正確？ (A)(C)
    (A) 旋轉軸與 m_1 的距離為 $m_2 l/(m_1+m_2)$
    (B) 兩球均作速率為 $l\omega$ 的等速圓周運動
    (C) 兩球的動量量值相等
    (D) 兩球的角動量量值相等
    (E) 兩球的動能和為 $(m_1+m_2)l^2\omega^2/2$

15. 一碗狀物體，質量為 M，其內壁呈半球形 (半徑為 R)。設此物體被置於一光滑之水平面上 (如右圖)，另一質量為 m 之小物體自碗之內壁頂端滑落至碗底時，碗移動之距離為： (B)
    (A) 0　　(B) $mR/(M+m)$　　(C) mR/M　　(D) $MR/(M+m)$

16. 自水平地面作斜拋運動之物體，在最高點時之動量量值恰為拋出時的 $\frac{3}{5}$；此時突然分裂為質量相等的兩塊，其中一塊以初速為零落下，則此裂塊落地時的動量量值與原拋出時物體動量量值之比值為： (A)
    (A) $\frac{2}{5}$　　(B) $\frac{3}{5}$　　(C) $\frac{4}{5}$　　(D) 1　　(E) $\frac{5}{4}$

17. 兩電子間的排斥力為 $f = 2.3 \times 10^{-28}/X^2$ 牛頓，X 為其間距離，以米為單位。原來兩電子間之距離為 2.5×10^{-10} 米，自靜止放開，任其自由運動，則當相距為 5.0×10^{-10} 米時兩電子之速率各為： (D)
    (A) 5.5×10^{10} 米/秒
    (B) 7.8×10^{10} 米/秒
    (C) 5.0×10^5 米/秒
    (D) 7.1×10^5 米/秒
    (E) 1.0×10^6 米/秒

18. 一質量為 m 的子彈，以速度 v 水平射入一個放在光滑平面上的靜止木塊，木塊的質量為 M，子彈射入木塊後嵌入其中。下列敘述何者正確？ (A)(C)(D)
    (A) 碰撞前後，動量守恆
    (B) 碰撞前後，動能守恆
    (C) 碰撞前後，總能量守恆
    (D) 嵌有子彈的木塊，其速度為 $mv/(M+m)$
    (E) 若木塊用一質量可忽略之輕繩吊著，則嵌有子彈的木塊上升之高度為 $v^2/2g$（g 為重力加速度）

19. 一炸彈自 600 米之高空自由下落，於中途爆裂成兩個等重的破片，在垂直線上分上下散開。如空氣的阻力可以不計，炸彈下落後 10 秒時有一破片擊中地面，則此時另一破片距地面之高度為： (B)
    (A) 110 米　　(B) 220 米　　(C) 290 米　　(D) 490 米　　(E) 0 米

20. 一垂直下落的砲彈，在空中爆裂成質量相等的兩破片，如不計空氣阻力，則： (A)(B)(E)
    (A) 這兩破片的運動軌跡是在同一平面內的兩拋物線
    (B) 這兩破片之質量中心的運動軌跡是一直線
    (C) 如地面為水平，則兩破片同時著地
    (D) 剛爆炸時，兩破片的動能和與剛爆炸前砲彈之動能相同
    (E) 兩破片的水平動量和為零

21. 一動量為 P，質量為 m 的甲質點，與一質量 M，靜止的乙質點作彈性碰撞後甲質點的動量變成 $P'(P' < P)$，且與原來的入射方向成 $90°$ 角射出。此時乙質點速度大小為： (C)
    (A) $\dfrac{P+P'}{m}$　　(B) $\dfrac{P-P'}{m}$　　(C) $\dfrac{\sqrt{P^2+P'^2}}{M}$　　(D) $\dfrac{\sqrt{P^2-P'^2}}{M}$　　(E) $\dfrac{\sqrt{P^2-P'^2}}{m}$

22. 二單擺，擺長均為 l，其一擺錘質量為 m_1，另一擺錘質量為 m_2，今將 m_1 拉起至水平狀態後放開 (如右圖)，使其與 m_2 產生彈性碰撞，m_1 反彈至原來一半之高度，則 m_1/m_2 之值介於下列哪一範圍中？

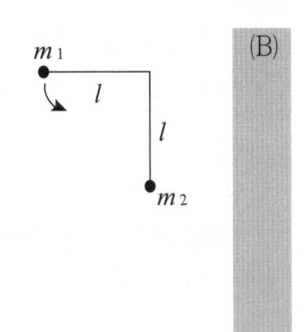

    (A) $m_1/m_2 \leq 0.1$
    (B) $0.1 < m_1/m_2 \leq 0.5$
    (C) $0.5 < m_1/m_2 \leq 1.5$
    (D) $1.5 < m_1/m_2 \leq 2.0$
    (E) $2.0 < m_1/m_2$。

二、計算題

1. 一斜面質量為 M，一物體質量為 m，同置於一光滑水平面上。物體以 v 的初速朝靜止的斜面運動。若斜面與物體間無摩擦，則物體沿斜面上升的最大高度為？

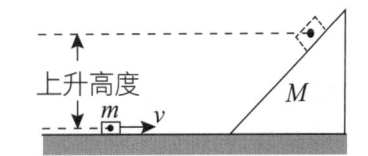

    答案：$Mv^2/2(M+m)g$

2. 試求下列各項線動量的大小及動能：
    (1) 質量為 5.00×10^{-2} 公斤，正以 325 公尺/秒之速率移動中之質點。
    (2) 質量為 112 公斤，正以 10.0 公尺/秒之速率運動中之物體。

    答案：(1) 線動量 16.3 kg・m/s，動能 2.64×10^3 Joule
    　　　(2) 線動量 1.12×10^3 kg・m/s，動能 5.6×10^3 Joule

3. 一質量為 6.00×10^{-2} 公斤之網球垂直擊中牆壁後，其速度由 $v_x = +10.0$ 公尺/秒變為 $v_x = -8.00$ 公尺/秒，試求作用於此球之衝量？

    答案：1.08 Nt・sec，x 軸負向

4. 某質量為 50.0 公斤之短跑選手自靜止加速至 10.0 公尺/秒需時 1.00 秒，試求地面作用於他腳的平均水平力？

    答案：500 牛頓

5. (1) 試求使 50.0 公斤之機車騎士由 25.0 公尺/秒之速率停止下來所需之衝量？
    (2) 若煞車使該機車在 10.0 秒內完全停止，試求機車騎士所受之平均力。
    (3) 若由於車子受到撞擊使其在 0.100 秒內完全停止，試求駕駛所受之平均力？

    答案：(1) -1.25×10^3 Nt・sec；(2) -1.25×10^3 Nt；(3) -1.25×10^4 Nt

6. 一單擺 l，擺錘質量 m。今將 m 拉至擺線在水平之下 30° 俯角之位置 (如右圖) 放開。當 m 擺至最低點時，與一質量為 $2m$ 的另一靜止小球發生正向碰撞：

(1) 若 m 與 $2m$ 為彈性碰撞，則碰撞後 m 可反彈多高？

(2) 若 m 與 $2m$ 碰撞後，合為一體，則碰撞後的一瞬間，擺線的張力為多少？

答案： (1) $l/18$；(2) $\dfrac{10}{3}mg$

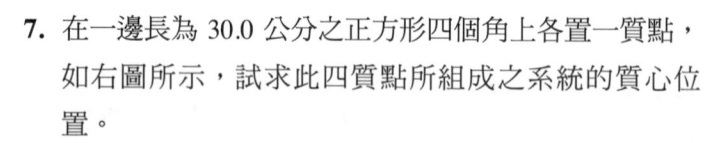

7. 在一邊長為 30.0 公分之正方形四個角上各置一質點，如右圖所示，試求此四質點所組成之系統的質心位置。

答案： (10,10) (cm)

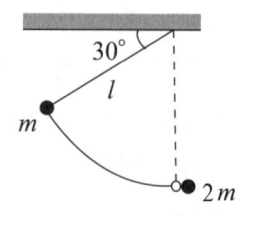

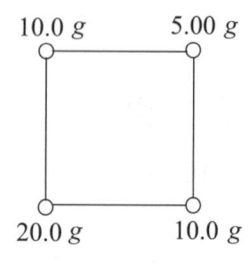

8. 一質量為 80.0 公斤之溜冰者起初以 5.00 公尺/秒之速率作直線運動。當他接近一質量為 40.0 公斤之小孩時，突然將小孩抱起。若無其他水平外力作用，試求溜冰者之末速。

答案： 3.33 m/sec

9. 一男孩之質量為 50.0 公斤，起初站在質量為 2.00 公斤之滑板上以 10.0 公尺/秒之速率運動。若此男孩突然脫離滑板，且他以 11.0 公尺/秒之速率繼續前進，試求滑板之末速。

答案： －15 m/sec

10. 一質量為 60.0 公斤之跑者初速為 9.00 公尺/秒，受到 2.00×10^2 牛頓之平均外力作用使其完全停止，需時若干？

答案： 2.7 秒

11. 如右圖所示，在水平地面上有一滑車，質量為 M，滑車上有一弧形軌道，高度為 H，軌道底端成水平。有一質量為 m 的物體，從軌道頂端沿著軌道自由下滑。設摩擦力均不計，則當物體 m 滑離軌道底端之瞬間，滑車的速度量值為若干？

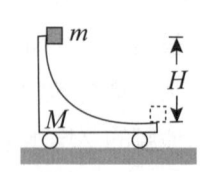

答案： $\sqrt{2m^2gH/M(M+m)}$

12. 一質量為 10.0 公克之子彈射入一原為靜止之木塊後留在木塊內。木塊之質量為 1.00 公斤，子彈與其撞擊時並無其他水平外力。經過此碰撞後，木塊以 5.00 公尺/秒之速度運動，試求：

(1) 子彈之初速。

(2) 子彈損失之動能。

答案： (1) 505 m/sec；(2) 1260 Joule

13. 質量相等的兩球分別以 2.00 公尺/秒及 4.00 公尺/秒之速率相向做一維彈性碰撞，試求兩球之末速？

    答案：-4 m/sec 及 2 m/sec

14. 一螺旋形彈簧下，掛著質量 200 g 的架子，使彈簧伸長10 cm，質量 200 g 的石塊自 30 cm 高處，由靜止落到架子上，求架子下移的最大距離。

    答案：30 cm

15. 某質量為 1.00 公斤之物體由高 2.00 公尺處靜止釋放落至地面，若為完全非彈性碰撞，試求在碰撞過程中，有多少動能損失？

    答案：19.6 Joule

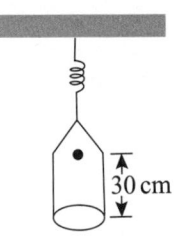

CHAPTER 6

轉動與平衡

6-1 轉 動

前面所述的運動皆考慮物體在運動時，其質心與所有組成之質點的速度或加速度都相同，並進一步以質心的速度或加速度來描述整個系統的運動。但在實際的情形，物體具有其體積，有可能在運動時各質點對質心有相對運動，此即為轉動。

在轉動力學我們會研究的部分包括下列各項目：

1. 角位移

如圖 6-1 中半徑為 r 的圓周上一質點，沿圓周由點 P 移動至點 Q，所經過之弧長為 S，$\overline{OP}$ 與 $\overline{OQ}$ 所夾之角度為 θ，即稱為角位移。其關係式為

$$\theta = \frac{S}{r} \qquad (6.1)$$

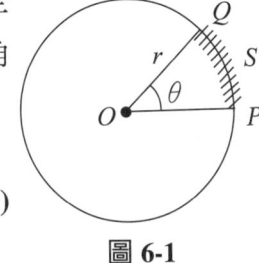

圖 6-1

通常角位移的單位為弳 (rad)，與角度間之關係為：

$$360° = 2\pi \text{ 弳}$$

$$1 \text{ 弳} \approx 57.3°$$

2. 角速度

若前述的角位移 $\Delta\theta$ 所經歷之時間為 Δt，則可定義平均角速度：

$$\overline{\omega} = \frac{\Delta\theta}{\theta t} \tag{6.2}$$

當 Δt 趨近於零時，可得瞬時角速度 (即我們簡稱之角速度) 為：

$$\omega = \frac{d\theta}{dt} \tag{6.3}$$

角速度之常用單位為弳/秒 (rad/s)。在工程上常以 rpm (轉/分) 為常用單位。由於每一轉即為 360°，亦即前述之 2π 弳，故 1 rpm 相當於 $\pi/30$ 弳/秒。

至於線速率與角速度間之關係為

$$v = \frac{ds}{dt} = \frac{rd\theta}{dt} = r\omega \tag{6.4}$$

範例 6-1

左圖表示一飛輪傳動系統，各輪的轉軸均固定且相互平行。甲、乙兩輪同軸且無相對轉動。已知甲、乙、丙、丁四輪的半徑比為 5：2：3：1，若傳動帶在各輪轉動中不打滑，則丙及丁輪角速度之比為？

解：

甲、乙同軸，故 $\omega_甲 = \omega_乙$。

甲、丁兩輪及乙、丙兩輪分別以傳動帶連結，故其透過傳動帶使甲、丁之切線速率 v 相同，乙、丙亦然。由 (6.4) 式 $v = r\omega$，可推得當 v 固定時，r 與 ω 成反比，所以

$$\frac{\omega_甲}{\omega_丁} = \frac{r_丁}{r_甲} = \frac{1}{5} \Rightarrow \omega_丁 = 5\omega_甲$$

同理

$$\frac{\omega_乙}{\omega_丙} = \frac{r_丙}{r_乙} = \frac{3}{2} \Rightarrow \omega_丙 = \frac{2}{3}\omega_乙 = \frac{2}{3}\omega_甲$$

故丙、丁兩輪角速度之比值為

$$\frac{\omega_丙}{\omega_丁}=\frac{\frac{2}{3}\omega_甲}{5\omega_甲}=\frac{2}{15}\ \ ......Ans.$$

3. 角加速度

角速度隨時間之變化率稱為平均角加速度：

$$\bar{\alpha}=\frac{\Delta\omega}{\Delta t} \tag{6.5}$$

當 Δt 趨近於零時，可得瞬時角加速度 (即我們簡稱之角加速度) 為：

$$\alpha=\frac{d\omega}{dt}=\frac{d^2\theta}{dt^2} \tag{6.6}$$

角加速度之常用單位為弳/秒² (rad/s²)。

對進行圓周運動的運動質點而言，會轉換成兩種方向的加速度，即切線加速度與法線加速度，分述如下：

(1) 切線加速度：

由 (6.4)、(6.6) 式得 $$a_T=\frac{dv}{dt}=\frac{rd\omega}{dt}=r\alpha \tag{6.7}$$

(2) 法線加速度：(向心加速度)

由 (2.31)、(6.4) 式得 $$a_N=\frac{v^2}{r}=\frac{(r\omega)^2}{r}=r\omega^2 \tag{6.8}$$

若欲計算此圓周運動之加速度量值時，由於 a_T 與 a_N 必互相垂直，故可由畢氏定理得

$$a=\sqrt{a_T^2+a_N^2}=r\sqrt{\alpha^2+\omega^4} \qquad (6.9)$$

若剛體轉動時,角加速度為定值,此種運動即稱之為等角加速度運動。若令 ω_0 為初角速度,ω 為末角速度,t 為經過之時間,則有下列三式:

$$\omega=\omega_0+\alpha t \qquad (6.10)$$

$$\theta=\omega_0 t+\frac{1}{2}\alpha t^2=\left(\frac{\omega_0+\omega}{2}\right)t \qquad (6.11)$$

$$\omega^2=\omega_0^2+2\alpha\theta \qquad (6.12)$$

而線性運動與轉動間之相關性如表 6-1 所示。

轉動中的物體另具有一特殊之物理量,謂之**轉動慣量**。轉動慣量和質量大小及其分佈有關,以符號 I 表示:

$$I=\Sigma\, mr^2 \qquad (6.13)$$

轉動慣量又稱**慣性矩**,在轉動中所扮演的角色與線性運動中的質量 m 相似,但兩者間有本質上的差異。I 與轉軸所取的位置有關,而 m 則與坐標的選取無關。一般而言,物體的質量分佈為連續的,故可將 (6.13) 式寫成積分形式:

表 6-1

物理量	平移運動	轉動運動	關　係
位移;角位移	s	θ	$s=r\theta$
速度;角速度	$v=\lim\limits_{\Delta t\to 0}\dfrac{\Delta s}{\Delta t}$	$\omega=\lim\limits_{\Delta t\to 0}\dfrac{\Delta\theta}{\Delta t}$	$v=r\omega$
加速度;角加速度	$a=\lim\limits_{\Delta t\to 0}\dfrac{\Delta v}{\Delta t}$	$\alpha=\lim\limits_{\Delta t\to 0}\dfrac{\Delta\omega}{\Delta t}$	$a_T=r\alpha$
等加速度運動式—等角加速度運動	$v=v_0+at$ $s=v_0 t+\dfrac{1}{2}at^2$ $v^2=v_0^2+2as$	$\omega=\omega_0+\alpha t$ $\theta=\omega_0 t+\dfrac{1}{2}\alpha t^2$ $\omega^2=\omega_0^2+2\alpha\theta$	

$$I_{線} = \int r^2 \, dm = \int r^2 \lambda \, dr \qquad (6.14)$$

$$I_{面} = \int r^2 \, dm = \int r^2 \sigma \, dA \qquad (6.15)$$

$$I_{體} = \int r^2 \, dm = \int r^2 \rho \, dV \qquad (6.16)$$

其中 λ 為線密度，σ 為面密度，ρ 為體密度。轉動慣量的常用單位為公斤・米² (kg・m²)。

範例 6-2

對一質量為 M，長度為 l 之均勻細桿，分別以過桿中心及桿之一端為軸轉動，如圖 (a)、(b) 所示，求其轉動慣量為若干？

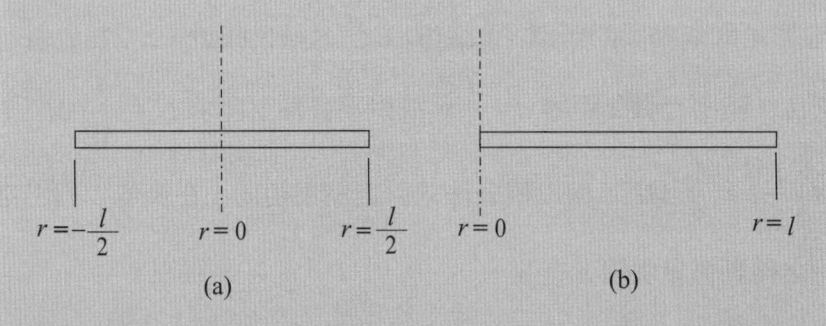

(a) $r = -\dfrac{l}{2}$　　$r = 0$　　$r = \dfrac{l}{2}$

(b) $r = 0$　　$r = l$

解：

對此均勻細桿可視為一線狀物，故可使用 (6.14) 式：

$$I_{線} = \int r^2 \, dm = \int r^2 \lambda \, dr$$

其中 λ 為線密度，對均勻桿可得 $\lambda = M/l$，在圖 (a) 之狀況中，

$$I_{(a)} = \int_{-\frac{l}{2}}^{\frac{l}{2}} r^2 \lambda \, dr = \lambda \int_{-\frac{l}{2}}^{\frac{l}{2}} r^2 \, dr = \frac{M}{l} \left[\frac{1}{3} r^3 \right]_{-\frac{l}{2}}^{\frac{l}{2}}$$

$$= \frac{1}{12} M l^2 \quad \text{……Ans.}$$

在圖 (b) 之狀況中，

$$I_{(b)} = \int_0^l r^2 \lambda\, dr = \lambda \int_0^l r^2\, dr = \frac{M}{l}\left[\frac{1}{3}r^3\right]_0^l$$

$$= \frac{1}{3}Ml^2 \quad\text{......Ans.}$$

由本例可知對同一物體而言，不同的轉軸選定方式會影響到其轉動慣量大小。

在此我們介紹一方法，稱為平行軸定理；可用一已知通過剛體質心的某方向轉軸之轉動慣量 I_0，求此剛體其他平行於該轉軸之任意軸的轉動慣量，即

$$I = I_0 + Md^2 \tag{6.17}$$

其中 d 即兩軸間的距離。以範例 6-2 之結果印證，$I_{(a)}$ 為過質心之 I_0，兩平行軸間距離 $d = \dfrac{l}{2}$，故以平行軸定理求 $I_{(b)} = \dfrac{1}{12}Ml^2 + M\left(\dfrac{l}{2}\right)^2 = \dfrac{1}{3}Ml^2$，與以積分法求得之結果相同。在表 6-2 列出常用之轉動慣量供讀者查閱。

6-2 力 矩

力矩為一種造成物體轉動的物理量，是一種向量，其數學式為

$$\vec{\tau} = \vec{r} \times \vec{F} \tag{6.18}$$

其中 $\vec{F}$ 為作用力，$\vec{r}$ 為力之作用點至支點 (或轉軸) 之位置向量。在 (2.3) 式中曾述及向量外積之計算，一般而言，我們在計算力矩之量值時，即以外積之量值計算方式進行：

表 6-2

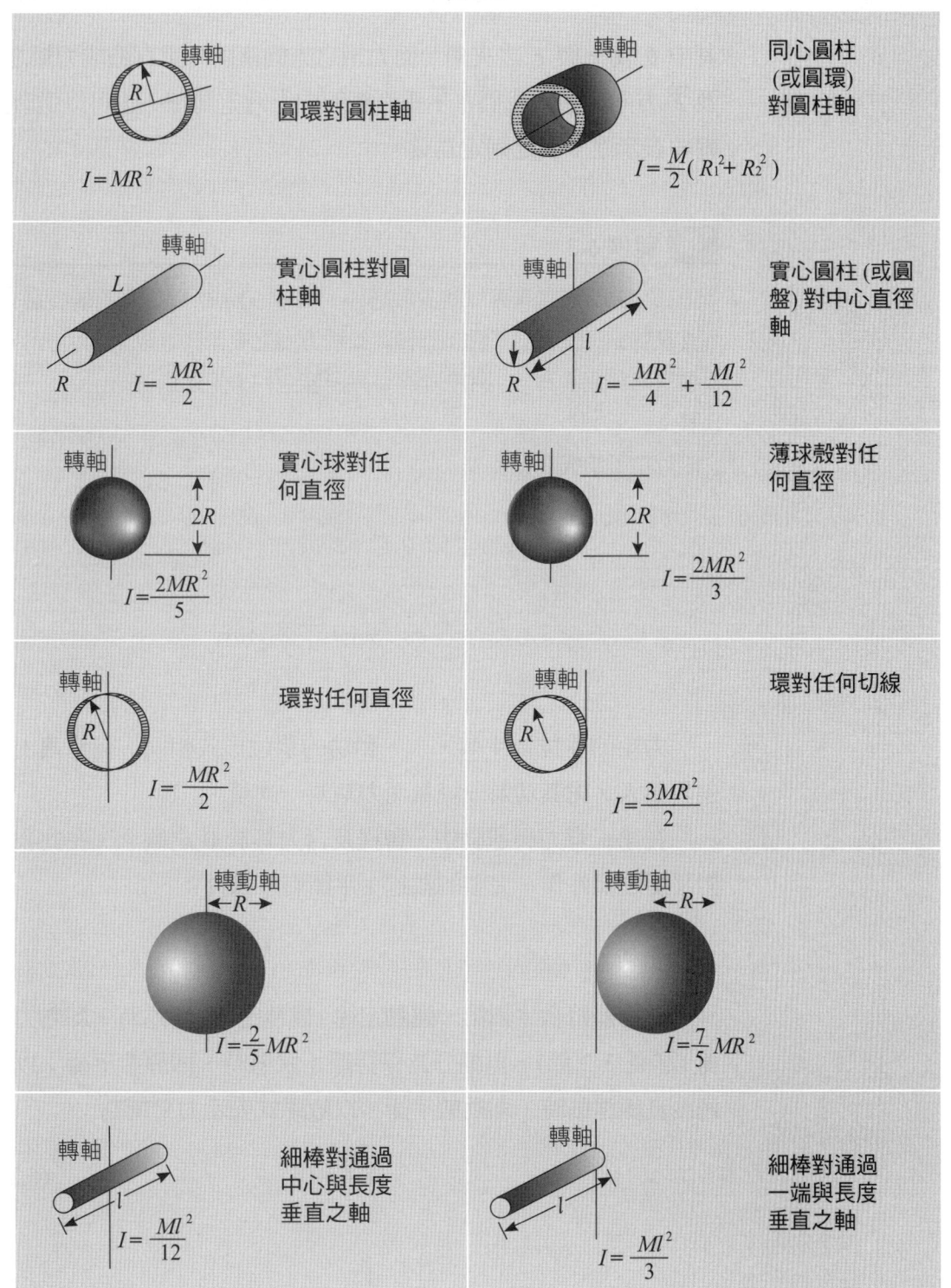

圖示	名稱	圖示	名稱
圓環,$I = MR^2$	圓環對圓柱軸	同心圓柱,$I = \frac{M}{2}(R_1^2 + R_2^2)$	同心圓柱(或圓環)對圓柱軸
實心圓柱,長 L,半徑 R,$I = \frac{MR^2}{2}$	實心圓柱對圓柱軸	實心圓柱,長 l,半徑 R,$I = \frac{MR^2}{4} + \frac{Ml^2}{12}$	實心圓柱(或圓盤)對中心直徑軸
實心球,直徑 $2R$,$I = \frac{2MR^2}{5}$	實心球對任何直徑	薄球殼,直徑 $2R$,$I = \frac{2MR^2}{3}$	薄球殼對任何直徑
環,半徑 R,$I = \frac{MR^2}{2}$	環對任何直徑	環,半徑 R,$I = \frac{3MR^2}{2}$	環對任何切線
球,半徑 R,$I = \frac{2}{5}MR^2$		球,半徑 R,$I = \frac{7}{5}MR^2$	
細棒,長 l,$I = \frac{Ml^2}{12}$	細棒對通過中心與長度垂直之軸	細棒,長 l,$I = \frac{Ml^2}{3}$	細棒對通過一端與長度垂直之軸

$$|\vec{\tau}| = |\vec{r}||\vec{F}|\sin\theta \tag{6.19}$$

其中 θ 為 $\vec{r}$ 與 $\vec{F}$ 之夾角。而力矩之方向應同時垂直造成力矩之 $\vec{r}$ 及 $\vec{F}$ 方向。通常我們在 $\vec{\tau}$ 垂直紙面向上時定為正，也可以逆時針轉向表示之；反之則定為負。

範例 6-3

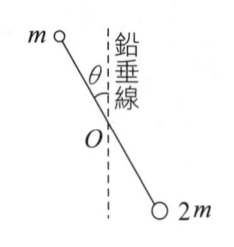

一長度為 d，質量可以略去的細桿，其中心點 O 固定，兩端各置有質量為 m 及 $2m$ 的質點；細桿與鉛垂方向之夾角為 θ (如左圖所示)。設重力加速度為 g，則重力對 O 點所產生的力矩之量值為

解：
兩質點所造成之力矩

$$mg \cdot \frac{d}{2}\sin\theta \curvearrowleft + 2mg \cdot \frac{d}{2}\sin\theta \curvearrowright$$

$$= \frac{1}{2}mgd\sin\theta \curvearrowright \text{......Ans.}$$

力矩的單位為牛頓·米，和功的單位形式相同，但意義上卻差異極大，尤其功為一純量而力矩為一向量。

在第三章力與運動中，曾提及合力等於 0 之觀念。在此我們對平衡之條件作一完整的敘述。平衡有二條件：

1. 力平衡

當物體符合牛頓第一運動定律 (慣性定律) 所述時，即為力平衡 (詳見 3-2 節)。再細分為保持靜止狀態時，即靜態平衡；以等速度直線運動時，即動態平衡。以數學式表示力平衡為：

$$\Sigma \vec{F} = 0 \tag{6.20}$$

2. 力矩平衡

若一物體不受力矩或所受的合力矩為零時，稱為力矩平衡。此時物體必靜止 (靜態平衡)，或保持等角速度轉動 (動態平衡)。以數學式表示力矩平衡為：

$$\Sigma \vec{\tau}=0 \tag{6.21}$$

若探討質點之平衡，由於其無體積可言，故無 $\vec{r}$ 之存在，僅需關心力平衡即可；但探討剛體之平衡時，則需同時滿足力平衡及力矩平衡，且其表現為不移動也不轉動。

另外在平衡的種類上可分為三類：

1. 穩定平衡

當物體位於位能的低點 (微積分中所謂之極小值)，失去平衡時將有恢復力使之回復原有之平衡狀態，即為穩定平衡。

2. 不穩定平衡

當物體位於位能的高點 (微積分中所謂之極大值)，失去平衡時即不再恢復 "原有" 之平衡 (可能到達另一平衡)，此為不穩定平衡。

3. 隨遇平衡

當物體所處之鄰近位置皆具相同位能，則每一狀態皆為平衡狀態。上述三情形如圖 6-2 所示。

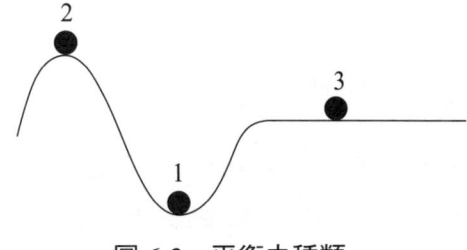

圖 6-2　平衡之種類。

範例 6-4

三個完全相同的均勻木塊，長度均為 l，依序相疊 (如下圖)。在能保持平衡的條件下，圖中的 x 可能的最大值是多少？

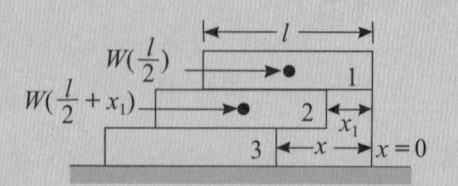

解：

我們可令最上面木塊的右端為 $x=0$，當其重心鉛垂線落於第 2 號木塊邊緣之內時，對此支點不產生力矩，故上面木塊不會落下，可伸出之最大長度 $x_1 = l/2$。設每個木塊重 W，1 號與 2 號木塊的合體重心位置為

$$x_c = \frac{W\left(\frac{l}{2}\right) + W\left(\frac{l}{2} + x_1\right)}{W + W}$$

$$= \frac{1}{2}\left(\frac{l}{2} + \frac{l}{2} + x_1\right)$$

以 $x_1 = \dfrac{l}{2}$ 代入，得 $x_c = \dfrac{3}{4} l$。

故圖中欲保持平衡之 x 值，即 1 號與 2 號之合體重心的鉛垂線應落在 3 號木塊邊緣之內，故 x 之最大值即

$$x_c = \frac{3}{4} l \ \ldots\ldots Ans.$$

6-3 角動量與轉動動能

若質量 m 的質點繞定點 O 轉動，若其位置向量為 $\vec{r}$，速度為 $\vec{v}$，角速度為 ω。由 (5.1) 式可知線動量 $\vec{P} = m\vec{V}$，由 (6.13) 式知轉動慣量 $I = \Sigma mr^2$。在此另引進角動量：

$$\vec{l} = \vec{r} \times \vec{p} = \vec{r} \times (m\vec{v}) = m\vec{r} \times \vec{v} \qquad (6.22)$$

其量值可表為

$$|\vec{l}| = |\vec{r}||\vec{p}|\sin\theta = rmv\sin\theta$$

當質點作圓周運動且 O 為圓心時，故 $\theta=90°$，則

$$|\vec{l}| = rmv\sin 90° = rmv = rmr\omega = mr^2\omega = I\omega \qquad (6.23)$$

當繞轉軸作圓周運動之質點，其受力若分為切線分力 F_T 及徑向分力 F_N，其中只有 F_T 會有力矩之產生，而 F_N 因力臂為零，故力矩亦為零。利用 F_T 之力矩式可推導如下：

$$\tau = F_T r = ma_T r$$

再合併 (6.10) 式可得

$$\tau = mr^2 \alpha = I\alpha \qquad (6.24)$$

又由 (6.23) 式，

$$\tau = I\alpha = I\frac{d\omega}{dt} = \frac{dl}{dt} \qquad (6.25)$$

由 (6.25) 式知，若力矩 τ 值為零，則角動量之變化量為零，此即角動量守恆定律。由 (6.24) 式知，物體受外力作用產生之力矩將使質點產生對轉軸的角加速度。在此我們可再回顧 6-1 節中的轉動慣量 I 所在轉動運動中扮演之角色，與線性運動中之 m 極相似。如表 6-3 所示。

表 6-3

線性運動	轉動運動
質量 m	轉動慣量 I
加速度 **a**	角加速度 α
力 **F**	力矩 τ
牛頓第二運動定律 $\Sigma \mathbf{F} = m\mathbf{a}$	轉動定律 $\Sigma \tau = I\alpha$

範例 6-5

質量為 m 的某行星繞太陽運行，其軌道為圓形。若在單位時間內半徑掃過的面積為 A，則此行星繞太陽公轉的角動量的量值為若干？

解：

設公轉週期為 T，軌道半徑為 r。

則
$$A = \frac{\pi r^2}{T}$$

又軌道之線速率為 $v = \frac{2\pi r}{T} = \frac{2A}{r}$

由 (6.19) 式得角動量量值

$$|\vec{l}| = rmv = rm\frac{2A}{r} = 2mA \quad \ldots\ldots Ans.$$

最後我們介紹轉動動能。由轉動中之質點其動能為 $\frac{1}{2}mv^2$，代入 (6.4) 式中可得

$$\frac{1}{2}mv^2 = \frac{1}{2}m(r\omega)^2 = \frac{1}{2}mr^2\omega^2 = \frac{1}{2}I\omega^2 \tag{6.26}$$

在日常生活中之物體運動可能兼具移動及轉動。例如時下流行之保齡球在球道上的運動，如此類運動中手部施力之作功會轉化為球的質心移動動能加上球體轉動動能，即

$$W = E_K = \frac{1}{2}mv^2 + \frac{1}{2}I\omega^2 \tag{6.27}$$

範例 6-6

兩人質量相同，各 25 kg，坐於一長 2.6 m 而質量 10 kg 之均質水平板的兩端，此板繞通過中心的垂直軸轉動，每分鐘 5 轉，若兩人皆不觸地而等速向中心移動 60 cm，試求

(a) 角速度變為若干？
(b) 整個系統的轉動動能改變若干？

解：

(a) 原來系統相對於轉動軸之轉動慣量 I_1 為

$$I_1 = I_木 + I_人$$

$$= \frac{1}{12} ML^2 + 2 \cdot m \left(\frac{L}{2}\right)^2$$

$$= \frac{1}{12} \times 10 \times 2.6^2 + 2 \times 25 \times 1.3^2$$

$$= 90.1 \text{ kg} \cdot \text{m}^2$$

兩人向內移 60 cm 後，系統轉動慣量 I_2 為

$$I_2 = \frac{1}{12} ML^2 + 2 \cdot m \times \left(\frac{L}{2} - 0.6\right)^2$$

$$= 30.1 \text{ kg} \cdot \text{m}^2$$

由於水平方向無外力矩，故角動量守恆，即

$$L = I_1 \omega_1 = I_2 \omega_2 \text{ 為定值}$$

$$\therefore \omega_2 = \frac{I_1}{I_2} \omega_1 = \frac{90.1}{30.1} \times 5 = 15 \text{ 轉/分}$$

$$= \frac{\pi}{2} \text{ rad/s} \quad \textit{......Ans.}$$

(b) 系統動能變化即

轉動動能差 $\Delta K = K_2 - K_1 = \frac{1}{2} I_2 \omega_2^2 - \frac{1}{2} I_1 \omega_1^2$

$$= \frac{1}{2} \times 30.1 \times \left(\frac{\pi}{2}\right)^2 - \frac{1}{2} \times 90.1 \times \left(\frac{\pi}{6}\right)^2$$

$$= 24.75 \text{ J} \quad \textit{......Ans.}$$

習　題

一、選擇題

		答案

1. 施一定力開門，若受力點離門的轉軸愈遠，則何者愈大，因此愈容易開門？　(D)
   (A) 力偶　　(B) 重力　　(C) 施力　　(D) 力矩

2. 有一飛輪，今以 240 rpm 之速度旋轉，則其角速度為若干弳/秒？　(D)
   (A) 240　　(B) 4　　(C) 1507.2　　(D) 25.12

3. 一等角加速度運動的物體，其角速度在 $t=0$ 及 $t=5$ 秒時各為 5 rad/s 及 8 rad/s，則此轉動體之角加速度為若干 rad/s^2？　(B)
   (A) 6　　(B) 0.6　　(C) 3　　(D) 0.3

4. 汽車車輪之半徑為 0.3 米，若車速為 30 米/秒，則車輪速為若干 rad/s？　(B)
   (A) 9　　(B) 100　　(C) 2.7　　(D) 30

5. 秒針針尖轉動之角速度為若干 rad/s？　(A)
   (A) $\dfrac{\pi}{30}$　　(B) $\dfrac{\pi}{60}$　　(C) $\dfrac{\pi}{180}$　　(D) $\dfrac{\pi}{1800}$

6. 地球自轉，在赤道處某點的角速度為 ω_1，北緯 60 度處某點的角度速 ω_2，則兩者關係為：　(C)
   (A) $\omega_1 > \omega_2$　　(B) $\omega_1 < \omega_2$　　(C) $\omega_1 = \omega_2$　　(D) 無法比較

7. 一正方形物體受力之情況如下列各圖所示，不能使之平衡之情形為何者？　(D)
   (A)　　(B)　　(C)　　(D)

8. 唱片上 A、B 兩點，距軸心之距離為 3：5，當唱片轉動時，A、B 兩點的角速度之比為：　(D)
   (A) 5：3　　(B) 3：5　　(C) 9：25　　(D) 1：1

9. 同上題 A、B 兩點的切線速率比為：　(B)
   (A) 5：3　　(B) 3：5　　(C) 9：25　　(D) 1：1

10. 一質點在半徑 4 公尺的圓形軌道上運動，在某一瞬間其速率為 8 公尺/秒，而角加速度為 3 弧度/秒^2，其加速度的大小為若干公尺/秒^2？　(B)
    (A) 16　　(B) 20　　(C) 24　　(D) 28

11. 有一長為 2 m 之木棒，以一端為支點，另一端施以大小為 30 牛頓，與棒夾 30° 之力，則該力之力矩為若干牛頓·米？ (A)
    (A) 30　　(B) 60　　(C) 15　　(D) 51.9

12. 力矩、功、動能三者之單位因次皆相同，則下列敘述何者正確？ (D)
    (A) 三者都是同一物理量　　(B) 三者都不是同一物理量
    (C) 力矩與功為同一物理量　　(D) 功與動能為同一物理量

13. 某人用重 2 kg 的長棒挑西瓜，前簍重 50 kg，後簍重 60 kg，則此人肩上共受力若干公斤重？ (B)
    (A) 110　　(B) 112
    (C) 52　　(D) 需視肩在長棒上之位置才能決定

14. 有一輕長棒的支點為 O，A 端至 O 點之距離為 L_1，B 端至 O 點之距離為 L_2，若在 A 端懸掛質量 m_1，則在 B 端應懸掛若干質量可使長棒呈平衡？(棒重不計) (A)
    (A) $m_1 \dfrac{L_1}{L_2}$　　(B) $m_1 \dfrac{L_2}{L_1}$
    (C) $m_1 \dfrac{L_1}{L_1+L_2}$　　(D) $m_1 \dfrac{L_2}{L_1+L_2}$

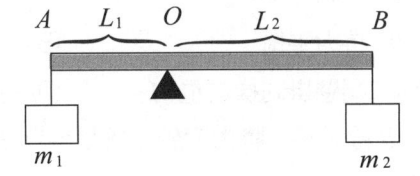

15. 實心球 A 與空心球 B 體積大小相同，自同一斜面同一高度同時自靜止滾下，見 A 球滾得快，較 B 球先抵達斜面底，則必： (C)
    (A) A 球受地心吸引力較大
    (B) A 球質量較小
    (C) A 球加速度較大
    (D) A 球慣性較大

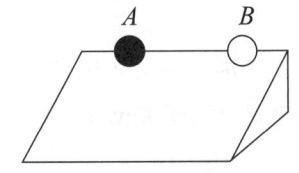

16. 甲乙二人玩蹺蹺板，甲的體重為 50 公斤距蹺蹺板的支點為 X 公尺，乙的體重 60 公斤距支點 Y 公尺，若蹺蹺板恰可平衡 (不計蹺蹺板的重量)，則 X 與 Y 的關係是： (C)
    (A) $X=Y$　　(B) $X=\dfrac{5}{6}Y$　　(C) $X=\dfrac{6}{5}Y$　　(D) $X=2Y$

17. 甲乙二人以 6 米長棒，合抬一物重 90 公斤，若欲使甲所受的重量為乙的 2 倍，則重物應懸掛在距甲端多少米之處？ (B)
    (A) 1 米　　(B) 2 米　　(C) 3 米　　(D) 4 米

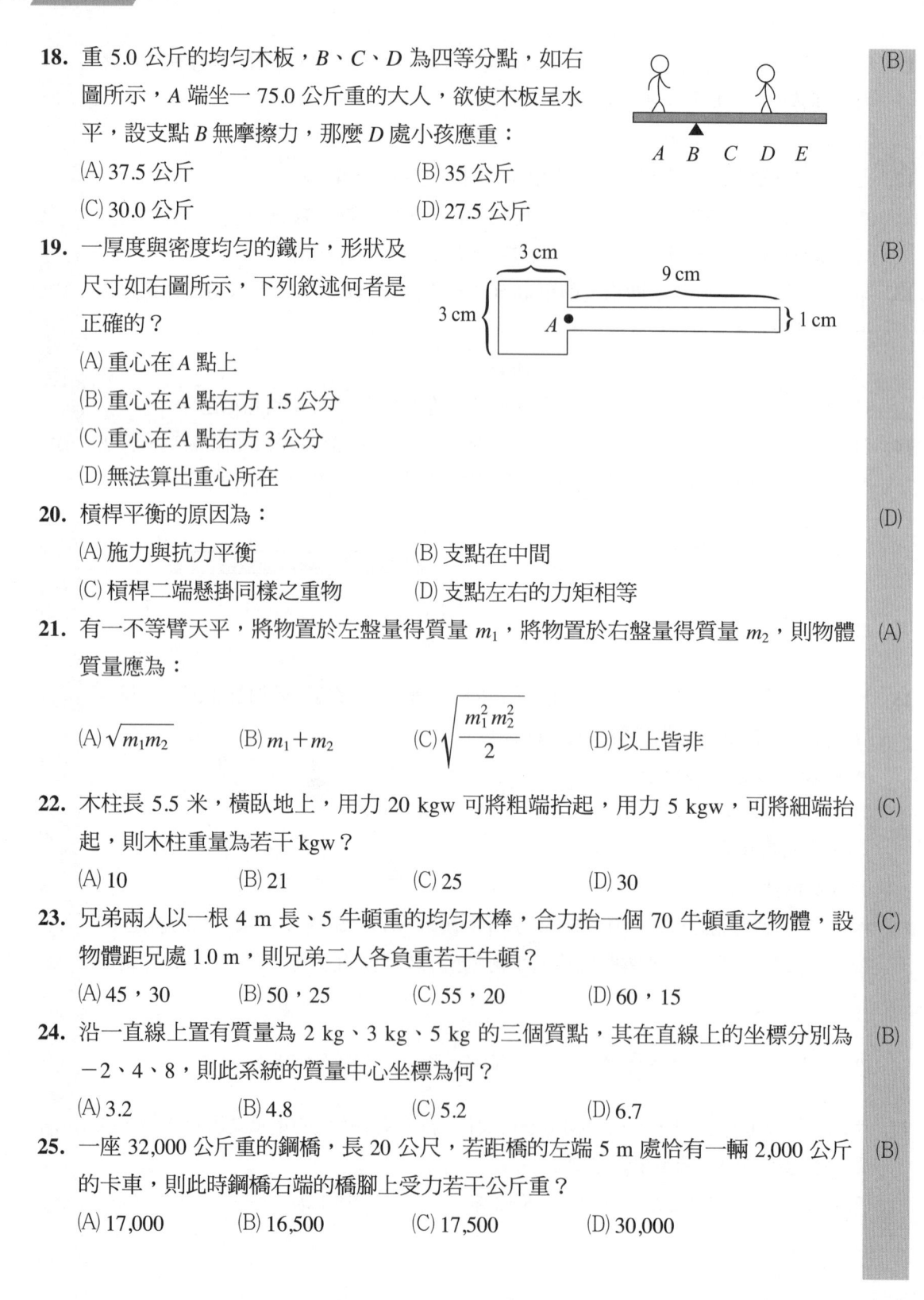

18. 重 5.0 公斤的均勻木板，B、C、D 為四等分點，如右圖所示，A 端坐一 75.0 公斤重的大人，欲使木板呈水平，設支點 B 無摩擦力，那麼 D 處小孩應重： (B)
    (A) 37.5 公斤　　　　(B) 35 公斤
    (C) 30.0 公斤　　　　(D) 27.5 公斤

19. 一厚度與密度均勻的鐵片，形狀及尺寸如右圖所示，下列敘述何者是正確的？ (B)
    (A) 重心在 A 點上
    (B) 重心在 A 點右方 1.5 公分
    (C) 重心在 A 點右方 3 公分
    (D) 無法算出重心所在

20. 槓桿平衡的原因為： (D)
    (A) 施力與抗力平衡　　　　(B) 支點在中間
    (C) 槓桿二端懸掛同樣之重物　　(D) 支點左右的力矩相等

21. 有一不等臂天平，將物置於左盤量得質量 m_1，將物置於右盤量得質量 m_2，則物體質量應為： (A)
    (A) $\sqrt{m_1 m_2}$　　(B) $m_1 + m_2$　　(C) $\sqrt{\dfrac{m_1^2 m_2^2}{2}}$　　(D) 以上皆非

22. 木柱長 5.5 米，橫臥地上，用力 20 kgw 可將粗端抬起，用力 5 kgw，可將細端抬起，則木柱重量為若干 kgw？ (C)
    (A) 10　　(B) 21　　(C) 25　　(D) 30

23. 兄弟兩人以一根 4 m 長、5 牛頓重的均勻木棒，合力抬一個 70 牛頓重之物體，設物體距兄處 1.0 m，則兄弟二人各負重若干牛頓？ (C)
    (A) 45，30　　(B) 50，25　　(C) 55，20　　(D) 60，15

24. 沿一直線上置有質量為 2 kg、3 kg、5 kg 的三個質點，其在直線上的坐標分別為 －2、4、8，則此系統的質量中心坐標為何？ (B)
    (A) 3.2　　(B) 4.8　　(C) 5.2　　(D) 6.7

25. 一座 32,000 公斤重的鋼橋，長 20 公尺，若距橋的左端 5 m 處恰有一輛 2,000 公斤的卡車，則此時鋼橋右端的橋腳上受力若干公斤重？ (B)
    (A) 17,000　　(B) 16,500　　(C) 17,500　　(D) 30,000

26. 不倒翁放在水平面上是屬於： (A)
    (A) 穩定不衡　(B) 不穩定不衡　(C) 隨遇平衡　(D) 以上皆非
27. 所謂剛體 (rigid body)，意為： (D)
    (A) 鋼質的物體
    (B) 伸長量和拉力成正比的物體
    (C) 受外力作用不易變形的物體
    (D) 物體內任意二點間的距離永遠不變的物體
28. 用一個定滑輪，兩個動滑輪組成的滑輪組，如果用 10 公斤重的拉力將可拉起若干 (B)
    公斤重的物體？
    (A) 50　(B) 40　(C) 20　(D) 2.5
29. 力偶之特性為： (C)
    (A) 合力與合力矩皆為零　(B) 合力與合力矩皆不為零
    (C) 合力為零，合力矩不為零　(D) 合力不為零，合力矩為零
30. 甲、乙兩人以長 1 米、重 4 kgw 之均勻木棒合抬一重 100 kgw 之物，若欲使甲負擔 (D)
    全重之四分之三，則重物應置於何處？
    (A) 離甲 0.7 m　(B) 離甲 0.76 m　(C) 離乙 0.7 m　(D) 離乙 0.76 m
31. 一物受到三同點力作用而平衡，其中一力為 3 kgw 向東，另一力為 4 kgw 向北，則 (D)
    第三力之大小為若干 kgw？
    (A) 1　(B) 7　(C) 4　(D) 5
32. 大小相同、質量也相等之 A、B 二球，A 為實心，B 為空心，今由靜止開始施以相 (A)
    同時間、相同力矩，使之在平面上旋轉，則何者轉速較快？
    (A) A　(B) B　(C) 一樣快　(D) 無法確定
33. 同上題，若二球自同一高度、同一斜面自靜止滾下，則何者將滾得快而先抵達底 (A)
    部？
    (A) A　(B) B　(C) 一樣快　(D) 無法確定

二、計算題

1. 一質點在半徑為 0.4 公尺的圓軌道上運動。在某一瞬間，其角速度為 2 弳/秒，角加速度
   為 5 弳/秒²，求其加速度的大小。
   答案：2.56 m/s²
2. 一旋轉木馬自靜止開始均勻加速，至 20 秒時其角速度大小為 6 rpm，試求此時
   (1) 坐在距旋轉中心 5 公尺處之人的切線速度大小？

(2) 人之向心加速度？

(3) 旋轉木馬之角加速度？

(4) 人之切線加速度？

答案：(1) 3.14 m/s；(2) 1.97 m/s^2；(3) 3.14×10^{-2} rad/s^2；(4) 0.157 m/s^2

3. 質量 1 公斤及 2 公斤之兩物以一輕桿連結，起初在同一水平面上，桿長為 1 公尺。若以桿之中心處為轉軸，使輕桿在鉛直面上旋轉，試求當桿成鉛直方向時，兩物之速率各為何？

答案：1.81 m/s

4. 甲、乙兩小朋友玩蹺蹺板，甲重 20 公斤，乙重 15 公斤，若甲坐在距支點 3 m 處，則乙應坐在另一端距支點幾米處才能平衡？

答案：4 m

5. 某人坐在一不計質量之水平蹺蹺板一端，他至支點之距離為 2 公尺，已知蹺蹺板之另一端並未坐人，試求蹺蹺板的瞬時角加速度及某人的切線加速度。

答案：角加速度 4.9 rad/s^2，切線加速度 9.8 m/s^2

6. 一半徑為 r 之球，不滑動沿曲面由靜止滾下，若其落下之鉛直距離為 0.5 公尺，試問球的質心之末速為若干？

答案：2.65 m/s

7. 一材質均勻之圓盤質量為 0.16 公斤、半徑為 15 公分，若其線速率為 2 公尺/秒，角速度為 50 弳/秒，試求圓盤之線動量。

答案：0.32 kg・m/s

CHAPTER 7

流體力學

7-1　液體壓力

　　流體包括**液體**和**氣體**，無固定形狀，且能夠任意的流動。液體不易被壓縮，可視為近似具有固定的體積；而氣體之壓縮性相當大，對溫度及壓力變化相當敏感。在此我們先對壓力作一些探討。

　　物體單位面積上所受的總力，稱為**壓力**。其數學式為

$$P = \frac{F}{A} \tag{7.1}$$

而其公制單位為牛頓/公尺^2 (nt/m^2)。在靜止液體內的任一點亦受有來自各方向的壓力，但在同一點處，來自各方向的壓力均相等，因此流體內的壓力不具有方向性。而在物理學的定義中，壓力非向量，但對特定平面上的壓力則必垂直於該平面。在液內不同深度處，液體之壓力就不相等。我們由圖 7-1 加以說明壓力與深度之關係。在圖中取一截面積為 A，高度 h 之柱狀體積，而液體之密度為 ρ。由於該柱狀體積在所處位置靜止不動，可知其合力必為零，即圖 (b) 中之上方受力 F_1 與柱狀體積重量 $\rho A h g$ 之和將等於下方受力 F_2，數學式為：

$$P_1 A + \rho A h g = P_2 A$$

同除以 A 再移項可得

$$\Delta P = P_2 - P_1 = \rho g h \tag{7.2}$$

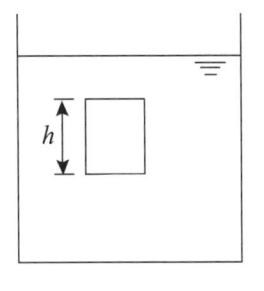

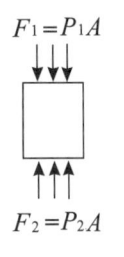

圖 7-1

此即為不同深度之壓力差，而且我們可以發現，愈深的液中，壓力愈大，且與液體之密度亦有關聯。若在有大氣壓力之環境中，流體表面下 h 處的壓力則為：

$$P = P_{atm} + \rho g h \tag{7.3}$$

其中 P_{atm} 為大氣壓力。

在密閉於容器內的液體，其某部分受到壓力時，此壓力必均勻的傳遞到液體中的任一部分及其器壁上且不論傳遞至多遠，壓力強度皆不變，此即稱為**帕斯卡原理**。其常見的應用為水壓機，如圖 7-2。在兩端大、小活塞維持等高且平衡時，即作用於活塞之壓力相等，數學式為

$$P = \frac{F}{A} = \frac{f}{a} \tag{7.4}$$

經移項可得

$$\frac{F}{f} = \frac{A}{a} \tag{7.5}$$

亦即活塞上之總力比與面積比相等。

此外液體壓力的另一常見應用為連通管原理，即盛有液體之容器底部以導管相通，則其液面會等高。如都市給水系統、無幫浦噴水池和水位計等都是連通管原理的實例。如圖 7-3 所示，連通管原理的應用與管之形狀及截面積無關。

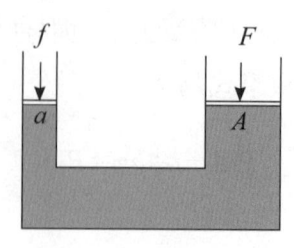

圖 7-2　水壓機。

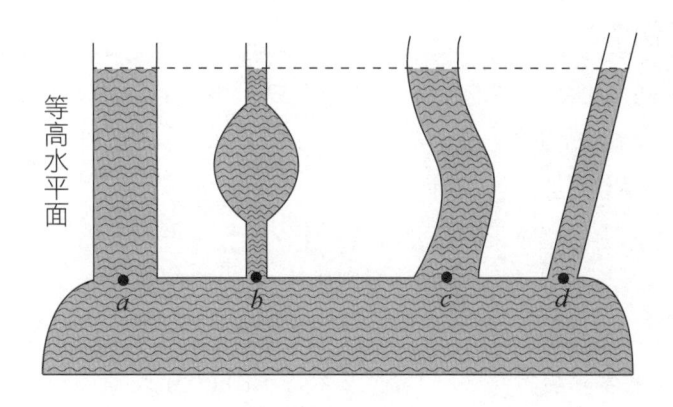

圖 7-3 連通管。

範例 7-1

一個正立的 U 形管中，盛有水銀。當其右管中注入 13.6 公分高的純水時，左管的水銀面將從原來的液面高度上升若干？

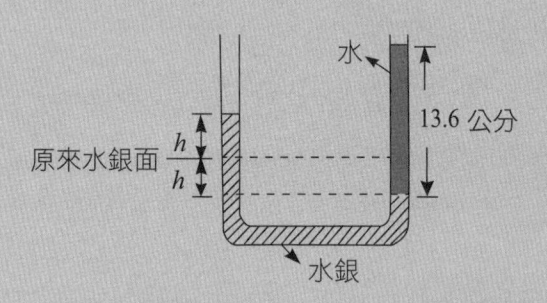

解：
如圖所示，假設左管水銀面上升高度 h 在右管水柱下之水銀與左管等高度處之水銀壓力必相等，故我們僅需比較此高度上方之右、左兩管液體壓力即可，

$$\rho_{水銀}(h+h) \cdot g = \rho_{水} \times 13.6 \cdot g$$

將 $\rho_{水銀} = 13.6 \text{ g/cm}^3$ 代入式中得

$$13.6 \times 2h = 1 \times 13.6 \Rightarrow h = 0.5 \text{ 公分} \quad \textbf{......Ans.}$$

範例 7-2

一水壓機大小活塞半徑各為 20 公分及 2 公分，若大活塞上面須舉起 4,000 公斤重的重物，問：

(1) 小活塞上須加力若干？
(2) 此時大小活塞所受的壓力各為若干？
(3) 若小活塞下壓 1,000 公分，則大活塞上移若干公分？

解：

(1) 大小活塞半徑各為 20 公分及 2 公分，由 (7.5) 式，

$$\frac{4,000}{f}=\frac{\pi\times 20^2}{\pi\times 2^2} \Rightarrow f=40\text{ kgw} \quad \text{......Ans.}$$

(2) 由 (7.4) 式，

$$P=\frac{F}{A}=\frac{4,000}{\pi\times 20^2}=\frac{10}{\pi}\text{ kgw/cm}^2 \quad \text{......Ans.}$$

(3) 由於水壓機之液體體積守恆，故可得

$$V=Ah=\pi\times 2^2\times 1,000=\pi\times 20^2\times h$$
$$\Rightarrow h=10\text{ cm} \quad \text{......Ans.}$$

7-2 氣體壓力

包圍地球的全部空氣稱為**大氣**，這些空氣分子受重力作用，而以大氣重量作用在地面上產生的壓力即稱為**大氣壓力**。由於空氣在接近地表處密度較大，而愈高處，密度愈稀疏，故大氣壓力亦會隨高度增加而產生非線性的減少。此外，由於氣體密度亦會受溫度變化而有明顯的變化，故大氣壓力亦將因氣候變化而改變。

托里切利以一端封閉的玻璃長管及水銀測得大氣壓力相當於 76 公分高之水銀柱所產生的壓力，稱為 1 大氣壓，見圖 7-4。此實驗在玻璃管封閉部分的頂端處有一不含空氣的真空部分，即托

里切利真空。大氣壓力換算公式為

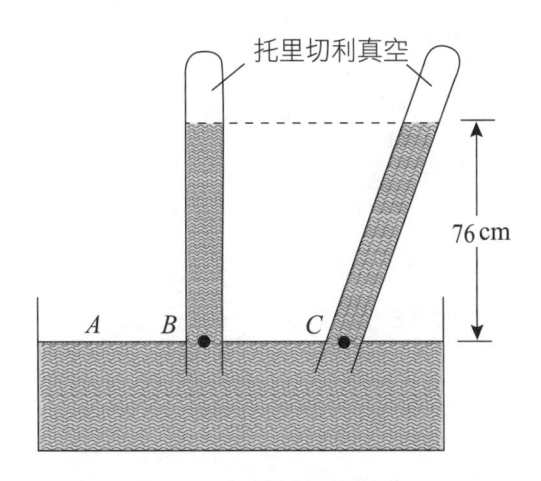

圖 7-4 托里切利實驗。

1 大氣壓 (atm) ＝76 cm-Hg＝760 托 (torr)
　　　　　　＝1033.6 cm-H$_2$O＝1033.6 gw/cm^2
　　　　　　＝1.013×10^5 nt/m^2＝1.013×10^5 帕 (Pa)
　　　　　　＝1.013 巴 (bar)＝1013 毫巴 (mb)　　　　　　**(7.6)**

式中的巴 (bar) 為氣象學中的常用單位。

　　對於氣體壓力的量測方面，一般常見的測量大氣壓力工具為氣壓計，其中以水銀氣壓計精確度較高，但因體積較大不便攜帶；一般以無液氣壓計取代進行移動式量測。無液氣壓計於使用前必須加以校正。至於量測密閉容器內氣體壓力之工具為壓力計。壓力計可區分為開管壓力計與閉管壓力計，如圖 7-5 所示。圖中 (a)、(b) 為開管壓力計，以容器氣體壓力 P 和大氣壓力 P_0 的差值量測，即 $P-P_0=\pm\rho gy$，可知此類壓力計之讀值係與大氣壓力作一比較，通稱為錶壓力。而 (c) 為閉管壓力計，其閉管處已進行抽真空之處理。可將開管壓力計之數學式中 P_0 項視為 0，則容器內氣體壓力之值 $P=\rho gy$，通稱為絕對壓力。

(a)　　　　　　　　　(b)　　　　　　　　　(c)

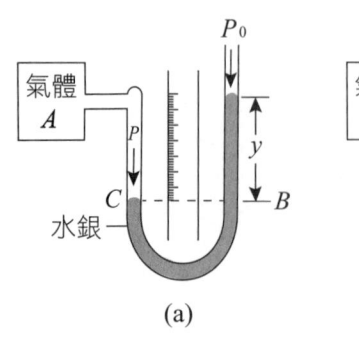

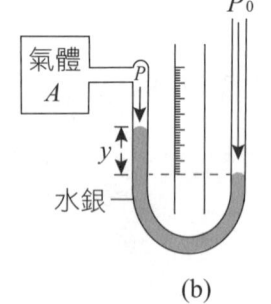

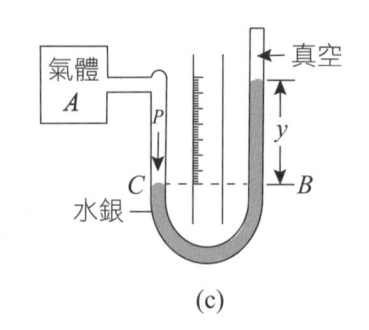

圖 7-5　壓力計。

範例 7-3

在氣壓為 684 毫米水銀柱的山頂上有一鍋，其半徑為 20 公分，今欲使鍋內的水沸騰時的溫度與在平地沸騰時的溫度 (氣壓為 1 大氣壓) 相同，則在鍋上應置多少公斤的蓋子？

解：

由題意可知山頂與平地之壓力差為

$$\Delta P = 760 - 684 = 76 \text{ mm-Hg} = 103.36 \text{ gw/cm}^2$$

此即鍋蓋應提供之壓力值，故可求重量為

$$F = \Delta P \cdot A = 103.36 \cdot (\pi \cdot 20^2) = 1.30 \times 10^5 \text{ gw}$$
$$= 130 \text{ kgw} \quad \textit{......Ans.}$$

範例 7-4

直立 U 形管內盛水銀，成為開管壓力計。當它未連接於任何待測系統時，在 1 大氣壓力下，將其一端的開口封閉，此時閉口端空氣柱長度為 21 公分。今將其開口端與一氣體瓶連接後，閉口端空氣柱被壓縮成為 7 公分高。設溫度為 0 ℃，且壓力計管徑甚小，則此時：
(1) 閉管內的空氣壓力是多少牛頓/公尺^2。
(2) 瓶中氣體的壓力是多少毫巴？(1 毫巴＝10^2 牛頓/公尺^2)

解：

(1) 令管的截面積為 A cm^2，則閉口端空氣柱原來的壓力 $P_1=1$ atm，體積 $V_1=21A$ cm^3，而連接氣體瓶後的體積為 $V_2=7A$ cm^3，故由波以耳定律(見第九章)知所求壓力為

$$P_2 = \frac{V_1}{V_2} \times P_1 = \frac{21A}{7A} \times 1$$

$$= 3 \text{ (atm)}$$

$$= 3 \times 1.01 \times 10^5$$

$$= 3.0 \times 10^5 \text{ (N/m}^2\text{)} \quad \text{......Ans.}$$

(2) $P = P_2 + \rho g y = 3 + \dfrac{28}{76}$

$$= \frac{64}{19} \text{ (atm)}$$

$$= \frac{64}{19} \times 1013 \text{ (毫巴)}$$

$$= 3.4 \times 10^3 \text{ (毫巴)} \quad \text{......Ans.}$$

除了大氣壓力之外，尚有容器內之氣體壓力需探討。容器內氣體壓力之成因與大氣壓力不同，這種壓力係容器內壁單位面積上所受到氣體分子碰撞的垂直作用力所造成，容器內的氣體分子質量、速率及單位體積內的分子數為影響容器內氣體壓力之決定性因素。由於牽涉到氣體分子的平均動能及溫度，故本章暫不進行詳細探討，留待第九章再加以詳述。

7-3 浮 力

物體在流體中減輕的重量即為浮力，一般以液體作為研究之對象，因液體所造成的浮力遠比氣體明顯。至於浮力的成因，係物體在流體中上、下表面所受的壓力值隨深度不同而有差異，且下表面之壓力恆大於上表面壓力，故形成向上之浮力。最早提

出浮力原理之學者為阿基米得，故浮力原理又稱之為阿基米得原理，其敘述為：

物體所受之浮力等於該物體所排開之流體重量。

數學式可寫成

$$B = \rho V g \tag{7.7}$$

其中 B 表浮力，ρ 為密度，V 為排開流體體積，g 即為重力加速度。

物體在流體中的情況可分為兩種形態，其一為仍保持部分體積未浸入流體；另一種則是完全沉入流體中。即所謂浮體與沉體。而浮體或沉體之判定是依據物體與所在流體之密度關係，若物體密度小於流體密度則為浮體；反之為沉體。浮體符合浮體定律，即浮力＝物重，數學式為

$$B = W \tag{7.8}$$

因物體重量與浮力達到力平衡，故視重為零。而結合 (7.7) 及 (7.8) 兩式可得一數學式 $W = \rho V g$，可推知任一浮體在不同流體中所沒入流體中的體積 V 與流體之密度 ρ 成反比。但浮力量值卻與流體密度 ρ 無關，恆為物重 W。

在此附帶一提比重的定義，係 (物重)/(同體積水重)，故比重無單位，而其數值相當於 C.G.S 制的密度數值。

範例 7-5

將密度為 D 的固體放入密度為 d 的液體內。設 $D > d$，g 為重力加速度，固體沉下時的加速度為 a。(1) 試以 d、D、g 表示出 a。(2) 設該液體的密度 d 為待測的未知量，則應如何由 a、D、g 算出 d？

解：

(1) 設固體體積為 V，質量為 $m = DV$，則此固體所受之力為向下重力 $mg = DVg$ 及向上浮力 $B = dVg$，則由牛頓第二運動定律得知：

$$DVg - dVg = (DV)a \quad \therefore a = \frac{D-d}{D}g \text{ ......Ans.}$$

(2) 可將該固體置於液面,令其自由下沉,測出沉至容器底部所需時間 t 及液體深度 h,則由

$$h = \frac{1}{2}at^2 \Rightarrow 物體加速度 a = \frac{2h}{t^2}$$

代入 (1) 之結果,即可算出 d 之值為

$$d = \frac{g-a}{g}D \text{ ......Ans.}$$

範例 7-6

一高為 12 公分、均勻截面積為 50 平方公分之圓柱形燒杯,開口朝上,空杯浮於水上時,有 2/3 高度露出水面。今以比重為 1.25 之甘油緩緩注入杯中,假設燒杯不傾斜,在燒杯完全沒入水中前,最多可注入甘油之體積為若干?

解:

設空杯的重量為 W,在水中的體積為 V,而水的密度為 $\rho = 1$ g/cm³,則由阿基米得原理知

浮體重量量值 $W =$ 液體的浮力量值 B

$$\Rightarrow W = \rho Vg = 1 \times \left(\frac{1}{3} \times 12 \times 50\right) \times g = 200\,g = 200\,(克重)$$

依題意甘油的比重為 1.25,即密度 $D = 1.25$ g/cm³。若最多可注入甘油的體積為 V',則由浮體原理知

空杯重量量值 $W +$ 甘油的重量量值 $DV'g =$ 水的浮力量值 B'

得

$$200g + 1.25 \times V' \times g = 1 \times (12 \times 50) \times g$$

$$\therefore V' = 320 \text{ (cm}^3\text{) ......Ans.}$$

範例 7-7

一空心球其內徑為 A，外徑為 B，放入水中時，此球恰有一半浮出水面。設此球由密度均勻的材料製成，則此材料之比重為若干？

解：

令材料之密度為 D，而水之密度為 ρ，則由浮體原理知：

$$\text{浮體重量 } W = \text{浮力量值 } B$$

$$\Rightarrow D \cdot \frac{4}{3}\pi\left[\left(\frac{B}{2}\right)^3 - \left(\frac{A}{2}\right)^3\right]g = \rho \cdot \frac{1}{2} \cdot \frac{4}{3}\pi\left(\frac{B}{2}\right)^3 g$$

$$\therefore \text{材料之比重 } S = \frac{D}{\rho} = \frac{B^3}{2(B^3 - A^3)} \quad \text{......Ans.}$$

7-4 液體界面

同類液體分子間之吸引力稱為**內聚力**，而異類物質間則存在**附著力**。我們探討關於液體界面的兩種重要現象：

1. 表面張力

液體表面具有使其表面縮到最小面積的作用力稱為表面張力。表面張力的成因係液體分子內聚力的作用，且僅出現在液體表面之一層分子，表面下之分子則無表面張力。各種不同的液體由於內聚力的不同，其表面張力也就不同。表面張力小的液體滴在表面張力相對較大的液體上將散成一片，反之則聚成球形 (縮至最小表面)。表面張力的大小，一般考慮為液面上單位長度所受的垂直拉力，數學式為：

$$T = \frac{F}{L} \tag{7.9}$$

一般而言，會影響表面張力的因素有二：

(1) 液體溫度：表面張力隨溫度增加而減小。

(2) 雜質含量：雜質含量的增加，會使表面張力減小。

2. 毛細現象

將毛細管插入液體中，管內液面會沿管內壁上升或下降的現象，稱為毛細現象。其成因係由附著力、內聚力和表面張力相互影響而產生。毛細管內外液面差之數學式為

$$y = \frac{2T \cos \alpha}{\rho g r} \tag{7.10}$$

其中 T 為表面張力，g 為重力加速度，α 為液面與管壁面的接觸角 (如圖 7-6 所示)，ρ 為液體密度，r 為毛細管內徑。

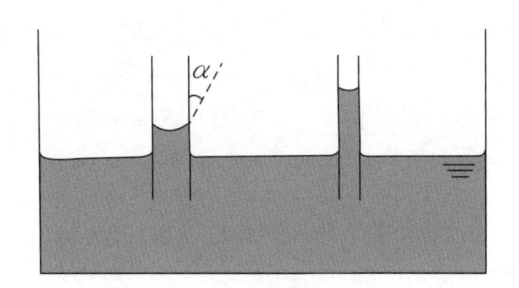

圖 7-6 水的毛細現象。

當 (7.10) 式中之 $\alpha < 90°$ 時，$y > 0$，表示管內液面高於管外液面；而 $\alpha > 90°$ 時，則相反。利用 (7.10) 式可推知同一液體其受毛細作用的高度變化僅與管之內徑有關。此即毛細管定律，數學式為

$$y_1 r_1 = y_2 r_2 \tag{7.11}$$

由此式可知，高度差與管內徑成反比。

在前述接觸角 $\alpha < 90°$ 的情形之成因為附著力大於內聚力，管中液面除上升外，且呈現中央低、周圍高的現象。若 $\alpha > 90°$，則完全相反。

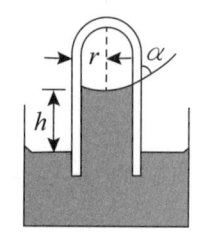

範例 7-8

一細玻璃管其內半徑為 r，管內封入某氣體後，倒置於某液體中 (如右圖所示)。今測得管中液面較管外液面高 h，且液面與管壁之接觸角為 α。若液體的密度為 ρ，表面張力為 T，管外大氣的壓力為 P_0，重力加速度為 g，則管內氣體的壓力為若干？

解：

令管內氣體的壓力為 P，則管中高 h 之液柱所受之外力有

$$\begin{cases} (1) \text{ 向下重力 } \vec{W} = \rho \cdot \pi r^2 \cdot hg \downarrow \\ (2) \text{ 表面張力 } T \text{ 所產生之向上作用力 } \vec{N} = 2\pi rT \cos\alpha \uparrow \\ (3) \text{ 管內、外氣體壓力差所產生之向下作用力 } \vec{F} = (P - P_0) \cdot \pi r^2 \downarrow \end{cases}$$

則由靜力平衡之條件：

合力 $= \vec{W} + \vec{N} + \vec{F} = 0$

$\Rightarrow \rho \cdot \pi r^2 hg \downarrow + 2\pi rT \cos\alpha \uparrow + (P - P_0) \cdot \pi r^2 \downarrow = 0$

$$\therefore P = P_0 + \frac{2T\cos\alpha}{r} - \rho gh \quad \text{......Ans.}$$

範例 7-9

設有一長 L 的縫衣針，其質量為 M，置於某液體 (密度為 ρ) 之液面上，恰好為其液面的張力所支撐而不致下沉。若垂直於液面插入一毛細管於此液體中，其內管壁與液面之夾角為 θ，若管內外液面差為 H 時，請問毛細管的內半徑為多少？

解：

令液體表面張力為 T，則因縫衣針在液面上恰不下沉，故其所受液體表面張力所產生之向上作用力量值＝向下重力的量值。

$\Rightarrow T \cdot 2L = Mg \qquad \therefore T = \dfrac{Mg}{2L}$

又令毛細管的內半徑為 r，則

$H = \dfrac{2T\cos\theta}{\rho gr}$

$\Rightarrow r = \dfrac{M\cos\theta}{\rho HL} \quad \text{......Ans.}$

7-5 流體動力學

在探討流體動力學時，我們會作許多與真實情形不完全相同的假設，以求較方便的研究。例如，假設流體具有穩定性、非旋轉性且不可壓縮及無黏滯性，符合這些特性之流體稱為理想流體。

如圖 7-7 所示，在兩截面積 A_1 與 A_2 的截面上，流體流速為 v_1 與 v_2，密度為 ρ_1 與 ρ_2，在時間 t 內流過 A_1 與 A_2 之質量為 m_1 與 m_2，則

$$m_1 = \rho_1 A_1 v_1 t \; ; \; m_2 = \rho_2 A_2 v_2 t$$

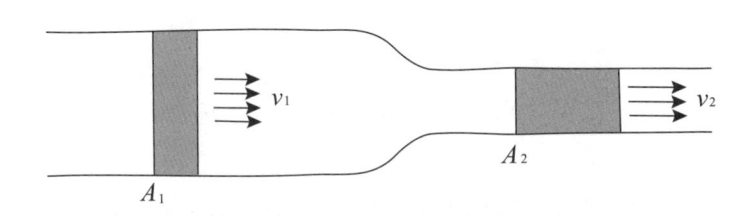

圖 7-7　理想流體流經不同截面積之管。

由質量守恆定律，可知 $m_1 = m_2$，即

$$\rho_1 A_1 v_1 t = \rho_2 A_2 v_2 t$$

將 t 約去，可得連續性方程式為

$$\rho_1 A_1 v_1 = \rho_2 A_2 v_2 = 定值 \tag{7.12}$$

且若流體不可壓縮，則 $\rho_1 = \rho_2$，可將 (7.12) 式化簡為

$$A_1 v_1 = A_2 v_2 = 定值 \tag{7.13}$$

表示不可壓縮流體在管中流速與截面積成反比。

當流體流動時，流體內部任兩點的壓力差與兩項因素有關，一為兩點位置之高度差，一為通過此兩點之流速。如圖 7-8 所示，在 ① 區中壓力 p_1，截面積 A_1，流速 v_1，時間 t 內流過之質量

m。我們可以推導出任意流體分子在 ① 區中經過時間 t 後之位移量 $s_1 = v_1 t$。同理可對 ② 區做同樣的安排。在流體流經 ① 區和 ② 區，其作功為

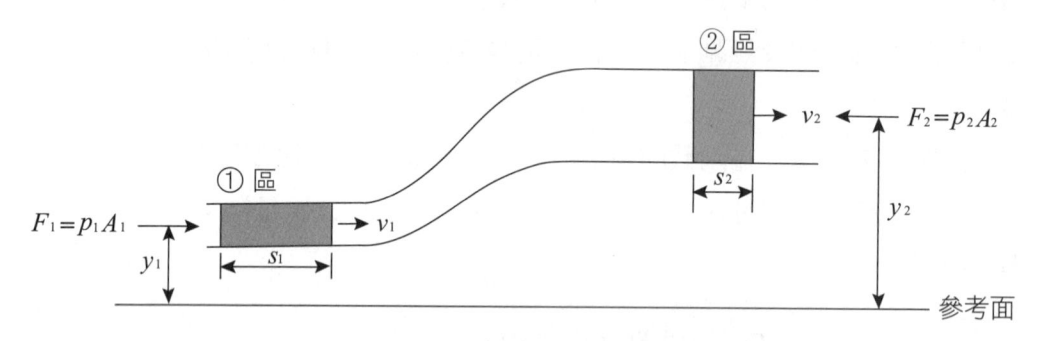

圖 7-8 伯努利方程式推論示意圖。

$$W = p_1 A_1 s_1 - p_2 A_2 s_2 = p_1 \frac{m}{\rho} - p_2 \frac{m}{\rho} \tag{7.14}$$

由功能定理可知此功必轉化為動能及位能之和，而動能差

$$\Delta E_K = \frac{1}{2} m v_2^2 - \frac{1}{2} m v_1^2 \tag{7.15}$$

位能差

$$\Delta U = mgy_2 - mgy_1 \tag{7.16}$$

故可寫成功能定理之形式，即

$W = \Delta E_K + \Delta U$

$$\Rightarrow p_1 \frac{m}{\rho} - p_2 \frac{m}{\rho} = \frac{1}{2} m v_2^2 - \frac{1}{2} m v_1^2 + mgy_2 - mgy_1$$

移項並約去 m 可得

$$p_1 + \frac{1}{2} \rho v_1^2 + \rho g y_1 = p_2 + \frac{1}{2} \rho v_2^2 + \rho g y_2 \tag{7.17}$$

此即適用於理想流體之伯努利方程式。當流體靜止時 ($v_1=0$，$v_2=0$)，伯努利方程式可簡化為

$$p_1-p_2=\rho g(y_2-y_1)$$

即壓力隨液體高度 (深度) 產生變化，此與 7-1 節所探討之情形一致。若流管無高度差 ($y_1=y_2$)，可簡化為

$$p_1+\frac{1}{2}\rho v_1^2=p_2+\frac{1}{2}\rho v_2^2$$

即流速高則壓力小，流速低則壓力大。

如圖 7-9 為測量海水流動速度的海流計。

圖 7-9　海流計。

範例 7-10

在輸油管中，測得半徑為 10 cm 處的流速為 1 m/s，試求：
(a) 同一油管而半徑 5 cm 處之流速若干？
(b) 若油密度為 0.75 g/cm³，則每小時可輸油若干？

解：
(a) 由 (7.13) 式，

$$A_1v_1=A_2v_2$$

$$\Rightarrow \pi r_1^2 v_1 = \pi r_2^2 v_2$$

$$\Rightarrow v_2 = \left(\frac{r_1}{r_2}\right)^2 v_1 = \left(\frac{10}{5}\right)^2 \times 1 = 4 \text{ m/sec} \quad \textbf{......Ans.}$$

(b) 質量流率 $\dot{m} = \rho A v$
$$= 0.75 \times \pi \times 10^2 \times 100$$
$$= 23,562 \text{ g/sec}$$

則每小時流過之質量為

$$\dot{m} \cdot t = 23,562 \times 3,600$$
$$= 8.48 \times 10^7 \text{ g} \quad \textbf{......Ans.}$$

範例 7-11

半徑 2 cm 的水管內水流 5 m/s，水壓 4×10^5 nt/m²，流到 10 m 高樓上時，水管半徑改為 1 cm，試求樓上水壓力若干？

解：

由 (7.13) 式，

$$A_1 v_1 = A_2 v_2$$

$$\Rightarrow v_2 = \frac{A_1}{A_2} v_1 = \frac{2^2 \pi}{1^2 \pi} \times 5 = 20 \text{ (m/s)}$$

由 (7.17) 式，

$$p_1 + \frac{1}{2}\rho v_1^2 + \rho g y_1 = p_2 + \frac{1}{2}\rho v_2^2 + \rho g y_2$$

$$\Rightarrow 4 \times 10^5 + \frac{1}{2} \times 10^3 \times 5^2 + 0 = p_2 + \frac{1}{2} \times 10^3 \times 20^2 + 10^3 \times 9.81 \times 10$$

可解出 $\qquad p_2 = 1.144 \times 10^5$ nt/m² **......Ans.**

在日常生活中，伯努利方程式的應用相當廣泛，如飛機的機翼設計、高爾夫球表面的坑洞、文氏管空速計、噴霧器及汽車的擾流板等，可謂影響甚大。

更深入的流體力學將牽涉到驅動流體之裝置，像是飛機或輪船螺旋槳之設計與製造，或是像噴射機火箭等噴射推進器的計算。圖 7-10 為大型輪船的螺旋槳，尺寸遠大於一般車輛的尺寸。

圖 **7-10** 　**輪船用螺旋槳**

習 題

一、選擇題

	答案
1. 鋼筆吸墨水和用麥管吸飲料是利用：	(C)
(A) 液體壓力　(B) 空氣浮力　(C) 大氣壓力　(D) 液體浮力	
2. 樹液能夠自樹根輸送至枝幹樹葉是利用：	(B)
(A) 大氣壓力　(B) 毛細現象　(C) 液體浮力　(D) 波以耳定律	
3. 設某容器以 9.8 m/s² 之加速度水平前進，則此液體的自由表面和水平面成：	(C)
(A) 0°　(B) 30°　(C) 45°　(D) 60°	
4. 在水面下 10 米處之船底，有一面積為 5 cm² 的破洞，欲用板子擋住，至少需用力若干牛頓？	(D)
(A) 0.049　(B) 0.49　(C) 4.9　(D) 49	
5. 下列何者相當於 1 標準大氣壓？	(C)
(A) 760 cm‧Hg　(B) 10.336 gw/cm²	
(D) 1.013×10^5 N/m²　(D) 1.013 毫巴	
6. 以 A、B、C 三種不同液體作托里切利實驗，得三液柱垂直高度之大小關係為 $h_A > h_B > h_C$，則可知：	(D)
(A) 管之半徑 $r_A > r_B > r_C$　(B) 管之半徑 $r_A < r_B < r_C$	
(C) 液體密度 $d_A > d_B > d_C$　(D) 液體密度 $d_A < d_B < d_C$	
7. U 型管氣壓計內盛有水銀，左管接於待測氣體的容器，右管露於大氣中，若右管之水銀液面高於左管 8 cm，若當時大氣壓力為 76 cm‧Hg，則待測氣體之壓力為若干 cm‧Hg？	(B)
(A) 76　(B) 84　(C) 68　(D) 92	
8. 若地球的引力突減少為原有的一半，空氣分子有一半亦逃逸到太空中，則地球表面的大氣壓力將為原有壓力之：	(C)
(A) 1 倍　(B) $\frac{1}{2}$ 倍　(C) $\frac{1}{4}$ 倍　(D) $\frac{1}{8}$ 倍	
9. 同上題，在此新的條件下重作托里切利實驗，則水銀柱的高度約為若干公分？	(B)
(A) 18.5　(B) 38　(C) 76　(D) 114	
10. 氣體壓力發生的主因為：	(B)
(A) 重力　(B) 分子碰撞　(C) 分子之內聚力　(D) 分子之附著力	

11. 大氣壓力發生的主因為： (A)
    (A) 重力　　(B) 分子碰撞　　(C) 分子之內聚力　　(D) 分子之附著力

12. 有一底面積 75 平方公分的空玻璃燒杯重 55 公克，內裝有高度 10 公分的純水，再 (C)
    倒入厚 4 公分的油，油浮於水面上，此時總重量為 1,045 公克重，則杯底與浮油表
    面之壓力相差多少公克重/平方公分：
    (A) 14　　(B) 1,045/75　　(C) 13.2　　(D) 0

13. 有一冰山，露出海面部分為 30 m³，設海水比重為 1.03，冰比重 0.91，則冰山之全 (B)
    部體積為若干 m³？
    (A) 60.0　　(B) 257.5　　(C) 125　　(D) 78.75

14. 有一木塊浮於水中時，其體積的 $\frac{1}{5}$ 浮出水面，求此木塊的密度為若干 g/cm³？ (D)
    (A) 0.2　　(B) 0.4　　(C) 0.6　　(D) 0.8

15. 木塊置於水中，露出油面之部分為全部體積之 1/3，當其置於沙拉油中時，露出油 (B)
    面之部分為全部體積之 1/4，則沙拉油之比重為若干？
    (A) 3/4　　(B) 8/9　　(C) 4/3　　(D) 9/8

16. 已知甲、乙兩物體體積相等，甲之比重為 3，乙之比重為 1.5，同置於水中，則所 (C)
    受之浮力：
    (A) 甲為乙之 2 倍　　　　(B) 乙為甲之 2 倍
    (C) 甲乙相等　　　　　　(D) 不能確定

17. 甲、乙兩物體之比重分別為 0.8 及 1.2，若兩物體積相等，同置於水中，則所受的 (C)
    浮力比為：
    (A) 1：1　　(B) 2：3　　(C) 4：5　　(D) 6：5

18. 一杯冰水，待其內之冰塊完全熔化，則水位將： (C)
    (A) 上升　　(B) 下降　　(C) 不變　　(D) 以上皆非

19. 船由淡水駛入海水中，則船所受到的浮力： (A)
    (A) 不變　　(B) 略增　　(C) 略減　　(D) 皆有可能

20. 某金屬之比重為 7.3，今浮於水銀面上，上面再加水覆蓋之，則此金屬沉於水銀部 (C)
    分之體積佔全部體積的：
    (A) $\frac{7.3}{13.6}$　　(B) $\frac{6.3}{13.6}$　　(C) $\frac{1}{2}$　　(D) $\frac{1}{4}$

21. 比重 3.0 之某金屬質量為 90 g，當其浸入比重為 0.8 之酒精中時所受之浮力為若干 (D)
    克重？
    (A) 12　　(B) 16　　(C) 20　　(D) 24

22. 高爾夫球擊出時球向後旋，此可使球所受之氣體壓力為： (C)
    (A) 向前　　(B) 向後　　(C) 向上　　(D) 向下

23. 一圓筒形容器底面積為 10 cm²，盛水高 10 cm，則容器底部受到水的總力為若干達因？ (B)
    (A) 980　　(B) 98000　　(C) 100　　(D) 9800

24. 兩圓形水管 A、B 如右圖連接，A 之內徑 4.0 cm，B 之內徑 2.0 cm，若 A 管流速為 1 m/s，B 管之流速為若干 m/s？ (B)
    (A) 5　　(B) 4　　(C) 3　　(D) 2

25. 有一密度為 0.3 g/cm³，體積為 100 cm³ 之木塊，欲使它沒入水面下，則須施加向下的作用力為若干克重？ (D)
    (A) 30　　(B) 100　　(C) 50　　(D) 70

26. 虹吸管的操作原理是利用： (D)
    (A) 液體壓力　　(B) 空氣浮力　　(C) 液體浮力　　(D) 大氣壓力

27. 在高山上煮開水容易沸騰，其原因是高山上： (A)
    (A) 氣壓低　　(B) 氣壓高　　(C) 氧氣含量多　　(D) 水沸點較高

28. 一木塊浮於淡水表面時所受的浮力為 B_1 沒入淡水的體積為 V_1，浮於鹽水表面時所受的浮力為 B_2，沒入鹽水的體積為 V_2，則： (D)
    (A) $B_1 = B_2$，$V_1 = V_2$　　(B) $B_1 < B_2$，$V_1 < V_2$
    (C) $B_1 > B_2$，$V_1 > V_2$　　(D) $B_1 = B_2$，$V_1 > V_2$

29. 在一端封閉的 U 型管內注入水銀，使其中封入部分空氣，若開口端水銀面較他端高 20 cm (如右圖所示)，大氣壓力為 75 cm·Hg，求管內空氣的壓力為若干 cm·Hg？ (C)
    (A) 55　　(B) 75
    (C) 95　　(D) 85

30. 某密閉容器內，氣體之壓力恰為 1 大氣壓，若將此容器帶到太空無重力處，而溫度保持不變，則容器內之壓力將： (D)
    (A) 變為零　　(B) 大於 1 atm　　(C) 小於 1 atm　　(D) 等於 1 atm

31. 簡單的 U 型管內盛水銀，兩邊液面等高，若在其中一管注入高 13.6 cm 之水柱時，另一管水銀液面上升若干 cm？ (A)
    (A) 0.5　　(B) 13.6　　(C) 1　　(D) 12

32. 馬德堡半球實驗乃將兩半球內的空氣抽掉，欲將兩半球拉開，須用數匹馬之拉力，此實驗可以證明： (C)
    (A) 理想氣體之特性　　　　　　(B) 波以耳定律
    (C) 大氣壓力存在　　　　　　　(D) 牛頓運動定律

33. 露珠和水滴之所以成球形乃是由於： (C)
    (A) 液體壓力　(B) 大氣壓力　(C) 表面張力　(D) 毛細現象

34. 設冰之比重為 0.91，則 182 立方公分之水結成冰時體積變為若干立方公分？ (B)
    (A) 192　(B) 200　(C) 175　(D) 209.1

35. 比重為 5，質量為 80 g 之某金屬，當其投入比重為 0.8 之汽油中時，所受之浮力為若干克重？ (D)
    (A) 64　(B) 16　(C) 68　(D) 12.8

36. 有一鐵球在空氣中重為 156 g，在水中重為 136 g，在汽油中重為 140 g，則汽油之比重為若干？ (C)
    (A) 7.8　(B) 1　(C) 0.8　(D) 0.6

37. 一木塊在空氣中重為 60 g，一鐵錘單獨沉入水中秤之，重為 250 g，今將兩者繫在一起後沉入水中秤之，共重為 160 g，則木塊之比重為若干？ (A)
    (A) 0.4　(B) 0.6　(C) 0.8　(D) 1

38. 有一木塊浮於水桶中，若將此水桶由地面移到月球上，則木塊浮出水面的體積比在地球表面時： (C)
    (A) 小　(B) 大　(C) 相等　(D) 無法比較

39. 將密度 10.5 克/立方公分的銀塊 105 克，掛在長 20.5 公分彈簧下端，全長變為 31 公分，今將此系統之銀塊浸泡在水中，則下列敘述何者錯誤？ (B)
    (A) 彈簧長度變為 30 公分
    (B) 銀塊在水中的質量變為 95 克
    (C) 銀塊在水中所受的浮力為 10 公克重
    (D) 銀的體積為 10 立方公分

40. 一固體密度為 3 g/cm³ 自由置於密度分別為 1、2、4、5 g/cm³ 之 A、B、C、D 四種液體中，則下列何者正確？ (D)
    (A) 物體置於 A 液中所受浮力最大
    (B) 物體置於 C 液中所受的浮力為置於 B 液中的 2 倍
    (C) 物體置於 C 液中所浮出的體積較置於 D 液中為大
    (D) 物體置於 C 液與 D 液中所受的浮力相等

41. 將密度 0.7 公克/立方公分，體積 20 立方公分且不溶於水的物體完全浸入水中，至少需力： (B)
    (A) 14 公克重　　(B) 6 公克重　　(C) 20 公克重　　(D) 3 公克重

42. 在托里切利實驗中，所謂的 1 atm 情況下，水銀柱的高度是 76 公分高，下列敘述中哪種情況會使水銀柱的高度增加？ (D)
    (A) 地表附近的重力場減少
    (B) 盛水銀的玻璃管截面積減少
    (C) 地表附近的重力場增加
    (D) 大氣的密度增加

43. 體積 100 立方公分，質量 80 克的物體沉入水中，則下列敘述何者錯誤？ (B)
    (A) 物體沉入水中為 4/5 體積
    (B) 再加 30 gw 的力可使物體完全沒入水中
    (C) 物體所受浮力為 80 gw
    (D) 物體的密度為 0.8 克/立方公分

44. 將密閉容器內的氣體壓縮而使其體積變小時，下列各項敘述中，何項是正確的？ (A)
    (A) 氣體壓力變大而其密度變大
    (B) 氣體壓力變小而其密度變小
    (C) 氣體壓力變大而其密度變小
    (D) 氣體壓力變小而其密度變大

45. 一木塊 (密度 0.8 g/cm³) 浮在水面 (水的密度為 1 g/cm³) 放置 (如圖一)，在不改變木塊高度用一彈簧秤稱其重量 (如圖二)，結果為 A 公克，若用彈簧秤將木塊提高 (如圖三) 稱其重量為 B 公克，則： (D)
    (A) $A=B$，$A>0$　(B) $A=B$，$A=0$　(C) $A\neq B$，$A>0$　(D) $A\neq B$，$A=0$

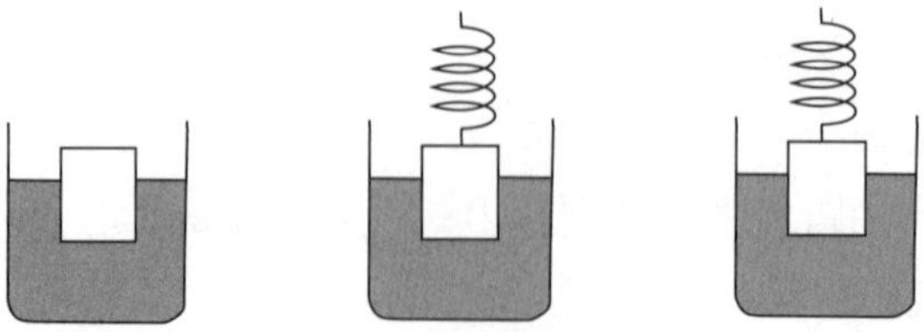

    圖一　　　圖二　　　圖三

46. 某物質量為 150 g，密度為 1.5 g/cm³，則此物完全置於水中時此物所受之浮力為： (B)
    (A) 50 gw　　(B) 100 gw　　(C) 150 gw　　(D) 0 gw

47. 水壓機大小活塞半徑比為 5：1，今於小活塞上施力 10 kgw，則於大活塞上可舉起若干 kgw？ (C)
    (A) 10　　(B) 50　　(C) 250　　(D) 500

48. 同上題，在大小活塞上的壓力比為： (D)
    (A) 5：1　　(B) 1：5　　(C) 1：25　　(D) 1：1

49. 同上題，若在小活塞上施力 10 kgw，使小活塞下壓 50 公分，則大活塞可上升若干公分？ (A)
    (A) 2　　(B) 5　　(C) 10　　(D) 50

50. 水壓機可舉起重物所應用的原理是： (C)
    (A) 波以耳定律　　(B) 連通管原理
    (C) 巴斯噶原理　　(D) 阿基米得原理

51. 有一鐵筒內盛深為 75 cm 之水，上層浮一層厚為 25 cm 比重為 0.8 之油，則筒底所受之壓力為若干 gw/cm²？ (B)
    (A) 75　　(B) 95　　(C) 100　　(D) 105

52. 一圓桶盛滿水時，桶底壓力為 20 gw/cm²，若換盛水銀時，則桶底所受壓力為若干 gw/cm²？ (A)
    (A) 20×13.6　　(B) 20/13.6　　(C) 20＋13.6　　(D) 20－13.6

53. 如右圖所示，在 U 型管內裝入水和油，當液面靜止時，下面哪兩點的壓力相同？ (D)
    (A) a、c　　(B) a、e
    (C) d、c　　(D) d、e

54. 靜止液體內某一點的壓力： (D)
    (A) 上壓力較大　　(B) 下壓力較大
    (C) 側壓力較大　　(D) 任何方向壓力相等

55. 一潛水夫在 20 公尺深的海水中工作，則該潛水夫所受的壓力大約為若干個大氣壓力？ (B)
    (A) 2　　(B) 3　　(C) 4　　(D) 5

56. A、B 兩量筒，其半徑比為 2：1，若筒內分別注入等體積的甲、乙兩種液體，甲、乙密度比為 2：1，則 A、B 兩量筒底部所受的壓力比為： (B)
    (A) 1：1　　(B) 1：2　　(C) 2：1　　(D) 1：4

57. 同上題，A、B 兩量筒底部所受的總力比為： (C)
    (A) 1：1　　(B) 1：2　　(C) 2：1　　(D) 1：4

58. 在數千公尺深的深海中，若有火山爆發，其行為當為： (C)
    (A) 如陸地上的火山爆發　　(B) 造成海嘯的原因
    (C) 岩漿在海底海床緩慢流動　(D) 以上皆非

59. 為使飛機獲得浮力，機翼上方的空氣速度必須比機翼下方的空氣速度： (A)
    (A) 快　　　(B) 慢　　　(C) 時快時慢　　(D) 沒有關係

60. 高山上煮食物不易熟，是因為： (D)
    (A) 高山上壓力大，沸點下降
    (B) 高山上壓力小，水無法到達沸點
    (C) 氣壓不穩定
    (D) 高山上壓力小，沸點降低

61. 已知大氣壓力計 (托里切利管) 內水銀柱高度為 76 cm，下列敘述何者為非？ (B)
    (A) 玻璃管加粗一倍時，水銀柱高度仍為 76 cm
    (B) 以密度為汞的一半之液體代替汞，液體高度為 38 cm
    (C) 地球對物體的重力增為兩倍，大氣壓力亦變為兩倍時，水銀柱高度仍為 76 cm
    (D) 在月球上做大氣壓 (托里切利) 實驗，水銀高度為 0 cm

62. 小華作 (1)、(2)、(3) 三次浮力實驗如右圖所示，其中金屬圓柱的體積恰與圓筒容積相同： (C)
    (1) 不在燒杯及圓筒內裝任何液體。
    (2) 在燒杯及圓筒內裝滿水。
    (3) 在燒杯及圓筒內裝滿酒精 (密度為 0.8 公克/立方公分)。
    則彈簧秤讀數之間的關係為何？
    (A) (1) > (2) > (3)
    (B) (1) < (2) < (3)
    (C) (1) = (2) = (3)
    (D) (1) = (2) > (3)

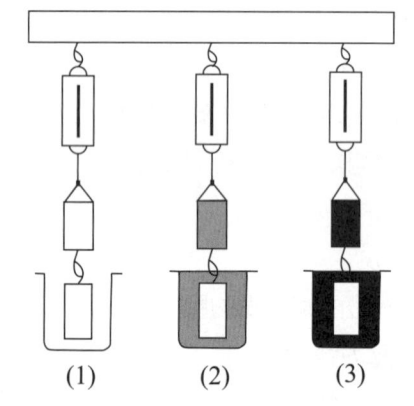

二、計算題

1. 虹吸管可用來吸取不能傾倒的容器液體充滿液體後，可抽水流出
   (1) 求管流出之末速度？
   (2) 求當 H 高提高到多少仍不致使水流中斷？

   答案：(1) $\sqrt{2gh}$ ；(2) $P_0A/\rho g$

2. 試估計一高 1.83 m 之人，其頭部與足部血液之靜壓力差 (設血液密度為 1.06×10^3 kg/m³)。

   答案：143 mm・Hg

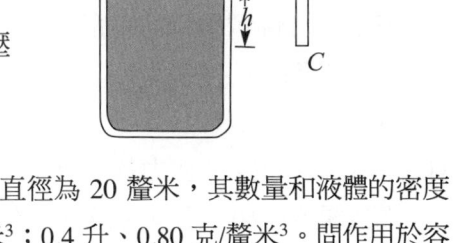

3. 有三種不互混溶的液體，倒入一個圓筒式的容器，直徑為 20 釐米，其數量和液體的密度分別為 0.5 升、2.60 克/釐米³；0.25 升、1.0 克/釐米³；0.4 升、0.80 克/釐米³。問作用於容器底面的總力是多少？

   答案：1.80×10 N

4. 假設一棵正在生長的樹幹外層木質部是均勻內徑的管，而樹液的上升全是由於毛細作用，接觸角是 45°，表面張力是 0.05 牛頓/米。問 20 米高的樹，管的半徑最大應是多少？

   答案：3.6×10^{-4} mm

5. 當氣壓為 90 毫巴時，有一氣壓計內徑為 2 毫米，若考慮毛細現象，則水銀柱之高度為多少？

   答案：70.7 cm

6. 在海面上航行時見一冰山，估計其露出水面之體積約為 10^4 立方米，此冰山之總質量約為若干？

   答案：10^8 仟克

7. 花園中的噴水管內直徑為 2.0×10^{-2} 公尺，接於含有 16 個孔的噴水器，孔的直徑為 1.0×10^{-3} 公尺，假如管中的水流速率為 1 公尺/秒，問水噴離水孔時的速率為多少？

   答案：25 公尺/秒

8. 假設空氣以水平方向穩定地流過一水平飛機機翼之上下面。流過機翼上面的速率 $v_1 = 30$ 公尺/秒，流過下面的速率 $v_2 = 24$ 公尺/秒。若機翼的面積 A = 12 公尺²，則作用於翼的向上力為若干？(空氣的密度 $\rho = 1.3$ 公斤/公尺³，機翼上下面的高度差可以忽略不計。)

   答案：2.5×10^3 牛頓

9. 水以 5 m/sec 之速度流經截面 4.0 cm² 的管子。水向下流了 10 m 時，管面積漸增至 8.0 cm²。

    (1) 下端之流速為何？

    (2) 若上端壓力為 1.50×10^5 P_a，則下端壓力為何？

    答案：(1) 2.5 m/sec；(2) 2.6×10^5 P_a

10. 一水槽滿貯水液，如在水面下 3 公尺處破了一個小洞，使水在水平方向噴出，洞的半徑甚小，如洞距槽外地面的高度為 2 公尺，試問從洞口噴出的水液 (假設為束狀)，可噴離水槽壁多遠？

    答案：4.93 公尺

11. 20 ℃ 時水的表面張力為 7.28×10^{-3} nt/m，今有一毛細管內水面比容器水面高出 20 cm，若接觸角為 60°，試求毛細管半徑若干？

    答案：3.7×10^{-6} m

12. 把半徑 50 cm 的球，切成兩個半球後，緊密相對扣合，再把內部抽成真空，需用多大的力才能將其拉開？設當時大氣壓力為 75 cm・Hg。

    答案：7.85×10^4 Nt

13. 設有一空心球殼以密度 8 g/cm³ 之合金製成，恰可在水中到處停留，求其內外半徑之比？

    答案：$r/R = 0.96$

CHAPTER 8

溫度與熱

8-1 熱平衡與溫度

如將兩塊冷熱程度不同的物體相互接觸,此兩物體會發生熱的交互作用,經過一段時間後,兩物體間的冷熱程度便會相同且不再變化,達到穩定的情況,稱之為**熱平衡**。當兩物體達到熱平衡時,其溫度必相等。而量測溫度的器材稱為**溫度計**,雖然溫度計內之量測物質 (如:水銀) 並未實際與受測物 (如:待測之液體) 互相接觸,但根據熱力學第零定律所述:三物體 A、B 和 C,當物體 A 及 B 分別與 C 達到熱平衡時,則 A 與 B 亦達成熱平衡。故溫度計可呈現熱平衡後之溫度狀況。一般常見的溫度計有水銀溫度計、熱電偶溫度計、光測溫度計及定容氣體溫度計。我們可以看出固、液、氣體都可以作為溫度計之量測物質。

而為了量化溫度,必須訂出溫標,日常生活中常用溫標有攝氏溫標 (℃) 及華氏溫標 (℉)。兩者皆是以日常生活中常見之純水在 1 大氣壓下的冰點及沸點做基準。攝氏溫標以冰點為 0 度,沸點為 100 度,之間分為 100 等分。華氏溫標以冰點為 32 度,沸點為 212 度,之間分為 180 等分。所以攝氏溫標和華氏溫標之間的換算公式為

$$T_F = 32 + \frac{9}{5} T_C \qquad (8.1)$$

另一種在科學上的常用溫標為絕對溫標,又稱為凱氏溫標 (K) (注意 K 之前不可加 °)。此溫標係利用定容氣體溫度計實

驗所得之壓力與攝氏溫度間關係外插求得。結果為當溫度到達 $-273.15\ ^\circ C$ 時，氣體壓力為 0，將之定為 0 K，稱為絕對零度。而絕對溫標與攝氏溫標之間隔相同，故其間的關係式為

$$T_K = T_C + 273.15 \tag{8.2}$$

範例 8-1

華氏溫標與攝氏溫標在何溫度時，度數相等？又在何溫度時前者為後者之 2 倍？

解：

(1) 由 (8.1) 式， $T_F = 32 + \dfrac{9}{5} T_C$

由題意 $T_F = T_C$ 時，則

$$T_F = 32 + \dfrac{9}{5} T_F$$

$$\Rightarrow -\dfrac{4}{5} T_F = 32$$

$$\Rightarrow T_F = -40 \text{ 即 } -40\ ^\circ F = -40\ ^\circ C \ \ \textbf{......Ans.}$$

(2) 若 $T_F = 2 T_C$ 時，則

$$2T_C = 32 + \dfrac{9}{5} T_C$$

$$\Rightarrow \dfrac{1}{5} T_C = 32$$

$$\Rightarrow T_C = 160\ ^\circ C \ \ \textbf{......Ans.}$$

為了要測定表層以下各層海水溫度與深度的一種儀器被稱為**顛倒溫度計** (reversing thermometer)，如圖 8-1 所示。其構造為在一玻璃管中裝有主溫度計與副溫度計，主溫度計之球部另包以水銀，並留有空間以便熱能傳入而不受外界水壓影響。當主溫度計

之球部先行入水並持續下沉時，其作用與普通溫度計同，但若在特定深度將此溫度計倒轉，水銀即行切斷，遂可記錄該深度之水溫。倒轉後，主溫度計之溫度，自深層拉至水面時，因玻璃管內溫度亦發生變化，故正確之讀數應藉玻璃管內副溫度計之溫度修正之。依外圍玻璃管之封閉與否，可分為防壓式顛倒溫度計與受壓式顛倒溫度計兩種，兩者的校正公式不同，其中受壓式顛倒溫度計更可據以推算溫度計在顛倒時之深度。(資料來源：國家教育研究院)

圖 8-1　顛倒溫度計。

8-2　熱量與比熱

　　熱量為能量的一種形式，是一種轉移中的能量，當熱傳遞到物體上之後，將使得物體的內能增加。所謂內能即為物體中的原子、分子等微觀粒子所發生的動能及位能之總和。當熱量被物體吸收或放出時，我們可觀察到的現象為物體的溫度變化或改變其物態。而熱量的傳遞是受到溫度差的驅動，必定由高溫物體傳遞到低溫物體，直到物體間達成前述之熱平衡為止。

而熱與功都是一種能量轉移的形式，但熱量係透過物體邊界造成內能的變化，不同於功是以機械方法來造成能量的轉移。簡而言之，熱與功最大的差別即其效應的不同。在探討熱量時所用的單位不再使用第四章功與能的單位焦耳，而重新定義一單位，稱為卡路里。但焦耳和卡路里之間仍有換算的方式，本節稍後再加以介紹。在公制單位中，我們定義使 1 公斤純水的溫度由 14.5 ℃ 上升到 15.5 ℃ 時，其所吸收的能量為 1 仟卡 (Kcal)。而英制單位中則定義使 1 磅純水的溫度由 63 ℉ 上升到 64 ℉ 時所吸收之能量為 1 BTU。公制與英制熱量互換公式為

$$1 \text{ 仟卡} = 3.968 \text{ BTU}$$

或

$$1 \text{ BTU} = 0.252 \text{ 仟卡} = 252 \text{ 卡 (cal)} \tag{8.3}$$

　　當物體的溫度每升高或降低攝氏 1 度時所吸收或放出之熱量，稱為該物體之熱容量 (水當量)。與該物體之質量有關。數學式為 (8.4) 式，單位為卡/℃。

$$C = \frac{\Delta H}{\Delta T} \text{ 或 } \Delta H = C \Delta T \tag{8.4}$$

而 (8.4) 式中之 ΔH 因恰可使 C 克的水產生相同的溫度變化 ΔT，故 C 又可視為水當量。

　　對於能使單位質量的物質溫度升降 1 ℃ 時所吸收或放出之熱量稱為該物質的比熱 (s)。比熱的物理意義為代表各物質升溫或降溫的難易程度，在相同的質量條件及熱量變化情形下，比熱小的物質升溫及降溫都較容易，反之則較困難。比熱的數學式為 (8.5) 式，單位為卡/克·℃。

$$s = \frac{\Delta H}{m \cdot \Delta T} = \frac{C}{m} \text{ 或 } \Delta H = m s \Delta T \tag{8.5}$$

其中 m 為質量，ΔH 為熱量變化，ΔT 為溫度變化。同一物質的比熱會隨溫度變化而改變，而非固定的常數。但因在溫度變化範圍不大時 (如由 0 ℃ 至 100 ℃)，比熱值變化量不大，故一般在計算時將比熱視為定值。表 8-1 為一些常見物質的比熱值。由表中我們可以發現水的比熱相對的比其他物質大，故水可用以調節溫度。

表 8-1　常見物質的比熱 (20 ℃，1 atm 狀況下)

物質	比熱 (cal/g · ℃)
空氣	0.24
鋁	0.214
銅	0.092
酒精 (乙醇)	0.58
玻璃	0.20
人體	0.83
冰 (-10 ℃)	0.50
鐵	0.11
鉛	0.03
水蒸氣	0.48
水	1.00
木	0.42
水銀	0.032
銀	0.054

熱量既為能量的一種，則其與力學能之間應存在一互換關係。焦耳在 1848 年首先以"焦耳實驗"精細的測定了熱與功之間的數值關係，實驗設備如圖 8-2 所示。利用質量 m 的重錘位能變化作功，造成容器內產生的摩擦阻力轉化成水及容器的熱量，並造成水和容器的溫度上升，由圖中之溫度計可量測此上升的溫度。經過許多不同比熱的液體進行實驗後，發現其功與熱量的比值均相同，即熱功當量

$$J = \frac{W}{\Delta H} \tag{8.6}$$

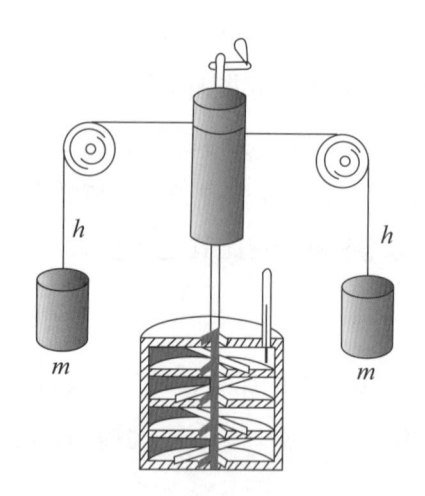

圖 8-2 焦耳實驗。

目前 J 的公認值為 4.186 焦耳/卡。事實上，功可轉換成熱之外，熱也可用以作功，就是所謂的**熱機**。在熱力學中也明白指出熱機之效率不可能達到百分之百，即熱不可能毫無損失的全部轉換為功。

範例 8-2

質量為 100 克與 200 克的兩鉛塊，分別以 250 公尺/秒與 200 公尺/秒的速率相向運動，正面碰撞後，兩塊合為一體。
(1) 碰撞後，該鉛塊的速率為何？
(2) 假設因碰撞而放出的能均變成熱，則所生的熱為幾卡？
(3) 又假設所生的熱均用於增加鉛塊的溫度，則鉛塊的溫度增加幾度？(但鉛的比熱為 0.0309 卡/克・℃)

解：
(1) 設所求速率為 $\vec{v}$，則由動量守恆得

$$0.1 \times 250 + 0.2 \times (-200) = (0.1 + 0.2)\vec{v}$$

$$\therefore \vec{v} = -50 \text{ (m/s)} \textbf{\textit{......Ans.}}$$

(2) 系統因碰撞所減少的動能為

$$\Delta E_K = \left(\frac{1}{2} \times 0.1 \times 250^2 + \frac{1}{2} \times 0.2 \times 200^2\right) - \frac{1}{2}(0.1+0.2) \times 50^2$$

$$= 6{,}750 \,(焦耳)$$

故所求熱量為 $H = \Delta E_K = 6{,}750$ 焦耳

$$= \frac{6{,}750}{4.19} \,卡 \fallingdotseq 1{,}611 \,卡 \text{ ......Ans.}$$

(3) 設所求增加溫度為 ΔT，則由所生之熱能＝鉛塊上升溫度所吸收熱量

$$\Rightarrow 1{,}611 = ms \cdot \Delta T = 300 \times 0.0309 \times \Delta T$$

$$\therefore \Delta T = 174 \,°C \text{ ......Ans.}$$

8-3 物態變化與潛熱

我們已知物質的物態有三，即**固態**、**液態**和**氣態**。當物質受熱時除溫度(即分子動能)會改變外，亦可能改變其物態(分子間的位能)。物態變化之情況如圖 8-3 所示。純物質在進行物態變化時，溫度會保持固定。如純水在 1 大氣壓下沸騰時之溫度將保持為 100 ℃，直到所有的純水都汽化為水蒸氣後，溫度才會再上升。此情形可如圖 8-4 所示。

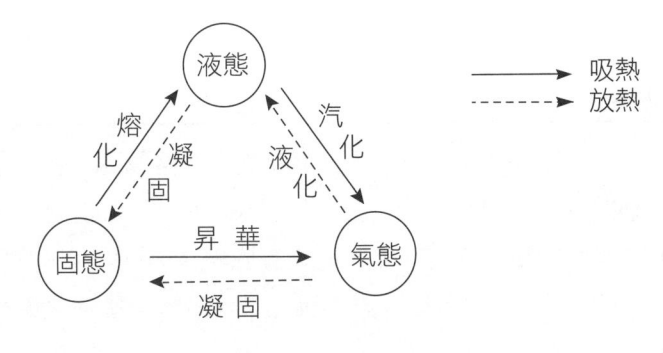

圖 8-3 三態變化圖。

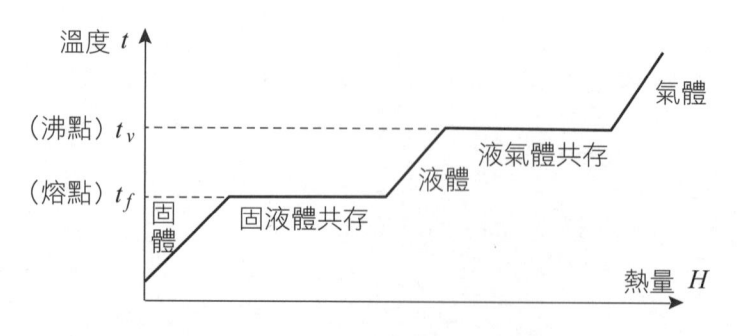

圖 8-4　三態變化時熱量與溫度圖。

　　影響物態變化的主要原因有二項，即溫度與壓力。物質凝固時，體積收縮的物質，若加大壓力，則凝固點會升高；而體積膨脹的物質，若加大壓力，則凝固點會下降，例如復冰現象的發生。上述的情形，若發生在物質熔化時，則依同樣的原理，如熔化時體積收縮者，加大壓力會使其熔點下降，反之則依此類推。而壓力對沸點的影響則由於物質汽化時體積必變大，故加大壓力會使沸點提高。

　　使單位質量的物質發生物態改變時所需的熱稱為**潛熱**。此名稱正如前面已述及之情況，即物態改變時雖有熱量變化但溫度卻保持固定，此熱量彷彿潛藏在物質中。一般將潛熱分為熔化熱 (凝固熱) 及汽化熱 (液化熱)。而液化的條件是氣體溫度在臨界溫度以下，壓力在臨界壓力以上才可能發生。常用的水的凝固熱為 80 卡/克，汽化熱為 539 卡/克。

範例 8-3

把 200 克之冷金屬塊，投入質量為 100 克、溫度為 10 ℃ 之水中，平衡後整個系統之溫度為 0 ℃，金屬塊上並附一層 10 克之冰。已知該金屬之比熱為 0.10 卡/克・℃，水之凝固熱為 80 卡/克，設整個系統沒有流失熱量，也沒有從外界獲得熱量，則該金屬塊之原來溫度為若干？

解：

設金屬塊原來溫度為 T，則由能量守恆知金屬塊升至 0 ℃ 之吸熱量等於 100 克水降至 0 ℃ 及 10 克水結冰之放熱量，即

$$200 \times 0.10 \times (0-T) = 100 \times 1 \times (10-0) + 10 \times 80$$
$$\therefore T = -90 \text{ (℃)} \quad \text{......Ans.}$$

範例 8-4

將 100 ℃ 的水蒸氣 120 克，與 0 ℃ 的冰 120 克混合於絕熱的容器內；假設蒸氣壓變化的因素可略，則達熱平衡之後剩下的水蒸氣有多少克。

解：

令剩下的水蒸氣質量為 m，則由放熱＝吸熱，得

$$(120-m) \times 539 = 120 \times 80 + 120 \times 1 \times (100-0)$$
$$\Rightarrow m \fallingdotseq 80 \text{ (克)} \quad \text{......Ans.}$$

8-4 熱的傳播

前面已說明熱的傳遞是由高溫物質傳向低溫物質 (非熱量多傳至熱量少)。主要傳播的方式有三：

1. 熱傳導

熱透過介質傳遞，但介質本身並未移動的方式為熱傳導。就其微觀而言，係介質中的原子在高溫時產生劇烈振動而與鄰近原子碰撞，進而帶動鄰近原子作次劇烈振動，依此方式逐漸影響，溫度也因此逐漸升高。其數學式為

$$\frac{\Delta H}{\Delta t} = kA \frac{\Delta T}{\Delta L} \tag{8.7}$$

其中，Δt 為傳熱時間，A 為截面積，ΔL 為 Δt 時間內傳熱距離，k 為導熱係數，$\Delta T = T_H - T_L$ (見圖 8-5)。

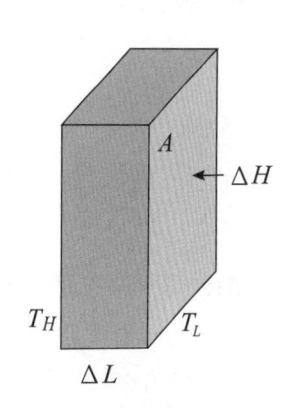

圖 8-5　熱傳導示意圖。

表 8-2 為常見物質的導熱係數。我們可以發現表中金屬類的導熱係數較高，其熱傳導能力較佳。主因在於金屬內有較多的自由電子，提高其原子碰撞之機會。

表 8-2 常見物質的導熱係數 (氣體在 0 ℃，其他約在室溫)

物質	k (仟卡/公尺-秒·℃)	物質	k (仟卡/尺-秒·℃)
鋁	4.9×10^{-2}	氧	5.6×10^{-6}
黃銅	2.6×10^{-2}	氫	3.3×10^{-5}
銅	9.2×10^{-2}	石棉	2×10^{-5}
鉛	8.3×10^{-3}	混凝土	2×10^{-4}
銀	9.9×10^{-2}	軟木	4×10^{-5}
鋼	1.1×10^{-2}	玻璃	2×10^{-4}
水銀	0.2×10^{-2}	冰	4×10^{-4}
空氣	5.7×10^{-6}	水	1.41×10^{-4}

2. 熱對流

熱經由物質攜帶而作循環的流動，使熱傳至其他部分的傳播方式稱為熱對流。如圖 8-6 所示。水受熱密度變小，受浮力驅使向上，在水面遇冷空氣，密度變小，產生向下沉的運動，圖中之箭號相連接可構成一封閉流線。熱對流的數學近似式為

$$\frac{\Delta H}{\Delta t} = hA\Delta T \tag{8.8}$$

圖 8-6 熱對流示意圖。

其中 h 稱為對流係數，常用的空氣對流係數如表 8-3。

表 8-3 空氣對流係數表 (1 atm)

裝置方式	對流係數 h (仟卡/秒-公尺²-℃)
面朝下之水平面板	$0.595 \times 10^{-3} (\Delta T)^{1/4}$
面朝上之水平面板	$0.314 \times 10^{-3} (\Delta T)^{1/4}$
垂直面板	$0.424 \times 10^{-3} (\Delta T)^{1/4}$
水平或垂直圓管 (D 為管徑)	$1.00 \times 10^{-3} \left(\dfrac{\Delta T}{D}\right)^{1/4}$

3. 熱輻射

物體由於本身的溫度，不藉任何介質而直接以電磁波的方式將熱傳播出去的方式稱為熱輻射。因電磁波行進速度與光速相同，故熱輻射為最快速的傳熱方式。通常物體溫度和其輻射出之電磁波波長有關，溫度高的物體所輻射出的電磁波波長較短；反之，溫度低的物體所輻射出的波長較長。通常熱輻射對顏色愈黑者，其發射率 e 愈高；表面狀況較粗糙者，發射率亦較高。由實驗可得熱輻射之數學式為

$$H = Ae\sigma T^4 \tag{8.9}$$

稱為**史蒂芬-波茲曼定律**，其中 A 為表面積，e 為發射率，σ 為史蒂芬-波茲曼常數，其值為 5.67×10^{-8} W/m² · K⁴。發射率 $e=1$ 之物體稱為黑體，這同時亦代表其吸收率為 1。在考慮熱輻射之問題時，就必須同時注意輻射出熱的同時也會有熱的吸收。若考慮物體本身溫度為 T，其周圍環境溫度為 T_s，表面積 A。則淨輻射之總能量為

$$H_{net} = Ae\sigma (T^4 - T_s^4) \tag{8.10}$$

注意在 $H_{net} = 0$ 時，即物體與環境達成熱平衡，但熱輻射仍持續進行，只是吸收與放出之速率相等。最後再次強調熱輻射式中之 T 必須以絕對溫標 (K) 表示。

範例 8-5

某人只穿了一件平均厚度為 2.00 公釐，面積為 1.5 平方公尺之衣服，衣服內層與皮膚之間的間隙為空氣，若皮膚溫度為 29 ℃，衣服的外層表面溫度為 22 ℃，試求因傳導經由衣服散失的熱量為若干？(已知空氣之 $k = 0.024$ W/m · ℃)

解：

利用公式 (8-7)，可得傳導所散失的熱量 H 為

$$H = kA\frac{\Delta T}{\Delta l}$$

$$= (0.024 \text{ W/m} \cdot \text{°C})(1.5 \text{ m}^2)\frac{29\text{°C} - 22\text{°C}}{0.0020 \text{ m}}$$

$$= 130 \text{ W} \quad \text{......Ans.}$$

範例 8-6

若一人立於房子內，有 1.5 平方公尺的皮膚直接暴露於空氣中，皮膚溫度為 32 °C (90 °F)，假設牆的溫度是 10 °C，試求此人之身體經由輻射每小時有若干的熱量損失？(人體對紅外線輻射的 $e = 1.0$)

解：

利用公式 (8-10)，輻射熱 H，可表示成

$$H = Ae\sigma(T^4 - T_s^4)$$
$$= (1.5 \text{ m}^2)(1.0)(5.67 \times 10^{-8} \text{ W-m}^{-2} \cdot \text{K}^{-4})[(305 \text{ K})^4 - (283 \text{ K})^4]$$
$$= 190 \text{ W}$$

在 1 小時內，人體經由輻射損失的總能量為

$$Q = Ht = (190 \text{ W})(3,600 \text{ s})$$
$$= 6.8 \times 10^5 \text{ J} \quad \text{......Ans.}$$

或

$$Q = (6.8 \times 10^5 \text{ J})\left(\frac{1 \text{ cal}}{4.186 \text{ J}}\right)\left(\frac{1 \text{ kcal}}{10^3 \text{ cal}}\right)$$
$$= 160 \text{ kcal} \quad \text{......Ans.}$$

這樣大量的能量損失將熱量傳遞至牆，除非經由人體的活動產生許多的能量，否則縱使室內的空氣溫度控制得宜，皮膚仍會感到寒冷。

8-5 熱膨脹

一般物質受熱後都會膨脹，此係由於溫度上升會使原子及分子間的平均距離增加，造成體積的變化。對於固體的熱膨脹現象可分為三種情形加以探討。

1. 線膨脹

一般細長形的物體在溫度愈高時，長度就愈大。設在溫度 T_0 時物體長度為 l_0，在溫度升至 T 時，長度變為 l。在反覆以許多物質實驗後，發現長度的變化量與下列三者有關：

(1) 材質。
(2) 溫度變化量。
(3) 物體原長。

故可得出下列之數學式，

$$\Delta l = \alpha l_0 \Delta T \tag{8.11}$$

其中 $\Delta l = l - l_0$ (長度變化量)，$\Delta T = T - T_0$ (溫度變化量)，α 為隨物質變動之線膨脹係數 (見表 8-4)。

表 8-4 常見物質的線膨脹係數

物質	$\alpha(°C)^{-1}$	物質	$\alpha(°C)^{-1}$
鋁	2.4×10^{-5}	石蠟	1×10^{-4}
黃銅	1.9×10^{-5}	鋼	1.2×10^{-5}
磚塊	1×10^{-5}	鉛	2.9×10^{-5}
混凝土	1.2×10^{-5}	銀	1.88×10^{-5}
銅	1.7×10^{-5}	鋅	2.95×10^{-5}
鑽石	1.2×10^{-6}	錫	2.25×10^{-5}
玻璃	4×10^{-6} 至 1×10^{-5}	水銀	6.1×10^{-5}
金	1.4×10^{-5}	硬橡膠	8×10^{-5}
石墨	2×10^{-6}	瓷	2.8×10^{-6}
冰	5.1×10^{-5}	木材	5×10^{-6} 至 6×10^{-5}

將 (8.11) 式改寫，Δl 以 $l - l_0$ 代入可得

$$l - l_0 = \alpha l_0 \Delta T$$
$$\Rightarrow l = l_0 (1 + \alpha \Delta T) \tag{8.12}$$

故 α 之單位為 1/°C。線膨脹在日常生活中常見的應用為複合金屬片溫控開關，利用不同線膨脹係數之兩金屬結合後，當升、降溫度時會造成其向相異的兩側彎曲，用以開關電路。而另外在日常生活中兩段鐵軌或橋面間預留縫隙，則是為避免線膨脹時造成之變形或彎曲，影響行車安全。

2. 面膨脹

當一長 l_1，寬 l_2 的矩形薄板受熱升溫 ΔT 後，原面積 $A_0 (= l_1 l_2)$ 變為 A，則數學式為

$$A = l_1 (1 + \alpha \Delta T) \times l_2 (1 + \alpha \Delta T)$$
$$= l_1 l_2 (1 + 2\alpha \Delta T + \alpha^2 \Delta T^2)$$

因線膨脹係數之因次約在 $10^{-7} \sim 10^{-5}$ 數量級，則 $\alpha^2 \approx 0$ 可忽略不計，故上式可化簡為

$$A = l_1 l_2 (1 + 2\alpha \Delta T) = A_0 (1 + 2\alpha \Delta T) \tag{8.13}$$

若我們定義一面膨脹係數，使得

$$\Delta A = \beta A_0 \Delta T = A - A_0 \tag{8.14}$$

則比較 (8.13) 與 (8.14) 式，可發現 $\beta = 2\alpha$，即面膨脹係數為線膨脹係數之兩倍。

3. 體膨脹

依面膨脹係數之推導方式，並省略 α^2 及 α^3 兩項，則可得

$$\Delta V = \gamma V_0 \Delta T = 3\alpha V_0 \Delta T \tag{8.15}$$

故體膨脹係數 $\gamma = 3\alpha$，為線膨脹係數的三倍。表 8-5 為常用液體及氣體體膨脹係數表。

表 8-5 常用液、氣體體膨脹係數表

物質	γ (1/°C)
酒精	11×10^{-4}
二硫化碳	11.4×10^{-4}
甘油	5.3×10^{-4}
石油	8.99×10^{-4}
水銀	1.8×10^{-4}
松節油	10.5×10^{-4}
橄欖油	7.2×10^{-4}
水	2.1×10^{-4}
空氣	36.7×10^{-4}
氫	36.6×10^{-4}
氮	36.7×10^{-4}

範例 8-7

一金屬圈及一金屬球分別由線膨脹係數為 α_1 及 α_2 的材料製成。已知溫度在 0 °C 時，兩者半徑分別為 r_1 及 r_2，其中 $r_1 < r_2$，若溫度在 T 時，$r'_1 = r'_2$，則 T 為若干？

解：

金屬圈作線膨脹而金屬球作體膨脹。

(1) 金屬圈：由 $l = l_0(1+\alpha_1 T) \Rightarrow 2\pi r'_1 = 2\pi r_1(1+\alpha_1 T)$

∴ $r'_1 = r_1(1+\alpha_1 T)$ ···①

(2) 金屬球：由 $V = V_0(1+\gamma T) \Rightarrow \dfrac{4}{3}\pi r'^3_2 = \dfrac{4}{3}\pi r^3_2(1+3\alpha_2 T)$

∴ $r'_2 = r_2(1+3\alpha_2 T)^{1/3}$ ···②

(3) ∵ $r'_1 = r'_2$

故由①、②聯立解之 $\Rightarrow T = \dfrac{r^3_2 - r^3_1}{3(r^3_1\alpha_1 - r^3_2\alpha_2)}$ ......Ans.

習 題

一、選擇題

1. 下列何者正確？ ... (D)
   (A) 1 克 1 ℃ 的水含熱 1 卡
   (B) 溫度高的物質含熱必較多
   (C) 兩物體有熱的交互作用，熱量必由熱含量多的傳向少的
   (D) 酒精溫度計不能測水的沸點

2. 甲、乙、丙三種不同液體，質量皆為 100 克，在同一個穩定熱源加熱得溫度和加熱時間關係圖；比熱大小關係為： ... (B)
   (A) 甲＞乙＞丙
   (B) 甲＜乙＜丙
   (C) 甲＝乙＝丙
   (D) 甲＞乙＜丙

3. 將甲乙兩物接觸時，若熱量由甲傳向乙，表示： ... (B)
   (A) 甲的質量較大
   (B) 甲的溫度較高
   (C) 乙的比熱較大
   (D) 乙的熱量較小

4. 如右為兩個固體加熱的時間與溫度關係圖，何者正確？ ... (C)
   (A) B 的熔點較高
   (B) A 的熔化熱較大
   (C) B 的質量較大
   (D) A、B 為不同物質

5. 下列何者不正確？ ... (A)
   (A) 熱空氣下降，冷空氣上升
   (B) 金屬棒傳熱比木棒快
   (C) 輻射不必靠介質
   (D) 黑色容易吸熱

6. 取 20 ℃，400 c.c. 的冷開水置於絕熱杯內，再倒入 80 ℃，200 c.c. 的熱開水達平衡時水溫為： ... (B)
   (A) 30 ℃   (B) 40 ℃   (C) 50 ℃   (D) 60 ℃

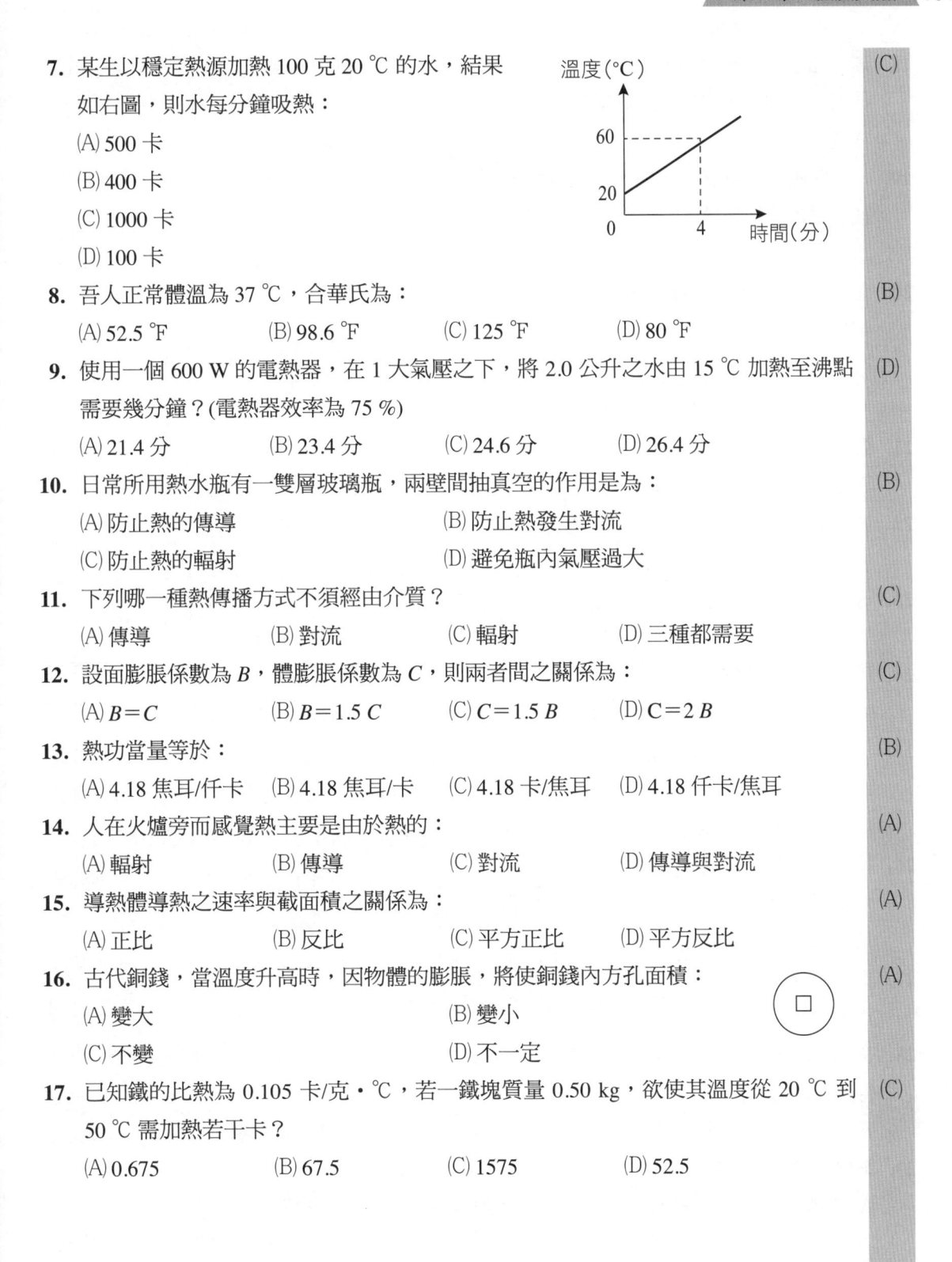

7. 某生以穩定熱源加熱 100 克 20 ℃ 的水，結果如右圖，則水每分鐘吸熱： (C)
   (A) 500 卡
   (B) 400 卡
   (C) 1000 卡
   (D) 100 卡

8. 吾人正常體溫為 37 ℃，合華氏為： (B)
   (A) 52.5 °F (B) 98.6 °F (C) 125 °F (D) 80 °F

9. 使用一個 600 W 的電熱器，在 1 大氣壓之下，將 2.0 公升之水由 15 ℃ 加熱至沸點需要幾分鐘？(電熱器效率為 75 %) (D)
   (A) 21.4 分 (B) 23.4 分 (C) 24.6 分 (D) 26.4 分

10. 日常所用熱水瓶有一雙層玻璃瓶，兩壁間抽真空的作用是為： (B)
    (A) 防止熱的傳導   (B) 防止熱發生對流
    (C) 防止熱的輻射   (D) 避免瓶內氣壓過大

11. 下列哪一種熱傳播方式不須經由介質？ (C)
    (A) 傳導 (B) 對流 (C) 輻射 (D) 三種都需要

12. 設面膨脹係數為 B，體膨脹係數為 C，則兩者間之關係為： (C)
    (A) $B=C$ (B) $B=1.5\,C$ (C) $C=1.5\,B$ (D) $C=2\,B$

13. 熱功當量等於： (B)
    (A) 4.18 焦耳/仟卡 (B) 4.18 焦耳/卡 (C) 4.18 卡/焦耳 (D) 4.18 仟卡/焦耳

14. 人在火爐旁而感覺熱主要是由於熱的： (A)
    (A) 輻射 (B) 傳導 (C) 對流 (D) 傳導與對流

15. 導熱體導熱之速率與截面積之關係為： (A)
    (A) 正比 (B) 反比 (C) 平方正比 (D) 平方反比

16. 古代銅錢，當溫度升高時，因物體的膨脹，將使銅錢內方孔面積： (A)
    (A) 變大   (B) 變小
    (C) 不變   (D) 不一定

17. 已知鐵的比熱為 0.105 卡/克・℃，若一鐵塊質量 0.50 kg，欲使其溫度從 20 ℃ 到 50 ℃ 需加熱若干卡？ (C)
    (A) 0.675 (B) 67.5 (C) 1575 (D) 52.5

18. 若已知下列金屬比熱大小為鋁 > 鐵 > 金 > 銀，對相同質量的金屬加熱，升高相同的溫度，則何者需最多之熱量？　(D)
    (A) 金　　(B) 銀　　(C) 鐵　　(D) 鋁

19. 一線膨脹係數為 α 的金屬線，在溫度 T_0 時，其長度為 L_0，若使其溫度升高 ΔT，則該金屬線之伸長量 ΔL 可表為：　(B)
    (A) $\alpha L_0 T_0$　　(B) $\alpha L_0 \Delta T$　　(C) αL_0　　(D) $L_0 \Delta T$

20. 50 克 0 ℃ 的冰與 100 克 50 ℃ 的水混合後，其最後溫度為多少？(冰的熔化熱為 80 卡/克)　(D)
    (A) 10 ℃　　(B) $\frac{10}{3}$ ℃　　(C) $\frac{5}{2}$ ℃　　(D) $\frac{20}{3}$ ℃

21. 要使 1 公升的水，溫度由 20 ℃ 上升到 60 ℃，須供應若干卡的熱量？　(A)
    (A) 40,000　　(B) 20,000　　(C) 40　　(D) 80

22. 物體膨脹的線膨脹係數 α 之單位可表為：　(A)
    (A) 1/℃　　(B) 米/℃　　(C) ℃/米　　(D) 米·℃

23. 等質量的兩種物質，若吸收或放出相同的熱量，則比熱大的物質，其溫度：　(B)
    (A) 易升易降　　(B) 難升難降　　(C) 易升難降　　(D) 難升易降

24. 甲、乙兩物接觸時，熱由甲物流至乙物，這是因為甲物有：　(C)
    (A) 較多的熱量　(B) 較大的熱容量　(C) 較高的溫度　(D) 較大的比熱

25. 下列哪一組，兩者間的溫度相同？　(D)
    (A) 0 ℉ 與 32 ℃　　　　(B) 0 ℃ 與 −273 K
    (C) 32 ℉ 與 −273 K　　(D) 0 K 與 −273 ℃

26. 將水由 1 ℃ 升溫到 4 ℃，則：　(C)
    (A) 體積、密度皆不變　　(B) 體積、密度皆變小
    (C) 體積變小、密度變大　(D) 體積變大、密度變小

27. 攝氏和華氏之讀數相同，其絕對溫度為若干 K？　(C)
    (A) 313　　(B) 273　　(C) 233　　(D) −40

28. 有一支鋼尺，在 20 ℃ 時尺上的刻度是正確的，在 0 ℃，用此尺測量物體的長度所得結果比物長為：　(A)
    (A) 大些　　(B) 相等　　(C) 小些　　(D) 與溫度無關

29. 單位質量 (1 g 質量) 升高溫度 1 度所需的熱量叫作：　(C)
    (A) 潛熱　　(B) 熱質　　(C) 比熱　　(D) 熱容量

30. 整個物體溫度升高 1 度所需的熱量叫作： (D)
   (A) 潛熱　　(B) 熱質　　(C) 比熱　　(D) 熱容量

31. 海水有調節溫度的功能，因為水的： (B)
   (A) 比熱大，溫度變化大　　(B) 比熱大，溫度變化小
   (C) 比熱小，溫度變化大　　(D) 比熱小，溫度變化小

32. 把 1 公斤之固態物質放在每秒可供應 400 卡熱源加熱如下，則比熱與熔化熱各為： (A)
   (A) 0.8 cal/g・℃，160 cal/g
   (B) 0.4 cal/g・℃，80 cal/g
   (C) 0.2 cal/g・℃，160 cal/g
   (D) 0.5 cal/g・℃，40 cal/g

33. 冰塊附近常見白霧是因為： (D)
   (A) 冰塊放出熱量
   (B) 空中的水汽化
   (C) 冰塊附近空氣昇華
   (D) 冰塊附近空氣中水蒸氣遇冷凝結為小水滴

34. 在絕熱杯內盛 400 克 60 ℃ 的水，投入 100 克 0 ℃ 的冰 (熱散失及容器影響不計)，則達熱平衡時的溫度為多少 ℃？ (B)
   (A) 48　　(B) 32　　(C) 15　　(D) 10

35. 用 50 克 20 ℃ 冷水與 100 克 60 ℃ 的熱水倒入同一瓶中散失 250 cal，則最終水溫為多少 ℃？ (C)
   (A) 25　　(B) 35　　(C) 45　　(D) 51

36. 有一 5 ℃ 的冰 10 克，欲使其變為 110 ℃ 的水蒸氣，共需加入熱量多少卡？(冰 s＝0.5 cal/g・℃，水蒸氣 s＝0.48 cal/g・℃) (A)
   (A) 7,273　　(B) 5,831　　(C) 8,235　　(D) 7,346

37. 同質量的三個金屬球，浸在沸水中，片刻後取出放在室溫 25 ℃ 的教室內，其溫度隨時間變化的情形如右所示，則比熱最大的是： (C)
   (A) A　　(B) B
   (C) C　　(D) 無法測知

38. 用發熱量均勻的瓦斯爐燒開水，容器裝有冷水 15 ℃ 加熱 34 分鐘，水溫為 100 ℃，那麼最初加熱 20 分鐘水溫應為： (A)
    (A) 65 ℃ (B) 75 ℃ (C) 25 ℃ (D) 55 ℃

39. 氣體的溫度高低表示氣體分子的平均： (C)
    (A) 動量大小 (B) 位能大小 (C) 動能大小 (D) 碰撞力量大小

40. 欲使 0.5 公斤，0 ℃ 的冰完全汽化，至少需要熱量若干卡： (A)
    (A) 3.6×10^5 (B) 7.2×10^4 (C) 4.4×10^5 (D) 2.7×10^5

41. 若冰的比熱為 0.5 卡/克·℃，則 -20 ℃，15 克冰塊加熱變成 100 ℃ 的水蒸氣須若干卡的熱量？ (B)
    (A) 吸收 9,735 卡 (B) 吸收 10,935 卡 (C) 吸收 1,650 卡 (D) 吸收 2,850 卡

42. 在熱的傳遞中，下列何者為錯？ (D)
    (A) 熱由高溫傳向低溫 (B) 空氣以對流方式傳遞熱
    (C) 光以輻射方式傳遞熱 (D) 水以傳導方式傳遞熱

43. 下列敘述何者為非？ (C)
    (A) 太陽的熱傳到地球上是由於輻射
    (B) 熱水瓶上塗上銀，是為了要減少輻射而造成之熱量損失
    (C) 熱的三種傳播方式都需要以物質為媒介才能進行
    (D) 黑色物體較白色物體易吸熱

44. 以下是某些金屬的比熱 (單位：卡/克·℃)，鋁：0.217，鐵：0.113，金：0.0316，鉛：0.031，將重量分別為 1 克的四種金屬加熱，當溫度由 250 ℃ 上升到 800 ℃ 時，何者需最多的熱量？ (A)
    (A) 鋁 (B) 鐵 (C) 金 (D) 鉛

45. 有關氣體性質量側，下列何者屬於微觀的物理量？ (A)
    (A) 平均動能 (B) 壓力 (C) 溫度 (D) 密度

46. 銅的線膨脹係數是 1.3×10^{-5}/℃，今有一銅球在 0 ℃ 時的體積是 1.000×10^3 cm³，則 30 ℃ 時的體積是： (B)
    (A) 2.02×10^5 cm³ (B) 1.001×10^3 cm³
    (C) 0.25×10^3 cm³ (D) 1.001×10^4 cm³

47. A、B 兩物體的密度之比為 2：3，A 的比熱是 0.12 卡/克·℃，B 的比熱是 0.09 卡/克·℃，當二者體積相等時，A、B 的熱容量之比 $C_A：C_B$ 的值是： (A)
    (A) 8：9 (B) 9：8 (C) 1：2 (D) 2：1

第 8 章　溫度與熱　165

48. 海水有調節溫度的功能，是因為海水比砂石之： (B)
    (A) 比熱大，溫度變化大　　　　(B) 比熱大，溫度變化小
    (C) 比熱小，溫度變化大　　　　(D) 比熱小，溫度變化小

49. 將燒紅的鐵塊投入冷水中，經過相當時間後雙方何者相等？ (D)
    (A) 熱量　　　(B) 比熱　　　(C) 熱容量　　　(D) 溫度

50. 將 100 ℃、200 g 的金屬投入 30 ℃、120 g 的水中，平衡溫度為 40 ℃，若無其他之 (A)
    熱量進出，則金屬的比熱為若干卡/克・℃？
    (A) 0.10　　　(B) 0.28　　　(C) 3.6　　　(D) 10

51. 將比熱 0.052 卡/克・℃ 的錫和比熱為 0.032 卡/克・℃ 的鉛造成之合金比熱為 0.04 (C)
    卡/克・℃，則錫與鉛混合時之質量比為：
    (A) 2：4　　　(B) 5：4　　　(C) 2：3　　　(D) 4：5

52. 用砂紙磨木頭時，施 8.5 牛頓的力去克服砂紙與木頭間之摩擦力，若外力將砂紙推 (D)
    移 0.5 公尺，其產生的熱量為若干卡？
    (A) 8.50　　　(B) 4.25　　　(C) 2.02　　　(D) 1.01

53. 1 公斤的鐵鎚，以 25 m/s 速度敲擊在地上 100 g 的銅塊，銅比熱 0.093 卡/克・℃， (B)
    假設有四分之一的力學能轉為銅塊的熱能，則此銅塊溫度增加約若干 ℃？
    (A) 1　　　(B) 2　　　(C) 3　　　(D) 4

二、計算題

1. 由長 60 公尺的鐵軌築成的鐵路，在 37 ℃ 時兩鋼軌間恰無空隙。問在 20 ℃ 時兩鋼軌間之空隙若干？又如溫度降到 7 ℃ 時，鋼鐵間的空隙有多大？
   答案：0.0123 m；0.0216 m

2. 耐熱燒杯在 20 ℃ 時裝滿水有 250 cm^3，若將其加熱在 60 ℃，結果如何？設燒杯的線膨脹係數為 3×10^{-6}/℃，水的體膨脹係數為 2.0×10^{-4}/℃。
   答案：水溢出 2 cm^3

3. 某汽車引擎每行駛 1.00 公里需要 2.00×10^6 焦耳的熱能，若汽油密度為 740 kg/m^3，燃燒熱為 4.60×10^7 J/kg，試計算該汽車行駛 1.00 公里需要多少體積的汽油。
   答案：58.8 ml

4. 一重 15 公噸的電車，以 10 m/sec 之速度行駛時，煞車令其停止，輪掣係由 8 塊各重 12 kg 的蹄鐵 (比熱 0.11 cal/g・℃) 所組成，設全部動能化為熱能，輪掣吸收其半，求其升高的溫度。
   答案：8.5 ℃

5. 某人每小時有 0.500 公升的汗水由皮膚蒸發，試問有多少熱量藉由汗水的蒸發而從人體流走？

   答案：290 kcal

6. 某物體溫度為 20.0 ℃，輻射發射率為 0.500，試求該物體單位面積之輻射功率？

   答案：209 Watt/m^2

7. 一鐘擺以黃銅做成，當溫度 15 ℃ 時此鐘恰可準確計時，則當 25 ℃ 時，每日誤差若干？

   答案：慢 8.2 sec

8. 已知銅的線膨脹係數為 17.0×10^{-6} 1/℃，問 100 ℃ 與 0 ℃ 之銅密度比值若干？

   答案：0.995

9. 使用對流式的烤箱，將溫度設定 180 ℃，在 20 分鐘內可以把一隻 9.00 公斤的火雞由 20 ℃ 升高至 24 ℃，假設火雞的比熱與人體的比熱相同，而且表面積以 0.20 平方公尺計，試求對流係數為若干？

   答案：3.3 Watt/m^2‧℃

10. 若某物體表面的輻射速率與對流速率相同，而且該物體表面溫度為 100 ℃，而周圍環境溫度為 20 ℃，假設對流係數為 5.0 W/m^2‧℃。試求輻射發射率為多少？

    答案：0.36

11. 有一銅棒長 20 公分，截面積為 10 平方公分，一端浸入沸騰的水中，而另一端泡在冰水混合液中，假設熱量的傳遞只經由銅棒傳導，試求每秒有多少克的冰熔化。

    答案：0.58 g

12. 一黑色實心銅球，半徑為 2 cm，置於真空箱內，箱壁保持 100 ℃，欲使箱內銅球溫度保持在 127 ℃。則對此球應以多大的功率供給熱能？

    答案：1.78 Watt

13. 有相同長度的鋁棒與銅棒，已知銅棒直徑為 1 公分，欲維持棒之兩端也有相同的溫度及熱傳導速率，試求鋁棒的直徑應為若干？

    答案：1.4 cm

14. 假設水由瀑布頂端落至瀑布底端時，動能完全轉換成熱能。已知 1 卡＝4.186 焦耳，若瀑布頂與底端之水溫相差 1.00 ℃，則該瀑布的高度為若干？

    答案：427 m

CHAPTER 9

氣體定律與氣體動力論

9-1 理想氣體

　　理想氣體由數目極大但體積極小之分子組成，這些分子會作不規則運動，且遵守牛頓定律。除了碰撞之外，沒有其他顯著的力作用於分子。而分子與分子間，分子與器壁間之碰撞皆屬彈性碰撞，假設碰撞時間極短，故可忽略不計。同時遵守動量和能量守恆。因為分子間的距離遠大於分子本身的半徑，因此只有在分子相撞時才會呈現出分子間的作用。分子之間不具有位能，故氣體的總能量即為其分子的總動能。

　　氣體分子的不規則運動，在任一時刻全體分子向各方向運行的機率皆相等。而由於分子總數目極大，在互相的碰撞後，總體分子的運動狀態相當複雜，但朝各方向運動的分子數目皆同樣多。

　　以上所描述之理想氣體係以微觀模型作為研究重點。一般而言，理想氣體尚有一巨觀的定義，即符合理想氣體方程式之氣體皆可稱為理想氣體。在介紹理想氣體方程式之前，我們先介紹相關的著名定律：

1. 波以耳定律

　　在定溫狀況下，密度甚小的定量氣體，其壓力 P 與體積 V 成反比，即 $PV=$ 定值，也可以數學式表達為

$$P_1V_1=P_2V_2 \tag{9.1}$$

2. 定壓下的查理-給呂薩克定律

在定壓下,密度甚小的定量氣體溫度每上升 1 ℃ 時,其體積增加了在 0 ℃ 時體積的 1/273.15。我們令 0 ℃ 時 (T_0 K),氣體體積為 V_0;若壓力固定,則 t ℃ (T K) 時的體積

$$V = V_0 \left(1 + \frac{t}{273.15}\right) = V_0 \left(\frac{T}{T_0}\right) \tag{9.2}$$

即 V/T 為定值或 $\dfrac{V_1}{T_1} = \dfrac{V_2}{T_2}$,至此我們可得一結論為體積與絕對溫度成正比。

3. 定容下的查理-給呂薩克定律

在低密度的定量氣體狀況下,若體積保持不變,則溫度每升高 1 ℃,其壓力增加了在 0℃ 時壓力的 1/273.15。我們令 0 ℃ 時 (T_0 K),氣體壓力為 P_0;若體積固定,則 t ℃ (T K) 時的壓力

$$P = P_0 \left(1 + \frac{t}{273.15}\right) = P_0 \left(\frac{T}{T_0}\right) \tag{9.3}$$

即 P/T 為定值或 $\dfrac{P_1}{T_1} = \dfrac{P_2}{T_2}$,至此我們可得一結論為壓力與絕對溫度成正比。

4. 波查合律

此即波以耳定律與查理定律之結合,內容為定量的理想氣體,其壓力 P、體積 V 與絕對溫度 T 三者之關係必會遵循 PV/T 為定值或 $\dfrac{P_1 V_1}{T_1} = \dfrac{P_2 V_2}{T_2}$。

5. 理想氣體狀態方程式

n 莫耳 (mole) 的理想氣體分子容納於體積 V 的密閉容器內,其壓力為 P,絕對溫度為 T,則其間存在著關係式

$$PV = nRT \tag{9.4}$$

其中 $R=0.08208$ l・atm/mole・K＝8.317 Joule/mole・K＝1.986 cal/mole・K，稱為理想氣體常數。應用理想氣體狀態方程式可涵蓋前述四種氣體定律。並可應用於亞佛加厥定律：P、T 固定時，V 與 n 成正比。及道耳吞分壓定律：V、T 固定時，P 與 n 成正比。

範例 9-1

某杯為 30 公分高的圓柱形。將此空杯由 1 大氣壓 (視為 10 公尺水柱高) 的水面 S 倒立壓入水中。若杯內的空氣柱長變為 20 公分，則杯內水面 P (即空氣柱的底面) 的深度 h 等於若干？

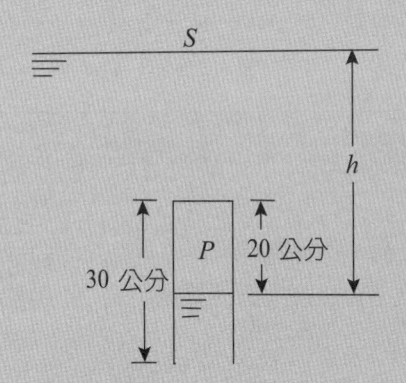

解：
設杯的截面積為 A，則由波以耳定律

$$P_1V_1 = P_2V_2$$

$$\Rightarrow 1 \times (30A) = \left(1 + \frac{h}{10}\right)(20A)$$

$$\therefore h = 5 \text{ (m)} \quad \text{......Ans.}$$

範例 9-2

某容器的體積為 45 公升，其內裝有氧氣。從此容器中排出一些氧氣後，容器內的壓力由 20 大氣壓降到 14.5 大氣壓，而容器中氧氣的溫度由 27 ℃ 降到 17 ℃。試問被排出的氧氣在 1 大氣壓和 23 ℃ 的情況下，佔有多少體積？(視氧氣為理想氣體)

解：
(1) 容器排出氧氣的莫耳數為

$$n = \frac{20 \times 45}{(273+27)R} - \frac{14.5 \times 45}{(273+17)R}$$

(2) 這些氧氣在 1 大氣壓和 23 ℃ 時，由理想氣體狀態方程式 $PV=nRT$ 得

$$1 \times V = \left(\frac{20 \times 45}{300R} - \frac{14.5 \times 45}{290R}\right) R \times (273+23)$$

∴ 所求體積 $V = 222$ (公升) ......*Ans.*

範例 9-3

一絕熱密閉容器分左、右二室，容積分別為 V 及 $2V$，中間以絕熱板隔開。左室裝入壓力為 P 之氦氣 n 莫耳，右室裝入壓力為 $2P$ 之氦氣 $2n$ 莫耳。今若將中間之隔板除去，令左、右兩室之氣體混合，則在達到熱力平衡後，容器內的溫度和混合前左室溫度之比為若干？

解：
(1) 設混合前左室之絕對溫度為 T_1，右室之絕對溫度為 T_2，則

由 $PV = nRT_1 \Rightarrow T_1 = \dfrac{PV}{nR}$

且 $(2P)(2V) = (2n)RT_2$

$\Rightarrow T_2 = 2T_1$

(2) 令混合後氣體之壓力為 P'，則

由 $PV + (2P)(2V) = P'(V+2V) \Rightarrow P' = \dfrac{5}{3}P$

又設混合後達熱平衡時容器內之絕對溫度為 T'，則由

$$\frac{混合前左室}{氣體分子莫耳數} + \frac{混合前右室}{氣體分子莫耳數} = \frac{混合後}{氣體分子莫耳數}$$

$$\Rightarrow \frac{PV}{RT_1} + \frac{(2P)(2V)}{R(2T_1)} = \frac{(3/5P)(3V)}{RT'}$$

$$\therefore \frac{T'}{T_1} = \frac{5}{3} \quad \text{......Ans.}$$

9-2 氣體溫度計

利用理想氣體狀態方程式 $PV=nRT$ 中，當定量氣體其體積若可保持不變，則壓力與溫度成正比。在實用上可製造一定容氣體溫度計，如圖 9-1 所示。其構造中 a 到 b 為彎曲的玻璃管，b 到 c 為橡皮軟管，而 c 到 d 為直玻璃管，在 p 到 q 之間充滿了水銀。由於氣體的膨脹比水銀為大，故玻璃容器的脹縮對氣體溫度計的影響會比對水銀溫度計的影響較小，故氣體溫度計較為準確。定容氣體溫度計的使用過程概述如下：

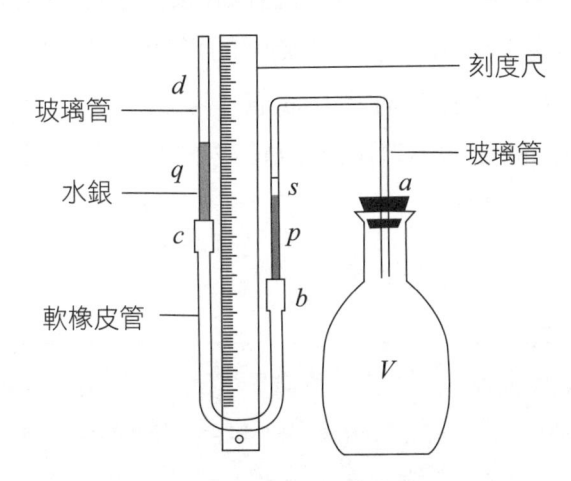

圖 9-1 定容氣體溫度計。

1. 使用橡皮軟管做為調整管內水銀面之機構，並在一特定已知溫度 (如 1 atm 下 0 ℃ 之冰水) 下定出一固定之刻度 (如圖 9-1 中之 s 點)，以此點作為容積的固定點。並令此時壓力為 P_0，絕對溫度即以 T_0 代表。

2. 再將此一已定出溫標之溫度計浸入其他未知絕對溫度 T 的液體中，由水銀面的變化可量測到壓力 P，進而根據

$$T = T_0 \cdot \frac{P}{P_0} = 273.15 \frac{P}{P_0} \quad \text{(K)} \tag{9.5}$$

可求出受測液體之絕對溫度。

　　一般而言，定容氣體溫度計最好使用惰性氣體 (如氦、氖等氣體) 製成，但因氫氣較易取得，故目前科學界作為標準溫度計的溫度計多以氫氣為填充氣體。

　　另外有一簡易的定壓氣體溫度計，如圖 9-2 所示。其原理係根據定壓時的查理-給呂薩克定律，即保持容器瓶內之氣體壓力與外界壓力相等且恆定。溫標制定時，只須將所欲量測的範圍之上下界溫標定出，再給予適當的等分刻劃即可製成一定壓氣體溫度計。

　　製作此種溫度計時應注意容器瓶在使用前必須燒乾，以免有殘留之液滴會在使用時造成蒸氣壓的影響。且瓶塞上的玻璃棒長度必須足夠，否則液柱會自試管中噴出。另外若有色液柱中含水，則瓶內的氣體不可選用 CO_2 或 NH_3 等易溶於水的化學性質，以避免造成誤差。

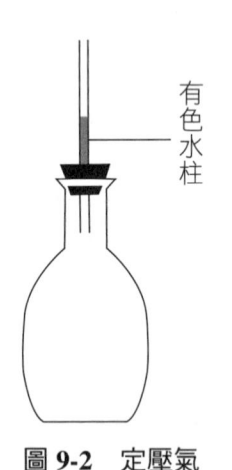

圖 9-2　定壓氣體溫度計。

範例 9-4

在「定壓氣體溫標」實驗中，以攝氏溫度 t 為橫坐標，以瓶內氣體的體積 V 為縱坐標，畫出 V-t 直線。這一直線的斜率、截距以及和 t 軸的交點分別代表什麼？

解：

令 0 °C 時之體積為 V_0，則由定壓下之查理-給呂薩克定律知

$$V = V_0 \left(1 + \frac{t}{273.15}\right) = V_0 + \frac{V_0}{273.15} t$$

⇨ V-t 圖形為一斜直線,如右圖所示。
則由圖知

(1) 斜率＝$\dfrac{V_0}{273.15}$,即氣體溫度每升高 1 ℃ 所增加之體積為

0 ℃ 時體積的 $\dfrac{1}{273.15}$ 倍。……*Ans.*

(2) 縱軸截距＝V_0,即 0 ℃ 時氣體之體積。……*Ans.*
(3) 和 t 軸之交點＝-273.15 ℃,即

絕對零度 ⇨ 體積為零時之溫度。……*Ans.*

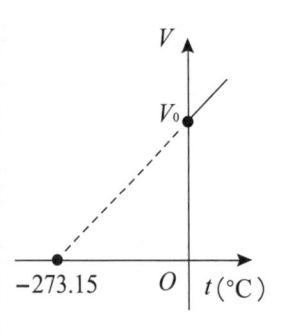

範例 9-5

已知一定容氣體溫度計,在 1 大氣壓力,0 ℃ 時左右兩管水銀面等高。將之置於一待測液體內,達平衡時之左管高出 19 cm,則待測液體之溫度若干?

解:
$$P = 76 + 19 = 95 \text{ cm·Hg}$$

由 (9.5) 式,

$$T = T_0 \times \dfrac{P}{P_0} = 273.15 \times \dfrac{95}{76} = 341.44 \text{ (K)}$$

$$= 68.29 \text{ ℃} \quad ……Ans.$$

9-3　分子運動論

　　在本章一開始時就已提及理想氣體之定義,但前述之體積、壓力、溫度、莫耳數等都是物質的巨觀量。若要對氣體各個分子的表現加以研討則必須引進微觀量,即分子本身的一些力學量。

　　假設單一分子質量為 m,在 t 秒內共有 n 個分子以垂直速度

$v_\perp$ 碰撞面積為 A 的器壁。我們可先計算其平均分子密度為

$$\frac{N}{V} = \frac{2n}{v_\perp tA} \tag{9.6}$$

式中分子部分因為 n 個分子碰撞，必有 n 個分子反彈，故在時間 t 秒內共有 $2n$ 個分子存在於體積 V 中。而器壁所受衝量為 $2nmv_\perp = Ft$，由此可得器壁之平均受力為

$$\overline{F} = \frac{2nmv_\perp}{t} \tag{9.7}$$

而壓力為

$$P = \frac{\overline{F}}{A} = \frac{2nmv_\perp}{At} \tag{9.8}$$

將 (9.6) 式代入 (9.8) 式可得

$$P = mv_\perp^2 \frac{N}{V} \tag{9.9}$$

又因分子在容器中之運動為三維的空間運動，故其垂直某一平面的機率是相等的，即

$$\overline{v_x^2} = \overline{v_y^2} = \overline{v_z^2} = \frac{1}{3}\overline{v^2} = v_\perp^2$$

故可將 (9.9) 式改寫為

$$P = \frac{1}{3} m \overline{v^2} \frac{N}{V} = \frac{1}{3} \rho \overline{v^2} \tag{9.10}$$

其中 ρ 為氣體密度，即 $\rho = \frac{mN}{V}$。

將 (9.10) 式之 V 移項可得

$$PV = \frac{2}{3} N \left(\frac{1}{2} m \overline{v^2} \right) = \frac{2}{3} N \overline{E_K} \qquad (9.11)$$

其中 $\overline{E_K}$ 稱為分子平均質心移動動能。

另外我們將理想氣體狀態方程式 (9.4) 加以比較，可得

$$nRT = \frac{2}{3} N \left(\frac{1}{2} m \overline{v^2} \right)$$

$$\Rightarrow \overline{E_K} = \frac{1}{2} m \overline{v^2} = \frac{3}{2} \frac{n}{N} RT = \frac{3}{2} kT \qquad (9.12)$$

其中 k 為波茲曼常數，定義為 $k = \dfrac{R}{N_0}$，N_0 即亞佛加厥常數，$nN_0 = N$。故 $k = 1.381 \times 10^{-23}$ Joule/K。

而 (9.12) 式代表一重要的物理意義，在微觀的觀點下，分子的平均動能與絕對溫度成正比，這就是我們在第八章曾提及的"內能"的觀念。若欲求 1 莫耳氣體分子之平均動能，則為

$$N_0 \cdot \overline{E_K} = \frac{3}{2} RT \qquad (9.13)$$

此外，我們將分子移動速率平方的平均值開根號，即 $\sqrt{\overline{v^2}}$，簡稱為"方均根速率"，代號 v_{rms}。特別注意 $v_{rms} \neq \overline{v}$。將方均根速率引入上述各式，可得一總整理式為

$$v_{rms} = \sqrt{\overline{v^2}} = \sqrt{\frac{2\overline{E_K}}{m}} = \sqrt{\frac{3kT}{m}} = \sqrt{\frac{3RK}{N_0 m}} \qquad (9.14)$$

式中 $N_0 \cdot m = M_0$，稱為克分子量，為每莫耳氣體分子之質量。由 (9.14) 式可得二重要結論：

1. 同溫下不同氣體分子之方均根速率與其克分子量之平方根成反比。即

$$\frac{v_{1rms}}{v_{2rms}} = \sqrt{\frac{M_2}{M_1}}$$

2. 同種氣體分子之方均根速率與絕對溫度之平方根成正比。即

$$\frac{v_{1rms}}{v_{2rms}} = \sqrt{\frac{T_1}{T_2}}$$

範例 9-6

邊長為 L 的正立方形容器中，裝有理想氣體，其各個分子之質量為 m，速度量值均為 v，則每面器壁受每個氣體分子撞擊之力的量值平均值為若干？

解：

令容器中的分子數為 N，而容器體積 $V = L^3$，則氣體壓力為

$$P = \frac{1}{3}mv^2 \cdot \frac{N}{V} = \frac{1}{3}mv^2 \cdot \frac{N}{L^3} = \frac{mv^2 N}{3L^3}$$

故每面器壁 (面積 $A = L^2$) 受每個分子之撞擊之力的量值平均值為

$$\frac{PA}{N} = \frac{(mv^2 N/3L^3)(L^2)}{N} = \frac{mv^2}{3L} \quad \text{……Ans.}$$

範例 9-7

1997 年諾貝爾物理獎得獎者主要的貢獻是發展出以雷射冷卻原子的方法。某實驗室以此方法將鈉原子 (^{23}Na) 冷卻後，測得這些氣態鈉原子的方均根速率為 0.20 公尺/秒；若這些鈉原子的絕對溫度為 T，且系統可視之為理想氣體，則 T 為若干？

解：

由

$$\frac{1}{2}m\overline{v^2} = \frac{3}{2}kT$$

則

$$T = \frac{m\overline{v^2}}{3k} = \frac{(23 \times 1.66 \times 10^{-27})(0.20)^2}{3 \times (1.38 \times 10^{-23})}$$

$$= 3.69 \times 10^{-5} \text{ (K)} \quad \textit{......Ans.}$$

範例 9-8

氫氣在低壓下從 127 ℃ 降至 16 ℃，則分子的方均根速率降低若干百分比？

解：

由

$$v_{rms} = \sqrt{\frac{3kT}{m}} = \sqrt{\frac{3k(273.15+127)}{m}}$$

及

$$v'_{rms} = \sqrt{\frac{3kT'}{m}} = \sqrt{\frac{3k(273.15+16)}{m}}$$

$$\Rightarrow \frac{v'_{rms}}{v_{rms}} = \sqrt{\frac{273.15+16}{273.15+127}} = 0.85 = 85\%$$

∴ 約降低 15% *......Ans.*

範例 9-9

一圓形氦氣球，直徑 1 公尺，溫度 27℃，壓力為 1 大氣壓。若有一氦分子 ($m = 6.68 \times 10^{-27}$ 公斤) 以方均根速率橫過此氣球之直徑，則需費時若干？

解：

氦分子質量 $m = 6.68 \times 10^{-27}$ 公斤，而
溫度 $T = 273.15 + 27 = 300.15$ K
則由 $\frac{1}{2}mv_{rms}^2 = \frac{3}{2}kT$ 得方均根速率

$$v_{rms}=\sqrt{\frac{3kT}{m}}$$

$$\Rightarrow v_{rms}=\sqrt{\frac{3(1.38\times 10^{-23})(300.15)}{6.68\times 10^{-27}}}=1.36\times 10^3 \text{ (公尺/秒)}$$

故氦分子通過氣球直徑 $D=1$ 公尺所需時間為

$$t=\frac{D}{v_{rms}}=\frac{1}{1.36\times 10^3}=7.4\times 10^{-4} \text{ (秒)} \quad \text{......Ans.}$$

9-4 布朗運動與分子速率的分佈

當固體微粒懸浮於流體中，會受到流體分子的碰撞而依循牛頓運動定律進行折線運動，如圖 9-3 所示。此種現象由英國的布朗首先發現，故稱為布朗運動。

對布朗運動的影響主要因素有下列幾項：

1. 固體微粒質量

當微粒質量愈大，愈不易改變運動狀態，故布朗運動較不明顯。

圖 9-3　布朗運動。

2. 固體微粒體積

當微粒體積愈大，與流體分子碰撞機率愈大，在極短時間內即形成近似平衡狀態，故布朗運動較不明顯。

3. 流體密度

當流體密度愈小時，分子與固體微粒碰撞機率愈小，不易達平衡狀態，故布朗運動較為顯著。

4. 溫度

當溫度愈高，分子速率愈大，布朗運動較為劇烈。除非降至 0 K，否則必定存在布朗運動。

由於布朗運動的存在，解釋了空氣分子雖受重力作用卻不至於全數下墜至地面。也使早期建立的氣體模型具備可信賴的證據。但布朗運動會使得精密量度設備的精確程度受限，當電子儀器因分子運動產生了雜音，稱之為詹森喧擾。為改善此一現象，常見的方式為使溫度降低，間接的減小布朗運動，則可提高精密量度設備的精確程度。

我們在 9-3 節求出氣體分子的方均根速率及平均速率，但在實際狀況中，每一個氣體分子的速率在任一瞬間都不盡相同。馬克斯威爾以統計學的方式首先繪製大量氣體分子速率的分佈圖，如圖 9-4 所示。橫軸表分子速率，縱軸 N_v 為分子速率的分佈函數，曲線下之面積代表總分子數。有三個重要的速率值需加以了

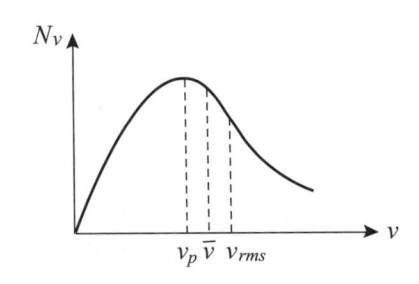

圖 9-4　分子速率分佈圖。

解,圖中 v_P 為函數圖形最高點處,即出現次數最多,最常被觀測到的速率,稱為最大可能速率 (非速率最大)。$\bar{v}$ 即為平均速率,v_{rms} 為前述之方均根速率,三者間存在著關係為

$$v_P < \bar{v} < v_{rms}$$

分子速率分佈曲線會隨溫度變化所造成之速率變化而產生不同型態的曲線,如圖 9-5 所示。當氣體的溫度升高,曲線最高點會向右移動 (因速率變大)。故圖 9-5 中之溫度關係為 $T_3 > T_2 > T_1$。而且分子總數量不變,故線下面積仍保持恆定。

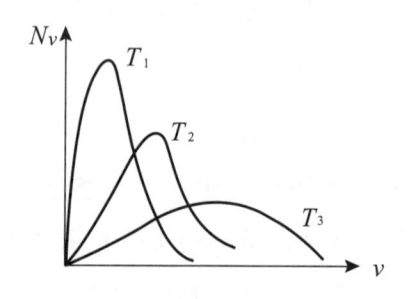

圖 9-5 溫度變化時之分子速率分佈圖。

習 題

一、選擇題

	答案
1. 對一定體積之氣體加熱，使其絕對溫度為原來 2 倍，則氣體壓力變為原來的： (A) $\frac{1}{2}$ 倍　(B) $\sqrt{\frac{1}{2}}$ 倍　(C) 2 倍　(D) 2 倍	(D)
2. 加熱密閉容器中氣體，增高溫度表示： (A) 氣體分子運動速率增大　(B) 壓力減低 (C) 氣體分子體積加大　(D) 氣體分子撞擊數減少	(A)
3. 一氣球內盛氦氣，其溫度為 27 ℃，若壓力不變，則需加熱至多少度，體積始增為 2 倍？ (A) 54 ℃　(B) 100 ℃　(C) 327 ℃　(D) 600 ℃	(C)
4. 對一定體積的氣體加熱，使其分子運動的速率增加一倍，則壓力增為原來的： (A) $\sqrt{2}$ 倍　(B) 2 倍　(C) 4 倍　(D) 以上皆非	(C)
5. 一空氣泡在深 6 米的池底體積為 1 cm^3，此時大氣壓為 760 毫米 (水銀之比重 13.6)，則其恰升至水面的體積為： (A) 1.58 cm^3　(B) 3.16 cm^3　(C) 1 cm^3　(D) 0.63 cm^3	(A)
6. 有關溫度，下列何者錯誤？ (A) 溫度愈高即物體分子的平均動能愈大 (B) 同一物體總是固態時溫度最高 (C) 溫度有最低的極限 (D) 同溫度時較輕的氣體擴散速率較大	(B)
7. 關於溫度的敘述下列何者錯誤？ (A) 溫度為物體分子動能大小的表現 (B) 兩種分子中運動較快的溫度較高 (C) 溫度有最低的極限 (D) 溫度較高的物體含熱量未必較多	(B)
8. 有關溫度的敘述，下列何者錯誤？ (A) 溫度愈高，物體分子的平均動能愈大 (B) 溫度有最低極限 (C) 同溫度時，輕的氣體分子運動速率大 (D) 用氣體測量溫度是利用氣體體積和絕對溫度之正比關係	(D)

9. 在相同溫度時，氫氣和氧氣分子之平均動能比值為：　　　　　　　　　　　　　　　　(C)
   (A) 4/9　　　　(B) 2/3　　　　(C) 1/1　　　　(D) 3/2
10. 在相同溫度時，氫氣和氧氣分子之分子平均運動速率比值為：　　　　　　　　　　　(A)
    (A) 4/1　　　　(B) 1/4　　　　(C) 1/1　　　　(D) 16/1
11. 對一定體積之氣體加熱，使其動能為原來的 2 倍，試問氣體的壓力變化為原壓力的若干倍？　　　　　　　　　　　　　　　　　　　　　　　　　　　　　　　　　　(B)
    (A) 1/2　　　　(B) 2　　　　(C) 1/4　　　　(D) 4
12. 一開口燒瓶中空氣之壓力為 1 大氣壓，溫度 20 ℃，欲將 1/4 的氣體趕出瓶外，需將瓶加熱至大約？　　　　　　　　　　　　　　　　　　　　　　　　　　　　(B)
    (A) 90 ℃　　　(B) 118 ℃　　(C) 366 ℃　　(D) 216 ℃
13. 低溫高壓下，氣體的體膨脹係數為：　　　　　　　　　　　　　　　　　　　　　(D)
    (A) 22.4 (1/℃)　(B) $\frac{1}{22.4}$ (1/℃)　(C) 273 (1/℃)　(D) $\frac{1}{273}$ (1/℃)
14. 一燒瓶中空氣之壓力為大氣壓，溫度為 20 ℃，欲將 $\frac{1}{5}$ 的氣體壓出瓶外，問瓶之溫度需加熱至：　　　　　　　　　　　　　　　　　　　　　　　　　　　　(A)
    (A) 93 ℃　　　(B) 4 ℃　　　(C) 366 ℃　　(D) 16 ℃
15. 下列物理量，何者是描述氣體性質的宏觀物理量？　　　　　　　　　　　　　　　　(D)
    (A) 平均速率　　(B) 分子動能　　(C) 分子動量　　(D) 溫度
16. 當大氣壓力為 75 cm・Hg，在深為 5.1 m，溫度為 4 ℃ 之湖底，體積為 2.77 cm^3 之氣泡升至溫度為 27 ℃ 之湖面時，其體積為若干 cm？　　　　　　　　　　　(C)
    (A) 1.35　　　　(B) 3　　　　(C) 4.5　　　　(D) 6
17. 10 ℃ 時 1 升之氣體，壓力不變之下，於何溫度時其體積變為 2 升？　　　　　　　(C)
    (A) 20 ℃　　　(B) 283 ℃　　(C) 293 ℃　　(D) 583 ℃
18. 下列何項錯誤？　　　　　　　　　　　　　　　　　　　　　　　　　　　　　　(B)
    (A) 溫度愈高，則物體分子運動愈激烈
    (B) 液體必須達到沸點才能變成氣體
    (C) 氣體擴散實驗證明氣體分子可以自由地運動
    (D) 橋樑兩端的伸縮縫是為了預留脹縮空間而設
19. 在 10 atm 及 0 ℃ 時氧體積為 22.4 升，則有氧多少莫耳？　　　　　　　　　　　(B)
    (A) 5　　　　　(B) 10　　　　(C) 20　　　　(D) 1

20. 50 克 20 ℃ 水，10 克 50 ℃ 的水，40 克 80 ℃ 的水混合，最後水溫為： (D)
   (A) 30 ℃   (B) 40 ℃   (C) 53 ℃   (D) 47 ℃

21. 一種單原子氣體在等容下由 27 ℃ 加熱至 327 ℃，平均速率變為原來的： (C)
   (A) 2 倍   (B) 4 倍   (C) $\sqrt{2}$ 倍   (D) $\frac{1}{2}$ 倍

22. 在 2 大氣壓力及 0 ℃ 下的 10 莫耳氨，其體積為： (B)
   (A) 224 升   (B) 112 升   (C) 56 升   (D) 448 升

二、計算題

1. 將氧氣裝在一個容積為 100 l 的鋼瓶內，如果鋼瓶內之壓力為 200 atm，而溫度為 27 ℃，則鋼瓶內含氧若干公克？
   答案：2.6×10^4 公克

2. 溫度 27 ℃ 時，每個氧氣分子的平均動能若干？
   答案：6.21×10^{-21} J

3. 1 莫耳的氦氣，其體積 $V = 2 \times 10^{-2}$ m³，壓力為 3 atm，試求每一分子之動能若干？
   答案：1.51×10^{-20} J

4. 氫分子的質量為 3.32×10^{-27} kg，若每秒有 10^{23} 個氫分子以與器壁法線方向成 30° 角撞擊面積 4×10^{-3} m² 的壁器，且氫分子的速率為 500 m/s，則施於器壁之壓力若干？
   答案：71.9 nt/m²

5. 一氣泡由 1 m 深的水銀中上升，初溫 20 ℃，水銀面溫度 30 ℃，若當時大氣壓力為 75 cm・Hg，則氣泡體積脹為原來若干倍？
   答案：2.4 倍

6. 太陽的表面溫度為 5,800 K，試求：
   (1) 接近太陽表面氫分子的平均動能？
   (2) 若太陽表面的壓力為 2.3×10^{-3} atm，則太陽表面氫氣分子密度若干？
   答案：(1) 1.2×10^{-19} J；(2) 2.9×10^{21} 分子/公尺³

7. 氣缸盛有氧氣，溫度為 20 ℃，壓力為 15 atm，體積 100 升。活塞降入氣缸中，使氣體體積減少 80 升，溫度升高至 25 ℃。設在此情況，氧的行徑近似理想氣體，則此時氣體壓力為何？
   答案：19 atm

8. 有一銅盒體積 50 cc (cm³)，當其冷卻至 100 K 的情況下充入清潔的氦氣，量得其壓力為 0.5 大氣壓。當銅盒溫度回升至室溫時 (20 ℃)，問銅盒內氦氣壓力為多少？

答案：1.465 atm

9. 有 0.46 克的某氣體，在 27 ℃ 及 623 mm 水銀柱壓力下，其體積為 300 毫升，求該氣體的分子量。

答案：46

CHAPTER 10

波動與聲音

10-1 波　動

在日常生活中充滿各式各樣的波,如:水波、聲波、光波、無線電波……等等,有形無形的波。故我們在本章對波動進行探討。首先我們必須強調波動傳播時,只傳送能量並不傳送物質。而波動的分類上,可依介質振動方向與波進行的方向的關係區分為:

1. 橫波 (高低波)

波進行之方向與其介質振動的方向互相垂直,如繩波與弦波。

2. 縱波 (疏密波)

波進行之方向與其介質振動的方向互相平行,如彈簧波與聲波。

而依波動是否需靠介質才可傳播之方式區分為:

1. 力學波

需靠介質傳播的波動為力學波,如聲波與繩波;又稱為機械波。

2. 非力學波

不需靠介質傳播的波動為非力學波,如光波與無線電波;又稱為電磁波。

波的傳播速度與介質本身的性質有關而與介質質點的振動速度無關。所以波在同一介質中就具有相同傳播速度，且波形亦保持不變。波動具有反射、折射、繞射及干涉等現象，在本章稍後將加以探討。

某些波是週期性的，有些則為非週期性。有週期性的波稱之為**週期波**。而非週期性波動一般稱之為**脈動**。對於波動的計算方面，波長的意義是相鄰兩波峰之間的距離，代號 λ，波行進一波長 λ 距離所需的時間稱為**週期 T**。週期 T 的倒數稱為**振動頻率 f**，即每秒鐘所產生的波數。波動通過介質的速率稱為**波速 v**，其方程式為

$$v = \lambda f = \frac{\lambda}{T} \tag{10.1}$$

波的頻率係由波源來決定，並不受到介質的影響。但前述的波速係由波通過之介質來決定，故有可能間接受影響的是波長的變化。

範例 10-1

右圖中實線為一列向右方行進的橫波在 $t=0$ 時的波形，而虛線則為此列橫波在 $t=0.5$ 秒時的波形，若此列橫波的週期為 T，且 0.3 秒 $< T < 0.5$ 秒，則此列橫波的波速為若干？

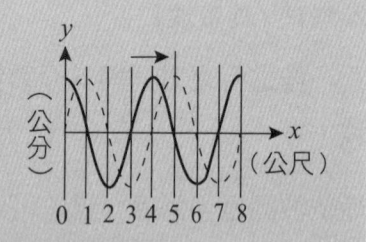

解：

橫波在一週期 T 內行進一個波長 λ 之距離，而由圖知 $\lambda = 4$ 公尺，又 0.3 秒 $< T < 0.5$ 秒，故在時間 $t = 0.5$ 秒 $> T$ 內橫波行進之距離 d λ，則由圖知 $d = 5$ 公尺，故橫波的波速 v 為

$$v = \frac{波長 \lambda}{週期 T} = \frac{行進之距離 d}{經歷之時間 t} = \frac{5}{0.5} = 10 \text{ (公尺/秒)} \quad \textit{......Ans.}$$

範例 10-2

一聲波在空氣中傳播時，波長和波速分別為 7 公分和 343 公尺/秒。若它在玻璃中傳播時波長為 1 公尺，則其波速為若干？

解：

$$f=\frac{v_a}{\lambda_a}=\frac{v_g}{\lambda_g} \Rightarrow \frac{343}{0.07}=\frac{v_g}{1}$$

∴ 聲波在玻璃中之波速 v_g＝4,900 (公尺/秒) ......***Ans.***

一般為了觀察波動現象會設計一種造浪實驗設備，如圖 10-1 所示的連續照片，即可使觀察者對波動現象有進一步的認識。

(1)　　　　　　　　　　　　(2)

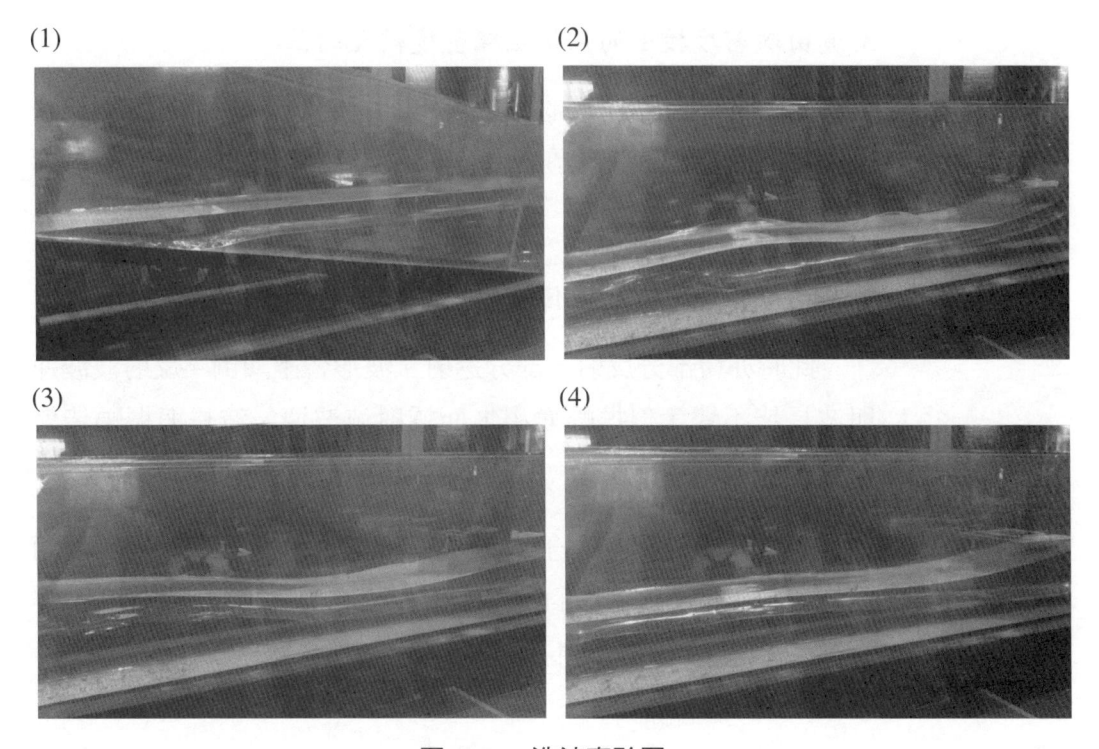

(3)　　　　　　　　　　　　(4)

圖 10-1　造浪實驗圖。

10-2　波的反射與透射

波動在行進中遇到介質的突然變化會造成波被反射，而在某些情形下，仍有部分的波動會透射到其他介質而繼續傳遞。可分成下列情形加以討論：

1. 固定端的反射

　　完全反射而無透射，反射波的波速、波長、振幅均不變，但波形與入射波波形上下顛倒 (稱為反相，即相位差 1/2)，前後相反。

2. 自由端的反射

　　完全反射而無透射，反射波的波速、波長、振幅均不變，波形與入射波波形同相，但前後仍相反。

3. 波由線密度較小的弦傳至線密度較大的弦

　　此時會部分反射，部分透射。反射波波形顛倒，波速與波長不變，但振幅變小。而透射波波形不顛倒，但波速、波長與振幅皆變小。

4. 波由線密度較大的弦傳至線密度較小的弦

　　此時亦會部分反射，部分透射。波形皆不顛倒。反射波波速與波長皆不變，但振幅變小。而透射波波速、波長與振幅皆變大。

　　在介質上某固定點的位移對時間的關係也是一個值得探討的部分。若探討簡諧振盪的情形，假設波源位於 $x=0$ 處，$t=0$ 時介質位移為 0，則於時間 t 時介質振動位移量為

$$y = A \sin\left(2\pi \frac{t}{T}\right) \tag{10.2}$$

其中 T 為週期，而 A 為簡諧運動之振幅。若考慮正 x 軸上的 x 處之介質質點，在波以波速 v 到達該處時，有一時間差，故在 x 處的介質振動時間為 $\left(t-\dfrac{x}{v}\right)$，故此點之介質振動位移量為

$$y = A\sin\left(2\pi\frac{t-\frac{x}{v}}{T}\right) = A\sin\left[2\pi\left(\frac{t}{T}-\frac{x}{vT}\right)\right]$$

由 (10.1) 式可知 $vT=\lambda$，代入上式可得

$$y = A\sin\left[2\pi\left(\frac{t}{T}-\frac{x}{\lambda}\right)\right] \tag{10.3}$$

範例 10-3

某波源可產生頻率 5 Hz，振幅 A 的簡諧波，波速 10 m/s 朝 x 軸正向傳播，試求在 $t=0$、0.025 秒、0.050 秒時之位移表示式 y。

解：

由 (10.3) 式知

$$y = A\sin\left[2\pi\left(\frac{t}{1/5}-\frac{x}{(1/5)\times 10}\right)\right]$$

則 $t=0$ 時，可得

$$y = A\sin\left[2\pi\left(-\frac{x}{2}\right)\right]$$
$$= A\sin(-\pi x) \ldots\ldots Ans.$$

$t=0.025$ 秒時，

$$y = A\sin\left[2\pi\left(\frac{0.025}{0.2}-\frac{x}{2}\right)\right]$$
$$= A\sin\left(\frac{\pi}{4}-\pi x\right) \ldots\ldots Ans.$$

$t=0.005$ 秒時，

$$y = A\sin\left[2\pi\left(\frac{0.050}{0.2}-\frac{x}{2}\right)\right]$$
$$= A\sin\left(\frac{\pi}{2}-\pi x\right) \ldots\ldots Ans.$$

若將之依時間序列繪圖，則可得波移動傳播之示意圖。

10-3 波的重疊與干涉

當兩個 (含) 以上的波動於同一介質中行進而互相交會，介質中的任意點在任意時刻的位移量為各自獨立通過時位移的向量和。當兩波正在交會進行時，合成的波動形狀與原來各波動的形狀皆不同。而當兩波交錯通過後，將保持各波動原有之一切狀況 (如波形、波速……等)，此即為**波的獨立性**。

對兩個 (含) 以上的波動在重疊時互相干擾而組成合成波的現象稱之為**波的干涉**。大致上可分為二大類：

1. 相長干涉

當兩波重疊時合成波的振幅大於任何一個原有波的振幅。如圖 10-2 所示。當兩個波同相干涉時，其合成波的振幅值等於原有兩波振幅值的和，即合成波有最大的振幅，此為完全相長干涉。

圖 10-2 相長干涉。

2. 相消干涉

當兩波重疊時合成波的振幅小於任何一個原有波的振幅。如圖 10-3 所示。當兩個波反相干涉時，其合成波的振幅值等於原有兩波振幅值的差，即合成波有最小的振幅，此為完全相消干涉。

當波動為二度空間的傳播時，如水波的傳播，若有兩同相點波源 S_1 與 S_2，兩者相距 d，發射出波長 λ 的波。在空間中另有一點 P，與兩波源之距離分別為 x_1 與 x_2，如圖 10-4 所示。兩波在 P 點上的位移可由 (10.3) 式求得為

$$y_1 = A \sin\left[2\pi\left(\frac{t}{T} - \frac{x_1}{\lambda}\right)\right]$$

$$y_2 = A \sin\left[2\pi\left(\frac{t}{T} - \frac{x_2}{\lambda}\right)\right]$$

相位角的差

$$\Delta\phi = 2\pi\frac{x_2 - x_1}{\lambda}$$

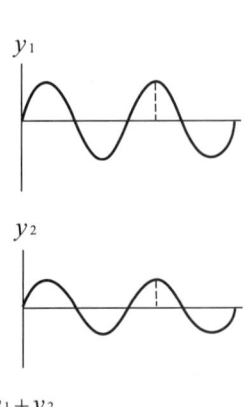

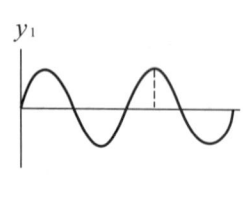

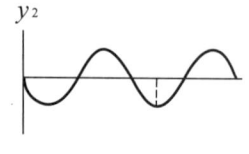

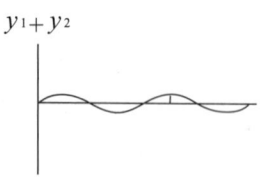

圖 10-3 相消干涉。

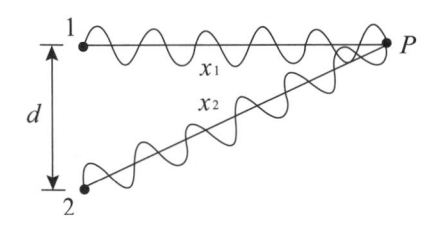

圖 10-4　二度空間中的干涉。

故令路徑差 $\Delta x = x_2 - x_1$，則可得

$$\Delta \phi = 2\pi \frac{\Delta x}{\lambda} \quad (10.4)$$

當 Δx 為 λ 之整數倍時，相位角的差值即為 2π 之整數倍，在三角函數中 $\sin(\theta + 2n\pi) = \sin\theta$，因此上述路徑差 Δx 為波長 λ 的整數倍之情形下，將出現完全相長干涉。同理可推知，當 Δx 為半波長 $\lambda/2$ 的奇數倍時；即 $\lambda/2$，$3\lambda/2$，$5\lambda/2$，……等，$\Delta \phi = 2\pi$，3π，5π……，將出現完全相消干涉。前述會出現完全相長干涉的點在一平面上可能不止一點，這些點稱為**腹點**，腹點的連線稱為**腹線**。同理，出現完全相消干涉的點稱為**節點**，其連線稱為**節線**。節線和腹線之形狀為**直線**或**雙曲線**。如圖 10-5 所示。我們可以注意到若兩點波源本身反相時，則節線與腹線的角色與同相時恰相反。前述 S_1 與 S_2 之距離 d 會影響節線數，亦即節線數目

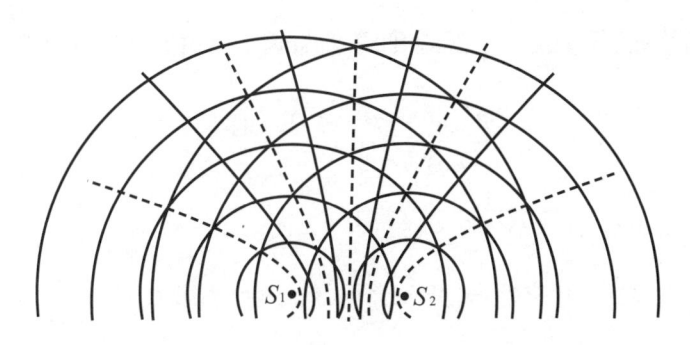

圖 10-5

$$N = 2 \cdot \left[\frac{d}{\lambda} + \frac{1}{2} \right] \tag{10.5}$$

[ ] 表高斯符號，取整數的意思。當 $\left(\frac{d}{\lambda} + \frac{1}{2} \right)$ 為整數時，$\overline{S_1 S_2}$ 連線之延長線亦為二節線。此式適用於 S_1、S_2 波源同相時。而在 S_1 與 S_2 連線 $\overline{S_1 S_2}$ 上相鄰兩節點(或兩腹點)之距離為 $\frac{\lambda}{2}$。

範例 10-4

設有相同頻率及波長的兩個波互相重疊，互相干涉，二波之振幅分別為 A 及 $3A$，則：(1) 二波之相位差為多少才能達到最大之合振幅？此時合振幅為多少？(2) 二波之相位差為多少才能達到最小之合振幅？此時合振幅為多少？(3) 如二波間之相位差為 1/4 (即相角差為 90°)，其合振幅為多少？

解：

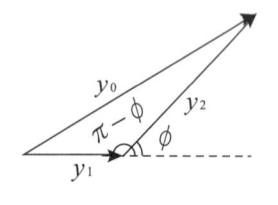

如左圖示，振幅分別為 y_1 與 y_2 且相角差為 ϕ (即相位差 $P = \phi/2\pi$，但 $1 \geq P \geq 0$) 之兩波重疊時，由重疊原理知其合成波之振幅為

$$y_0 = \sqrt{y_1^2 + y_2^2 - 2y_1 y_2 \cos(\pi - \phi)} = \sqrt{y_1^2 + y_2^2 + 2y_1 y_2 \cos\phi}$$

而依隨題意 $y_1 = A$ 及 $y_2 = 3A$ ⇒ 合振幅為

$$y_0 = \sqrt{A^2 + (3A)^2 + 2(A)(3A)\cos\phi}$$

(1) 若欲達到最大之合振幅時則須兩波同相，即相位差 $P = 0$ 時

$$\phi = 2n\pi，n = 1，2，3，\cdots$$
$$\Rightarrow \cos\phi = 1$$

$$\therefore y_0 = \sqrt{A^2 + (3A)^2 + 2(A)(3A)(1)} = 4A \quad \textbf{\textit{.....Ans.}}$$

(2) 若欲達到最小之合振幅時則須兩波反相，即相位差

$$P = \frac{1}{2} \Rightarrow \phi = (2n-1)\pi \Rightarrow \cos\phi = -1$$

$$\therefore y_0 = \sqrt{A^2 + (3A)^2 + 2(A)(3A)(-1)} = 2A \text{ ......Ans.}$$

(3) 若相位差 $P = \dfrac{1}{4} \Rightarrow \phi = \dfrac{\pi}{2} \Rightarrow \cos\phi = 0$

$$\therefore y_0 = \sqrt{A^2 + (3A)^2 + 2(A)(3A)(0)} = \sqrt{10}\, A \text{ ......Ans.}$$

範例 10-5

水波槽內有兩個振源，相距為 d，同時發出同相的水面波，其波長為 λ；當 $d = \dfrac{3\pi}{2}$ 時，則介於此二振源之間，可以見到的節線 (即水波振動位移最小處) 為若干條？

解：
因在兩振源之連線上相鄰兩節線的距離為 $\dfrac{\pi}{2}$，且依題意兩振源 S_1 與 S_2 同相，則由右圖知二振源之間節線有 2 條且為雙曲線。(二振源連線之延長線亦為節線，但在振源外側)

10-4 駐 波

在同一介質中，以相同振幅、相同頻率，反方向進行的兩諧波重疊時，其產生之合成波稱為**駐波**。駐波形成後會有某些點靜止不作振動，稱為**節點** (即**波節**)。相鄰節點間之距離為 1/2 波長。而在兩相鄰節點間中央出現位移最大的點，稱為**腹點** (即**波腹**)，總體而言，合成波之振幅為每一成分波之振幅的兩倍。駐波會在節點與節點之間形成振幅的週期性漲落，而波形不前進 (故名駐波)，但其成分波則係隨時間而前進的。故駐波不能傳遞能量，各質點均在原處作簡諧運動，只能將位能與動能來回互換。當駐波形成時，弦的端點必定固定不動，可視之為節點，而相鄰兩波節的距離為 $\dfrac{\lambda}{2}$，故弦長必須具備之條件為

$$l = \frac{n\lambda}{2}, \, n \in N \qquad (10.6)$$

移項後可得

$$\lambda = \frac{2l}{n}, \, n \in N \qquad (10.7)$$

欲在長度 l 的弦上產生駐波所需之頻率，可用 (10.1) 式結合 (10.7) 式得

$$f_n = n\frac{v}{2l}, \, n \in N \qquad (10.8)$$

當系統受到週期性振動作用，且振動的頻率接近甚至等於該系統振盪的固有頻率時，系統之振幅將會有加大的效應，這種現象稱為**共振**。一弦之共振頻率即如式 (10.8) 所述。

$n=1$ 時　$f_1 = \dfrac{v}{2l}$　為基音或第一諧音

$n=2$ 時　$f_2 = 2f_1 = \dfrac{v}{l}$　為第一泛音或第二諧音

$n=3$ 時　$f_3 = 3f_1$ 為第二泛音或第三諧音

餘類推可得。圖 10-6 為上列三情形之示意圖。

另外弦波的波速僅與弦上張力及弦之線密度 (單位長度所含之質量) 有關，故波速的數學式可為

$$v = \sqrt{\frac{F}{\mu}} \qquad (10.9)$$

式中 F 為弦上張力，μ 為弦之線密度。

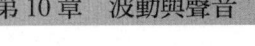

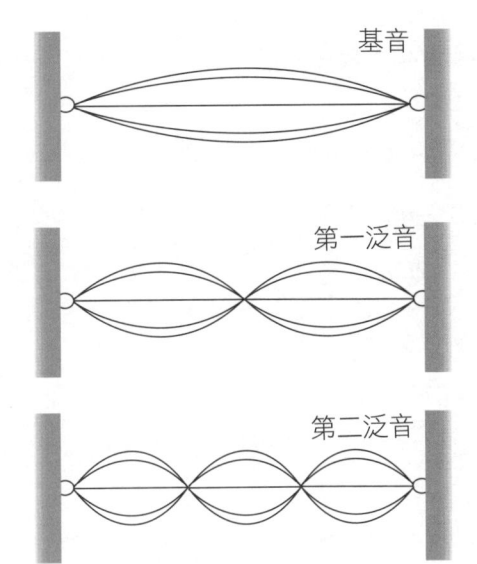

圖 10-6　駐波。

範例 10-6

把長 1 公尺的弦兩端固定。若一脈波從一端進行到另一端需時 0.05 秒，則此弦產生的振動的基音頻率為若干？

解：

脈波波速 $v = \dfrac{\text{弦長 } l}{\text{經歷時間 } t} = \dfrac{1}{0.05} = 20 \text{ (m/s)}$

此弦產生振動的最大波長為 $\lambda = 2l = 2 \times 1 = 2 \text{ (m)}$

⇨ 基音頻率 $f = \dfrac{v}{\lambda} = \dfrac{20}{2} = 10 \text{ (Hz)}$ ……Ans.

範例 10-7

弦線 A 的長度為 L，線密度為 μ，張力為 T，兩端固定。另一弦線 B，線密度為 2μ，張力為 $3T$，兩端也固定。欲使 B 弦的基音與 A 弦的第三諧音頻率相同，則 B 弦長度應為若干？

解：

由 $L=\dfrac{\lambda_A}{2}\cdot n$ 得 A 弦之駐波波長

$\lambda_A=\dfrac{2L}{n}$，$n=1、2、3\cdots\cdots$

$\Rightarrow$ 頻率 $f_A=\dfrac{v_A}{\lambda_A}=\dfrac{\sqrt{T/\mu}}{2L/n}$

$\therefore$ 第三諧音 $(n=3)$ 頻率 $f_A=\dfrac{3\sqrt{T/\mu}}{2L}$

令 B 弦長為 l，則由 $l=\dfrac{\lambda_B}{2}\cdot m$ 得駐波波長

$\lambda_B=\dfrac{2l}{m}$，$m=1、2、3\cdots\cdots$

$\Rightarrow$ 頻率 $f_B=\dfrac{v_B}{\lambda_B}=\dfrac{\sqrt{3T/\mu}}{2\,l/m}$

$\therefore$ 基音 $(m=1)\,f_B=\dfrac{\sqrt{3T/2\mu}}{2\,l}$

因為 $f_A=f_B \Rightarrow \dfrac{3\sqrt{T/\mu}}{2L}=\dfrac{\sqrt{3T/2\mu}}{2\,l}$

故 $l=\dfrac{\sqrt{6}}{6}L$ ……**Ans.**

10-5 聲 波

聲波為疏密波的一種，可視為彈性波。在固體棒中彈性波的波速大小與棒的彈性楊氏係數 Y，及棒材密度 ρ 有關，數學式為

$$v=\sqrt{\dfrac{Y}{\rho}}$$

在氣體中傳播的聲波與氣體壓力的變化有關，數學式為

$$v=\sqrt{\gamma\dfrac{P}{\delta}} \qquad (10.10)$$

其中 $\gamma = C_P/C_V$ (定壓比熱與定容比熱之比值。雙原子分子，如 H_2、N_2、O_2 等，$\gamma = 1.40$)，P 為氣體壓力，δ 為氣體密度。由 (9.14) 式知 $v_{rms} = \sqrt{\dfrac{3kT}{m}}$ 代入 (10.10) 式可得

$$v = \sqrt{\gamma \frac{P}{\delta}} = \sqrt{\gamma \frac{PV}{M}} = \sqrt{\gamma \frac{kT}{m}} = \sqrt{\frac{\gamma}{3}}\, v_{rms} \quad \textbf{(10.11)}$$

對雙原子分子氣體而言，以 $\gamma = 1.40$ 代入，可得聲速為

$$v = \sqrt{\frac{1.40 kT}{m}} \quad \textbf{(10.12)}$$

在表 10-1 中列出部分介質中聲波之傳播速率。我們可以觀察到聲音在物體中傳播速率有下列趨勢：

$$v_\text{固} > v_\text{液} > v_\text{氣}$$

表 10-1　不同介質中之聲速

介質	速率 (m/s)
空氣 (20 ℃)	343.3
空氣 (0 ℃)	331.3
氫 (0 ℃)	1286
氧 (0 ℃)	317.2
水 (15 ℃)	1450
鉛 (20 ℃)	1230
鋁 (20 ℃)	5100
銅 (20 ℃)	3560
鑄鐵 (20 ℃)	5130

同時聲速在空氣中不同溫度時會有差異，當空氣的溫度為 T ℃ 時，聲速為

$$v = 331 + 0.6\, T\ (\text{m/sec}) \quad \textbf{(10.13)}$$

範例 10-8

一聲源發出頻率 512 Hz 的聲波,當時空氣溫度 20 ℃,則聲波在空氣中波長若干?

解:

由 (10.13) 式知 20 ℃ 時之聲速為

$$v = 331 + 0.6 \times 20 = 343 \text{ (m/s)}$$

由 (10.1) 式知波長

$$\lambda = \frac{v}{f} = \frac{343}{512} = 0.67 \text{ (m)} \quad \text{......Ans.}$$

10-6 海更士原理與都卜勒效應

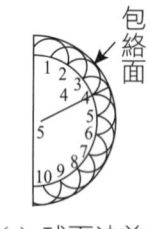

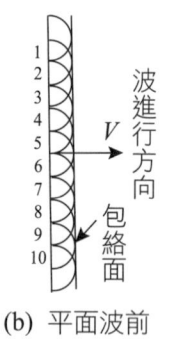

在波前上任一點皆可視為新的點波源,由此無數個新點波源所發出之球面子波之包絡面,即為新波前。如圖 10-7 所示。此稱為**海更士原理**。

利用海更士原理我們不需要知道波源所在的位置,只要依據瞬時波前的位置,即可求得之前或之後任意時刻的波前位置,波的傳播方向恆與波前垂直 (正交)。應用海更士原理則可以解釋波的繞射現象,如圖 10-8 所示。

當波源與觀測者之間有相對運動時,觀測者所測到的視頻與實際頻率將會有差異,這種現象稱為都卜勒效應。我們首先考慮聲源靜止而觀測者 O 以速率 v_0 朝著聲源 S 運動,聲源發出之頻率為 f_s,原有之聲速為 v,則 $\lambda = v/f_s$。因觀測者朝聲源接近,故單位時間內有較多的波前會通過觀測者,波前對觀測者之速率為 $v + v_0$,故視頻 f_0 可表為

$$f_0 = \frac{v + v_0}{\lambda} = \frac{v + v_0}{v/f_s} = f_s \left(1 + \frac{v_0}{v}\right)$$

(a) 球面波前

(b) 平面波前

圖 10-7 海更士原理。

圖 10-8　繞射現象。

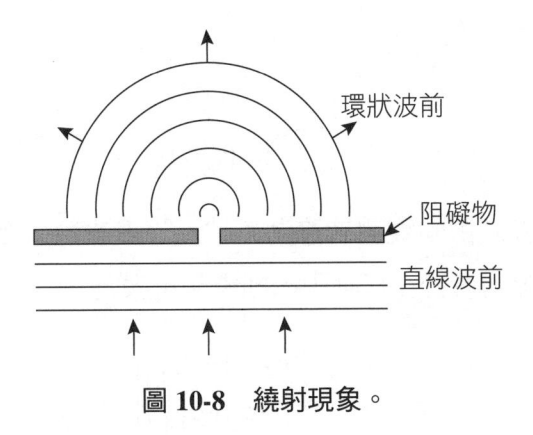

若觀測者係遠離聲源，則波前對觀測者之速率為 $v-v_0$，故視頻 f_0 可表為

$$f_0 = f_s \left(1 - \frac{v_0}{v} \right)$$

上列兩式可歸納成為

$$f_0 = f_s \left(1 \pm \frac{v_0}{v} \right) \tag{10.14}$$

式中"+"表觀者向波源移動；"−"表觀測者遠離波源。

若觀測者靜止而波源會移動的情形，與波源以 v_s 向觀測者移動時，波源在每次振動後便向觀測者靠近了 $v_s T$ 的距離 (T 為振動之週期)，故與前一個波前之距離不再等於波長 λ，而是 $\lambda - v_s T$，此即為觀測者觀測到的波長。因此視頻為

$$f_0 = \frac{v}{\lambda - v_s T} = \frac{v}{(v/f_s) - (v_s/f_s)} = \frac{f_s}{1 - (v_s/v)}$$

若聲源係遠離觀測者，則觀測到的波長為 $\lambda + v_s T$，而視頻為

$$f_0 = \frac{f_s}{1 + (v_s/v)}$$

上列兩式可歸納成為

$$f_0 = \frac{f_s}{1 \mp (v_s/v)} \tag{10.15}$$

式中"−"表波源向觀測者移動；"＋"表波源遠離觀測者。若觀測者和波源兩者皆在移動中，則視頻可表為

$$f_0 = f_s \left[\frac{1 \pm (v_0/v)}{1 \mp (v_s/v)} \right] \tag{10.16}$$

相向運動時取上側符號，反向運動時取下側符號。

範例 10-9

一頻率為 4,000 赫的聲源，在一周長為 20 公尺的水平圓形軌道上，以每秒繞一圈的等速率旋轉。假設聲速為 340 公尺/秒，則位於同一水平面上的遠處的靜止觀察者，聽到的最高頻率約為若干？

解：

由左圖示，顯而易見，聲源繞到 B 位置時，遠處的靜止觀察者 (即速率 $v_0=0$) 聽到的頻率最高，設其值為 f_0，而依題意聲源的頻率 $f_s=4,000$ 赫，聲速 $v_w=340$ 公尺/秒，又聲源在周長為 $2\pi R=20$ 公尺的水平圓形軌道上作週期為 $T=1$ 秒的等速旋轉，故聲源速率 $v_s=2\pi R/T=20/1=20$ 公尺/秒，則由都卜勒公式所求得最高頻率為

$$f_0 = \frac{v_{w0}}{v_{ws}} f_s = \frac{v_w - v_0}{v_w - v_s} f_s = \frac{340-0}{340-20} \times 4,000$$

$$= 4,250 \text{ (赫)} \quad \ldots\ldots Ans.$$

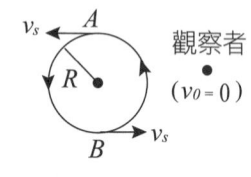

範例 10-10

一反射器以 15 公尺/秒的速度接近一個靜止聲源，聲源發出頻率為 550 赫的聲波。設空氣中的聲速為 345 公尺/秒，則在聲源處聽到的反射波頻率為多少？

解：

就聲源 (速度 $\vec{v_s}=0$，發出聲波的頻率，即實頻 $f_s=550$ 赫) 而言：反射器可視為觀察者 (速度 $\vec{v_0}=15$ m/s 接近聲源)，其所接受到入射波 (波速 $v_w=345$ m/s) 之頻率，即視頻為

$$f_0 = \frac{v_w+v_0}{v_w-v_s} f_s = \frac{345+15}{345-0} \times 550 = \frac{13,200}{23} \text{ (赫)}$$

在聲源處之觀察者 (速度 $\vec{v_0}=0$) 而言：反射器可視為反射波之聲源 (速度 $\vec{v_s'}=\vec{v_0}=15$ m/s 接近觀察者，而所發出反射波之頻率 $f_s'=f_0=\frac{13,200}{23}$ 赫)，故觀察者所聽到反射波 (波速 $v_w'=v_w=345$ m/s) 頻率，即視頻為

$$f_0' = \frac{v_w'-v_0'}{v_w'-v_s'} f_s' = \frac{3,450-0}{345-15} \times \frac{13,200}{23} = 600 \text{ (赫)} \quad \textbf{......Ans.}$$

習 題

一、選擇題

1. 波動在各種不同介質中傳播時，下列何者恆為不變？ (C)
   (A) 波長　　(B) 波速　　(C) 頻率　　(D) 頻率與波長

2. 測試交通噪音強度常用之單位是： (D)
   (A) 千赫　　(B) 毫巴　　(C) 法拉　　(D) 分貝

3. 50 分貝的聲音強度是 30 分貝聲音強度的若干倍？ (C)
   (A) 1.67　　(B) 20　　(C) 100　　(D) 1000

4. 空氣中聲音的速度決定於： (D)
   (A) 頻率　　(B) 波長　　(C) 振幅　　(D) 溫度

5. 某聲音之頻率為 170 赫茲 (Hz)，在 15 ℃ 之空氣中，其波長應為若干公尺？ (A)
   (A) 2　　(B) 3　　(C) 4　　(D) 5

6. 下列何者不屬於機械波？ (A)
   (A) 光波　　(B) 水波　　(C) 聲波　　(D) 繩波

7. 光波屬於： (B)
   (A) 縱波　　(B) 橫波　　(C) 兼具縱波、橫波兩種性質　　(D) 以上皆非

8. 下列敘述何者正確？ (D)
   (A) 橫波一定是機械波
   (B) 水波是單純的橫波
   (C) 縱波是介質振動方向和波進行方向垂直的波動
   (D) 聲波是一種縱波

9. 某飛機的飛行速度為 2 馬赫，則其速度為： (C)
   (A) 200 m/s　　(B) 聲速的 $\frac{1}{2}$　　(C) 聲速的 2 倍　　(D) 聲速

10. 在 15 ℃ 時向井口發聲，經 2 秒聽到回聲，則井深若干公尺？ (B)
    (A) 170　　(B) 340　　(C) 510　　(D) 680

11. 聲音頻率的高低稱為： (B)
    (A) 響度　　(B) 音調　　(C) 音巴　　(D) 音品

12. 決定聲音響度的因素下列何者為錯？ (D)
    (A) 強弱　　(B) 能量大小　　(C) 振幅大小　　(D) 頻率高低

13. 下列何者是電磁波？　　　　　　　　　　　　　　　　　　　　　　　　(C)
    (A) α射線　　(B) β射線　　(C) γ射線　　(D) 以上皆非
14. 兩音產生共振的條件是：　　　　　　　　　　　　　　　　　　　　　　(A)
    (A) 同頻率　　(B) 質量相同　　(C) 形狀相同　　(D) 以上皆非
15. 某電台發射電波的頻率 500 仟赫，此電波的波長為若干公尺？　　　　　　(A)
    (A) 600　　(B) 500　　(C) 1500　　(D) 800
16. 一般長笛子與短笛子的基本調是短笛子較高音，此乃聲波在笛子中產生駐波頻率　(B)
    與笛子長度成：
    (A) 正比　　(B) 反比　　(C) 平方正比　　(D) 平方反比
17. 在音樂中的 Do、Re、Mi、Fa、So、La、Si，其排列是依：　　　　　　(C)
    (A) 波長由短而長　　　　　　(B) 速度由小而大
    (C) 頻率由低而高　　　　　　(D) 振幅由小而大
18. 繩之一端繫有一振動鋼片，鋼片每秒振動 160 次，繩上形成之波長為 4 cm，則波　(B)
    在繩上傳播之速率為若干 cm/s？
    (A) 40　　(B) 640　　(C) 320　　(D) 80
19. 弦樂器中常有粗細長短不同的弦，就同一材料組成兩端被固定的弦而言，下列何　(C)
    者所發基音頻率最低？
    (A) 粗短　　(B) 細長　　(C) 粗長　　(D) 細短
20. 船隻偵測海底中物體的位置主要是利用聲波的：　　　　　　　　　　　　(A)
    (A) 反射　　(B) 折射　　(C) 繞射　　(D) 透射　作用
21. 下列有關電磁之敘述，何者為錯誤？　　　　　　　　　　　　　　　　　(B)
    (A) 電磁波能在真空中傳播
    (B) 帶電粒子在真空中等速或加速運動時可產生電磁波
    (C) 電磁波進行之方向與其電均垂直
    (D) 雷射光也是電磁波的一種
    (E) 電磁波能傳遞能量
22. 一般所謂音波，是指頻率可為人耳察覺之範圍，此頻率範圍約在：　　　　(C)
    (A) 20 赫茲以下　　　　　　(B) 200 至 2,000 赫茲
    (C) 20 至 20,000 赫茲　　　　(D) 2,000 至 20,000 赫茲
23. 水波槽實驗中，在深水區波長為 2 cm，進入淺水區波長變為 1 cm，若水波在深水　(B)
    區頻率為 10 Hz，則水波在淺水區中的頻率為若干 Hz？
    (A) 20　　(B) 10　　(C) 5　　(D) 2

24. 某週期性的水波,相鄰兩波峰間之距離為 10 cm,此波經 10 秒行進了 4 m,則此水波的頻率為若干赫茲 (Hz)? ... (A)
    (A) 4　　　(B) 40　　　(C) 0.4　　　(D) 400

25. 水波由深水區進入淺水區時,其: ... (A)
    (A) 行進方向偏向法線　　　(B) 波速變大
    (C) 頻率變小　　　(D) 波長變長

26. 甲、乙兩繩連接,今由甲繩的自由端送出一個脈動,當其傳送到接點反射時,脈動方向與原方向相反,則此脈動在哪一條繩上傳遞的速度較快? ... (A)
    (A) 甲　　　(B) 乙　　　(C) 一樣快　　　(D) 無法判斷

27. 下列因素,何者不會影響繩波的傳遞速度? ... (C)
    (A) 繩的張力　(B) 繩的密度　(C) 繩波的頻率　(D) 繩的種類

28. 一彈性介質波 (機械波) 在反射時,其波速將: ... (C)
    (A) 變大　(B) 變小　(C) 不變　(D) 有時變大有時變小

29. 有一兩端固定的弦,弦的張力 400 牛頓,弦長 50 cm,質量 5 g,則其上的弦波傳遞的速率為若干 m/s? ... (D)
    (A) 0.2　　　(B) 2　　　(C) 20　　　(D) 200

30. 聲波在固體、液體、氣體中傳播速率大小的比較為: ... (B)
    (A) 氣體 > 液體 > 固體　　　(B) 固體 > 液體 > 氣體
    (C) 氣體 > 固體 > 液體　　　(D) 固體 > 氣體 > 液體

31. 波動的振幅大小乃決定該波的: ... (C)
    (A) 週期　(B) 頻率　(C) 能量　(D) 速率　大小

32. 波的重疊理是指兩波相會時,其: ... (B)
    (A) 波速相加　(B) 位移相加　(C) 波長相加　(D) 頻率相加

33. 一波動以 60° 之入射角由介質 1 進入介質 2,折射角為 45°,則波在介質 1 中的波速 v_1 和介質 2 中的波速 v_2 比值為: ... (B)
    (A) 2/3　(B) $\sqrt{3}/\sqrt{2}$　(C) $\sqrt{2}/\sqrt{3}$　(D) $\sqrt{3}/2$

34. 某消防車的警笛頻率 1,100 Hz,以 34 m/s 速率急駛而過,若聲速 340 m/s,當消防車離去時,站在路旁的人聽到警笛的頻率為若干 Hz? ... (D)
    (A) 800　　　(B) 900　　　(C) 950　　　(D) 1,000

35. 觀測者比較火車靜止時,與火車駛近時所發出的笛聲聲波,則駛近者的笛聲聲波: ... (C)
    (A) 波長不變,頻率較高　　　(B) 波長較長,頻率較高
    (C) 波長較短,頻率較高　　　(D) 波長較短,頻率較低

36. 聲波向順風方向傳播時： (B)
    (A) 向上空折射　(B) 向地面折射　(C) 不發生折射　(D) 折射方向不定

37. 早晨可在空曠地方聽到遠處傳來的聲音，而下午則聽不到，這可說明波在介質中傳送有何種現象發生？ (B)
    (A) 干涉　(B) 折射　(C) 散射　(D) 繞射

38. 警車上的警報器發聲的頻率為 f，若警車以 u 的速度離你而去，你聽到警報器聲音的頻率將為： (C)
    (A) f　(B) 大於 f　(C) 小於 f　(D) 以上皆非

39. 一靜止火車的鳴聲頻率為 500 Hz，若移動的聽者聽到火車鳴聲頻率為 550 Hz，則聽者之運動速率為當時聲速的若干倍： (D)
    (A) 5　(B) 1/5　(C) 10　(D) 1/10

40. 吉他弦長 60 公分，若撥彈頻率 440 Hz 的基音，則弦上的波速為若干公尺/秒： (C)
    (A) 220　(B) 440　(C) 528　(D) 136

41. 若音叉振動頻率比為 2：1，則由此二音叉所發出之聲波波長比為： (D)
    (A) 2：1　(B) 4：1　(C) 1：4　(D) 1：2

42. 有關電磁波的觀念，下列何者有誤： (A)
    (A) 電磁波可透射金屬板
    (B) 微波是電磁波，電視機天線所接收的也是電磁波的一種
    (C) 聲波、超音波不是電磁波
    (D) 光波是電磁波

43. 當波在介質中傳播時，下列各項中哪一項不是波所傳遞的： (C)
    (A) 能量　(B) 波形　(C) 介質質點　(D) 擾動現象

44. 決定聲音的高低是聲波的： (B)
    (A) 波的形狀　(B) 波的頻率　(C) 波的振幅　(D) 波的速率

45. 彈奏吉他，手指在弦上移動，可以改變聲音的： (C)
    (A) 振幅　(B) 大小　(C) 頻率　(D) 音色

46. 當一個連續波進行到固定端時，其反射波和入射波的相位關係為： (B)
    (A) 同相　(B) 反相　(C) 部分同相，部分反相　(D) 無關

47. 兩聲音的頻率分別為 1,120 Hz 及 1,123 Hz，若兩聲音疊加，可得其節拍數將為： (A)
    (A) 3　(B) 1,121.5　(C) 1.5　(D) 2,243

48. 天體中的星球若正遠離地球運動，其發生光波傳至地球，吾人將可在光譜中發現： (C)

(A) 光波波長變短　　　　(B) 光波波長不變　　　　　　　　　(D)
(C) 光波波長變長　　　　(D) 頻率變小

49. 聲波可繞門而入，但光波卻不能，是因為：　　　　　　　　　(D)
   (A) 光波與聲波性質不同
   (B) 聲波可通過小孔，光波不能
   (C) 光波波長太大，聲波波長太小
   (D) 聲波波長大，光波波長太短

二、計算題

1. 一頻率為 512 Hz 的音叉產生一平面的聲波，它的振幅為 1.0×10^{-8} 公尺，沿正 x 軸方向傳遞，試寫出可描述此波的方程式，並以 x 及 t 為位移 y 的函數。
   答案：$y = (1.0 \times 10^{-8}) \sin(1024\pi t - 2.98\pi x)$ m

2. 兩個均為向上的脈波分別在一水平的弦之兩端同時產生，其中一波的振幅為 5.00 公分，另一波振幅為 3.00 公分，兩波在弦上相對地行進，試求弦上的介質振動的最大位移為若干？
   答案：8 cm

3. 已知聲速為 340 公尺/秒，光速為 3.00×10^8 公尺/秒。當你看到山頂上的閃電 3.00 秒後，伴隨聽到雷鳴，試問你與山頂之距離約為若干？
   答案：1.02 公里

4. 某吉他的弦，波速由 300 公尺/秒改變為 330 公尺/秒，試問弦的張力必須增加若干百分比？
   答案：21%

5. 一駕駛者以 25.0 公尺/秒的速率正朝向一座山的隧道行進，當他鳴喇叭後，聽到由山反射回來的回音，若喇叭的頻率為 500 Hz，試求他聽到的回音頻率為若干？
   答案：578 赫茲

6. 一聲源在空氣中朝向靜止的觀察者運動，若觀察者聽到的聲音頻率比聲源高 20%，試求聲源的移動速率。
   答案：57.3 m/s

7. 一頻率為 1,024 Hz 的音叉。以 10.0 公尺/秒的速率朝向靜止的觀察者，若聲音通過的介質分別是：(a) 空氣；(b) 水，則觀察者所聽到的頻率各是若干？
   答案：(a) 1,050 赫茲；(b) 1,030 赫茲

CHAPTER 11

光　學

11-1　光的性質

光是自然現象中的輻射能，目前共有二大派學說來解釋光的現象，分述於下：

1. 波動說

海更士於 1677 年提出了光的波動模型，以波動理論解釋光的行為。而湯瑪士於 1827 年以干涉實驗證實光的波動性。因光不需要介質即可傳播，故光波屬於一種電磁波 (將在電磁學之章節加以說明)，具備了橫波的各種性質。

2. 粒子說

牛頓在十七世紀中葉以微粒解釋光的現象，可穿過透明體，而遇到不透明體時，則被物體吸收或反射。至二十世紀初愛因斯坦、康普頓等人則提出光子的理論來支持粒子說。

至今，科學家承認光具有**兩象性**，但仍以**光波**來稱呼。而本章將以光的波動性為主要討論之方向，而光子的部分則留待書末之近代物理學再加以探討。

光在組織均勻的介質中恆沿一直線進行，若遇到障礙物則在其背後形成陰影。光在真空中的速率最高，依 1969 年之實驗值為每秒 299,792,458 公尺，一般為計算上的方便取光速 $c = 3 \times 10^8$ m/sec。而在光通過一般常見的介質時，光速必小於真空中之速率,比較光在空氣、水、玻璃中之速率,可得空氣中光速最大,其次為水中,在玻璃中為最小。針孔成像實驗用以說明光的直進理論,通過針孔成像所在紙屏上得到的是倒立實像。

對於透明體顏色的判定法,即透明體經選擇吸收後所餘下的透射色光之顏色;而不透明體顏色則是經選擇吸收後所餘下的反射色光之顏色。

當光波照射在分子微粒上時,使微粒引起共振,然後微粒再發射出光,此現象稱為**散射**。微粒體積愈小,入射波波長愈短,散射現象將愈明顯。當我們不正視太陽,仰望天空時,即因陽光中之藍光被散射,天空呈藍色;而傍晚時之夕陽因陽光通過大氣層距離長,大部分藍光被散射後,故太陽呈其互補色紅橙色。在太空中或月球表面因無空氣分子可造成散射現象,故其周圍呈黑色。

光度學的四大要素為**光度、光通量、亮度及照度**。光度為光源的發光強度之簡稱,理論上只在解釋點光源的發光強度。物理學上早期當作標準光源的是燃燒鯨魚油製成的蠟燭。目前是以黑體輻射源,加熱到 1775 ℃ (即鉑的熔點),以一平方釐米大小的發光小孔所輻射出之光稱為標準光源。光度的單位是燭光。而 1 燭光的均勻點光源在 1 立體弧度內發射的光通量稱為 1 流明 (光通量單位)。實驗室中為方便起見,常以 10 燭光的哈考爾特戊烷燈作為標準光源。另外亮度係用以描述光源之光通量,而照度則是被照物體上的光通量。照度的公式為

$$E = \frac{I}{r^2} \cos\theta \qquad (11.1)$$

其中 E 表照度,即單位面積上之光度。單位為米燭光或勒克斯 (Lux)。I 表光度,單位燭光。r 為光源與被照物之距離,θ 為入射線與法線間之夾角 (即光之入射角)。

11-2 光的反射與折射

　　光由一介質斜射到另一種介質的時候，在兩者的界面上會出現反射現象及折射現象，如圖 11-1 所示。圖中與界面垂直且通過入射點之直線稱為法線，入射線與法線之夾角 θ 為入射角，反射線與法線之夾角為反射角亦等於 θ。另外折射線與法線的夾角 θ' 則稱為折射角。

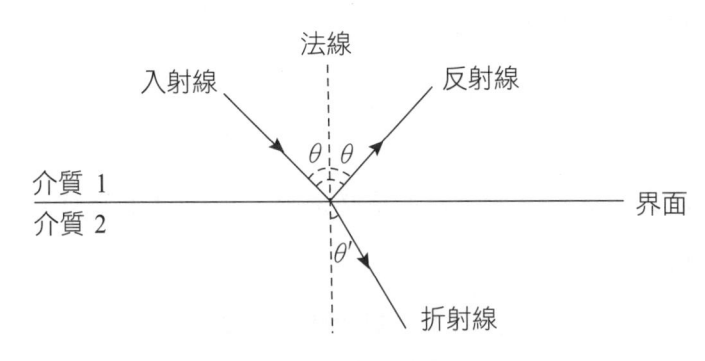

圖 11-1　反射與折射之情形。

　　在實際的情形下，光可能完全反射而無穿透界面，就像鏡子一樣。而無論是否穿透界面，反射發生時必定遵守反射定律，且反射定律適用於任何形狀的反射面，其內容為：

第一定律：入射光線與反射光線各位於法線的兩側，且三線共平面。

第二定律：入射角等於反射角。

　　若物體表面為粗糙不平時，當平行光平行入射，反射光朝各個不同方向反射，各條反射光均遵守反射定律，因而才能在不同位置都可看見物體的存在。如圖 11-2 所示。稱為**漫射**。

　　當光線在不同的介質行進時，會因為傳播速率不同而造成行進方向的改變，此現象即為前述之折射。折射現象必遵守折射定律，即

(1) 第一定律：入射線與折射線各在法線的兩側，且三線共平面。

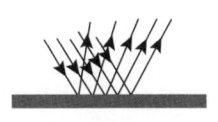

圖 11-2　漫射。

(2) 第二定律 (又稱司乃耳定律)：入射角的正弦與折射角的正弦之比值為一定值，數學式為

$$\frac{\sin \theta}{\sin \theta'} = 定值 \tag{11.2}$$

由實驗中知，光在真空中行進的速率比在任何介質中都要快，若光速在真空中定為 c，而在某一介質之光速為 v，則定義此介質之折射率 n 為

$$n = \frac{c}{v} \tag{11.3}$$

因前述之光速 c 必大於 v，故 n 必大於 1，表 11-1 為常見的一些物質之折射率。

表 11-1　常見物質折射率

物　質	折射率	物　質	折射率
空氣 (一大氣壓 20 ℃)	1.0003	冰	1.31
水	1.33	玻璃	1.5-1.9
酒精	1.36	石英結晶	1.54
油酸	1.46	食鹽 (晶體)	1.54
甘油	1.47	鑽石	2.42

由於光具有波動性質，故光速的大小與其波長和頻率的關係式如 (10.1) 式 $v = \lambda f$。在第十章曾描述波動在不同介質中行進，其頻率是不變的，故光在不同介質中行進時，速度便與波長成正比。令光在真空中的波長為 λ_0，當其進入一個折射率為 n 的介質後，波長若為 λ，則折射率亦可表為

$$n = \frac{c}{v} = \frac{\lambda_0}{\lambda}$$

即

$$\lambda = \frac{\lambda_0}{n} \tag{11.4}$$

而折射率 n 又等於 $\sin\theta$ 與 $\sin\theta'$ 之比值，故司乃耳定律之定值即為折射率。但如果光波並非由真空入射介質中，而是由介質 1 到介質 2 時，可令在介質 1 中之光速為 v_1，介質 2 中之光速為 v_2，可得一相對折射率為

$$n_{12} = \frac{v_1}{v_2} = \frac{c/v_2}{c/v_1} = \frac{n_2}{n_1} = \frac{\sin\theta_1}{\sin\theta_2} \tag{11.5}$$

光線若由折射率較小的光疏介質進入折射率較大的光密介質時，因 $n_{12} > 1$，故 $\theta_1 > \theta_2$，即折射線將偏向法線，如圖 11-3 所示。反之則折射線將偏離法線。

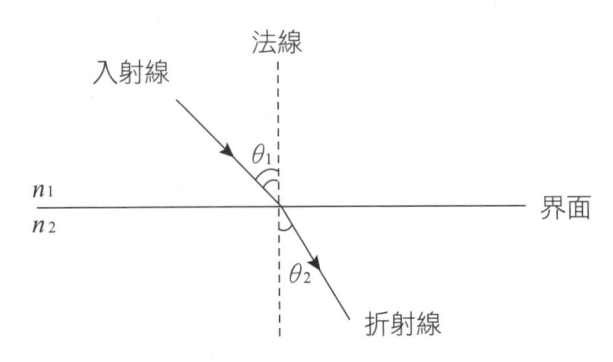

圖 11-3 光由光疏介質進入光密介質之情形 ($n_1 < n_2$)。

範例 11-1

兩個折射率為 n_1 及 n_2 之等腰直角稜鏡重疊在一起，如右圖所示。一束光線垂直射入第一稜鏡，若它離開第二稜鏡時與原入射方向之夾角為 ϕ，則 $\sin\phi$ 為若干？

解：
因光在 A 點垂直入射，故不生折射，而到達 B 點時產生入射角 $45°$，折射角 θ 的折射，則由司乃耳定律得

$$n_1 \sin 45° = n_2 \sin\theta \Rightarrow \sin\theta = \frac{n_1}{\sqrt{2}\, n_2}$$

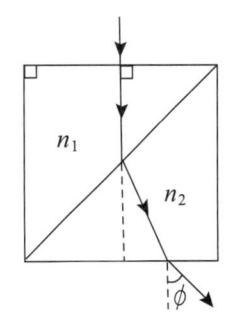

而 $$\cos\theta = \sqrt{1-\sin^2\theta} = \frac{\sqrt{2n_2^2 - n_1^2}}{\sqrt{2}\,n_2}$$

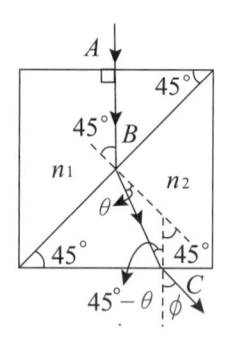

折射光繼續前進到 C 點時，產生入射角 $45°-\theta$，折射角 ϕ 的折射，則由司乃耳定律得 (見左圖)

$$n_2 \sin(45°-\theta) = 1 \times \sin\phi$$

$$\Rightarrow \sin\phi = n_2(\sin 45° \cos\theta - \cos 45° \sin\theta)$$

$$= \frac{n_2}{\sqrt{2}}(\cos\theta - \sin\theta)$$

$$\therefore \sin\phi = \frac{n_2}{\sqrt{2}}\left[\frac{\sqrt{2n_2^2 - n_1^2}}{\sqrt{2}\,n_2} - \frac{n_1}{\sqrt{2}\,n_2}\right]$$

$$= \frac{1}{2}\left[\left(2n_2^2 - n_1^2\right)^{\frac{1}{2}} - n_1\right] \text{......Ans.}$$

範例 11-2

光線以 45° 之入射角射入厚 10 公分的平行玻璃板，其中部分光線自頂面反射，另一部分光線經折射後，由底面反射，再由頂面折射而出，如下圖所示。若空氣的折射率為 1，玻璃板的折射率為 $\sqrt{2}$，則第 2 反射光線與第 1 反射光線的距離 D 為多少公分？

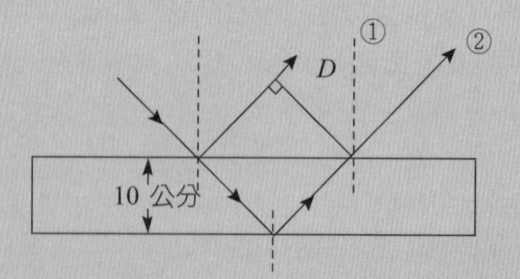

解：
由司乃耳定律知

$1 \times \sin 45° = \sqrt{2} \sin \theta$

$\Rightarrow \theta = 30°$，則由右圖知：

$D = \overline{AC} \cos 45°$

$= (2d \tan \theta) \cos 45°$

$\therefore D = (2 \times 10 \times \tan 30°) \cos 45°$

$= \dfrac{20}{\sqrt{6}}$ (cm) ......**Ans.**

當光線由光密介質進入光疏介質時，由 (11.5) 式知折射角 θ' 會大於入射角 θ，即前述之折射線將偏離法線。在入射角逐漸增大時，折射角也會增大。而當入射角增大到某一種程度時，折射角會率先達到 90°，此時如果入射角再增大，光線即無法折射穿出界面，所有的入射光線將全部反射而回，此現象稱為**全反射**。在全反射發生時，界面猶如平面鏡，入射角等於反射角仍成立，如圖 11-4 所示。

而由司乃耳定律知

$$n_1 \sin \theta_c = n_2 \sin 90°$$

故

$$\sin \theta_c = \dfrac{n_2}{n_1} = n_{12} \tag{11.6}$$

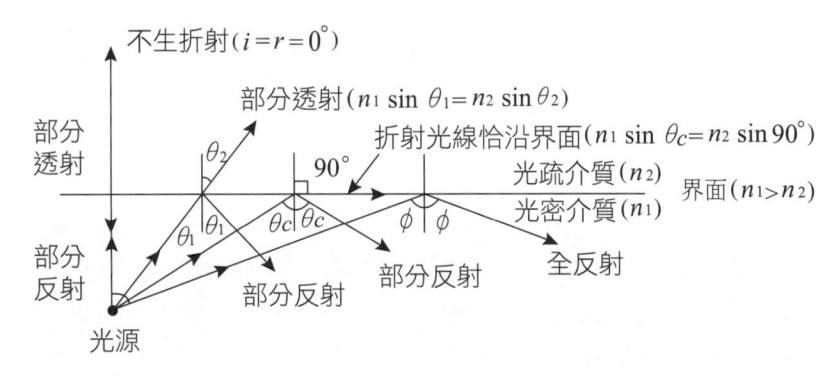

圖 11-4 全反射。

此式中之 θ_c 稱為臨界角，物理意義為發生全反射所需之最小入射角 (即折射角為 90° 時之入射角)。從 (11.6) 式中我們可以知道相對折射率 n_{12} 中的 n_1 必須大於 n_2 (光密介質到光疏介質)，故由表 11-1 中可查到若光分別由鑽石和玻璃中射入空氣，由於鑽石的絕對折射率大於玻璃，故兩者對空氣之臨界角必定為 $\theta_{c\,玻璃} > \theta_{c\,鑽石}$。這就是鑽石以肉眼判斷時其光澤比玻璃為亮的原因。

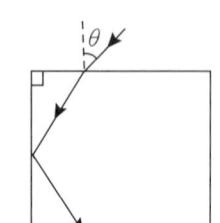

範例 11-3

光由空氣 (折射率＝1) 以入射角 θ 射入方形透明玻璃磚內，且希望光線在玻璃的垂直面作全反射 (如左圖)，則此玻璃磚之折射率最少應為若干？

解：

令玻璃折射率為 n，則由司乃耳定律得

$1 \times \sin \theta = n \sin r \Rightarrow n \sin r = \sin \theta$ ……………①

欲在垂直面作全反射，則 $90°-r$ 大於臨界角 θ_c

故 $\sin (90°-r) > \sin \theta_c$

$\Rightarrow n \sin (90°-r) > n \sin \theta_c$

但 $n \sin \theta_c = 1 \times \sin 90° = 1$ 代入上式並化簡之得

$n \cos r > 1$ ……………②

由 ①² + ②² $\Rightarrow (n \sin r)^2 + (n \cos r)^2 > \sin^2 \theta + 1$

$\Rightarrow n > \sqrt{1 + \sin^2 \theta}$ ……**Ans.**

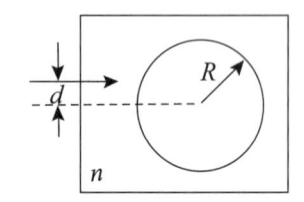

範例 11-4

在一折射率為 n 的介質中，有半徑為 R 的圓洞，洞內為真空。今有一光束自介質射向圓洞，如左圖所示。如果不讓光束射入洞內，則距離 d 的最小值為若干？

解：
若不讓光束射入洞內 (真空折射率 $n'=1$)，則須入射角 $\theta \geq$ 臨界角 θ_c，
故 $n \sin\theta \geq n \sin\theta_c$
又由司乃耳定律知 $n \sin\theta_c = n' \sin 90° = 1 \times 1$

代入上式得 $n \sin\theta \geq 1$
而由圖知 $\sin\theta = \dfrac{\overline{AB}}{\overline{OA}} = \dfrac{d}{R}$ $\Rightarrow d \geq \dfrac{R}{n}$

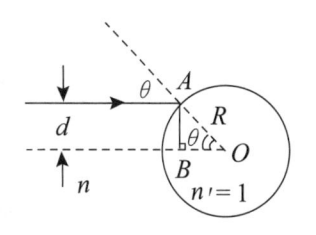

　　當白光通過三稜鏡經折射後，由於光波的傳遞速率會受波長影響，造成折射率的不同，故不同波長的各色光在通過三稜鏡後會依不同的折射角散開，形成光譜，此現象稱為色散。波長愈長的色光，經過三稜鏡後的偏向角愈小，對三稜鏡的折射率愈小，如圖 11-5 所示。

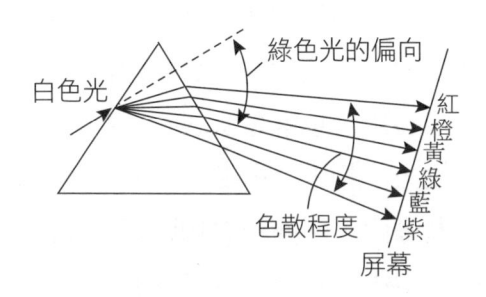

圖 11-5　三稜鏡之色散。

　　我們在日常生活中的虹與霓亦是色散現象所造成的景觀。其成因係日光經浮游空中之小水滴反射、折射作用後而產生。虹為日光射入水滴後，經兩次折射一次反射後形成色散，故射出時紫光與原日光方向約成 40°，紅光與原日光方向約成 42°，而霓則為日光入射後經兩次折射兩次反射後形成，紫光與原日光方向約成 54°，紅光與原日光方向約成 51°。如圖 11-6(a) (b) 所示。虹和

霓同時出現，虹在內側，霓在外側。但我們所見之各種顏色並非來自同一水滴的色散結果。一般在地面觀測可見半圓環帶之霓、虹，但若在正午乘飛機由上空觀測則可見整圓環之霓、虹。

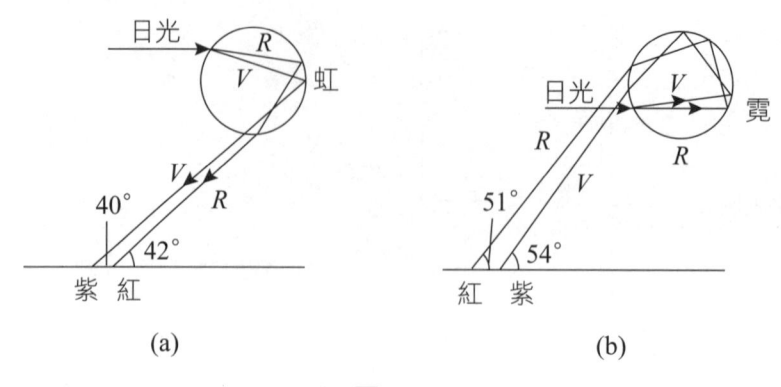

圖 11-6

11-3 面鏡成像

面鏡可大致分為平面鏡和曲面鏡，其中平面鏡所成的像係由於光線滿足反射定律，而反射的光線被延伸到鏡子的背面，彷彿反射線由鏡子背後發出，也就是使眼睛看到鏡後的像，故平面鏡所成的像為與原物大小相等之虛像。物體至鏡之距離稱為物距，像至鏡之距離稱為像距，平面鏡之物距等於像距。若平面鏡旋轉一角度 θ，而光之入射方向不變，則反射線將旋轉 2θ 角，此現象稱為**光槓桿原理**。

而曲面鏡中又可分為**凹面鏡**與**凸面鏡**，首先我們對凹面鏡進行研究。凹面鏡的作圖法則如下：(見圖 11-7)

1. 平行於主軸之光線，經凹面鏡反射後，通過焦點。
2. 通過凹面鏡焦點之光線，反射後與主軸平行射出。
3. 射至鏡頂之光線，以主軸為對稱軸反射。
4. 通過凹面鏡球心 (2 倍焦距處) 之光線反射後循原路徑射回。

而凸面鏡的作圖法則為：(見圖 11-8)

1. 平行於主軸之光線，經凸面鏡反射後，反射線在鏡後的延伸線通過焦點。
2. 射向凸面鏡焦點之光線，反射後與主軸平行射出。
3. 射至鏡頂之光線，以主軸為對稱軸反射。
4. 射向凸面鏡球心 (2 倍焦距處) 之光線反射後循原路徑射回。

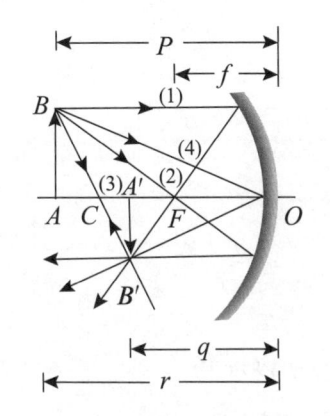

圖 11-7　凹面鏡成像法則。　　圖 11-8　凸面鏡成像法則。

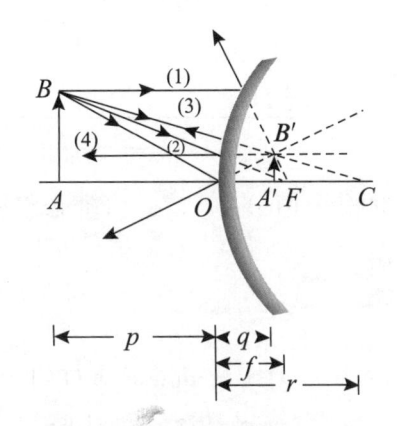

對孔徑角甚小 (小於 10°) 的球面鏡有其成像公式 (高斯式) 為

$$\frac{1}{p}+\frac{1}{q}=\frac{1}{f}=\frac{2}{r} \tag{11.7}$$

其中 p 為物距，q 為像距，f 為焦距，r 為曲率半徑，即 $2f$。至於其符號有正負之分，依符號規則進行判斷：

1. p 恆正。
2. q 對實像為正，虛像為負 (像在鏡前為正，鏡後為負)。
3. f 對凹面鏡為正，凸面鏡為負 (平面鏡 $f=\infty$)。

此外物高 H 與像高 H' 之間有一關係，稱為線性放大率

$$m=\frac{H'}{H}=\frac{q}{p} \qquad (11.8)$$

因為 q 有正負之分，故 m 亦有正負，倒立像之 m 為正，正立像之 m 為負。而放大像即 $|m|>1$，縮小像為 $|m|<1$。

對於一凹面鏡而言，若將物體在無限遠處和焦距間任意移置，則物與像所在的位置可互相對調。即將物置於原成像處所成之新像會在原物處，即 $p_2=q_1$ 時，$q_2=p_1$。此稱為共軛成像。

範例 11-5

某一物體位於一凸面鏡主軸上，離鏡之頂點 20 公分。若所成的虛像離頂點 10 公分，求此凸面鏡之曲率半徑若干？

解：

由 (11.7) 式，

$$\frac{1}{p}+\frac{1}{q}=\frac{2}{r}$$

$$\Rightarrow \frac{1}{20}+\frac{1}{-10}=\frac{2}{r}$$

$$\Rightarrow r=-40，即凸面鏡曲率半徑 40\text{ cm} \quad \textbf{\textit{.....Ans.}}$$

11-4 透鏡成像

透鏡可分為兩種：中央厚周圍薄的透鏡稱為凸透鏡；中央薄周圍厚的透鏡稱為凹透鏡。若以玻璃製的透鏡在空氣中使用，由於玻璃的折射率大於空氣的折射率，故凸透鏡稱為會聚透鏡，凹透鏡稱為發散透鏡。首先我們對凸透鏡進行研究，其作圖法則如下：(見圖 11-9)

1. 平行主軸的入射光線經透鏡折射後折射光線必須通過透鏡異側的焦點。

2. 通過透鏡中心的入射光線經透鏡後，方向不變。

3. 通過物體側焦點的入射光線經透鏡折射後之折射光線必平行主軸。

而凹透鏡的作圖法則為：(見圖 11-10)

1. 平行主軸的入射光線經透鏡折射後，折射光線的反向延伸線交於與物同側之焦點。

2. 通過透鏡中心的入射光線經透鏡後，方向不變。

3. 朝向鏡後異側焦點的入射光線經透鏡折射後必平行主軸射出。

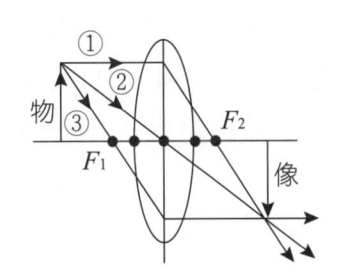

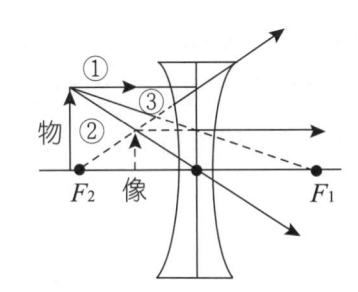

圖 11-9　凸透鏡成像法則。　　圖 11-10　凹透鏡成像法則。

對於透鏡的焦距求法，可透過造鏡者公式得到，即

$$\frac{1}{f}=(n-1)\left(\frac{1}{r_1}+\frac{1}{r_2}\right) \quad (11.9)$$

其中 f 若為正，則代表會聚透鏡；若為負，則代表發散透鏡。而 n 為透鏡與周圍介質之相對折射率。r_1 及 r_2 表兩鏡面之曲率半徑，凸出之鏡面為正號，凹入之鏡面為負號。透鏡焦距的倒數稱為透鏡度，標準單位為屈光度 (焦度)，符號為 d，即 m^{-1}。

透鏡之成像公式 (高斯式) 為

$$\frac{1}{p}+\frac{1}{q}=\frac{1}{f} \quad (11.10)$$

式中之符號規則與曲面鏡相似，而 f 對凸透鏡和凹面鏡這種會聚透鏡為正；反之為負。透鏡亦同樣有線性放大率需計算，與曲面鏡相雷同。

面鏡和透鏡在日常生活中的用途相當廣泛，如望遠鏡 (折射式、反射式)、車輛照後鏡、照相機、顯微鏡、眼鏡……等。

11-5　光的干涉與繞射

在本書第 10-3 節曾提及波干涉的情形，由於光亦具有波動性，故同樣會出現干涉的現象。我們常用以產生干涉現象的方式稱為楊氏雙狹縫的裝置，為方便觀察干涉現象，通常採用同頻率、同波長且同相位之單色光作為入射光波，如圖 11-11 所示之裝置。其波程差為 $PS_2 - PS_1$ (見圖 11-12)，狹縫距離 d。故可得波程差公式為

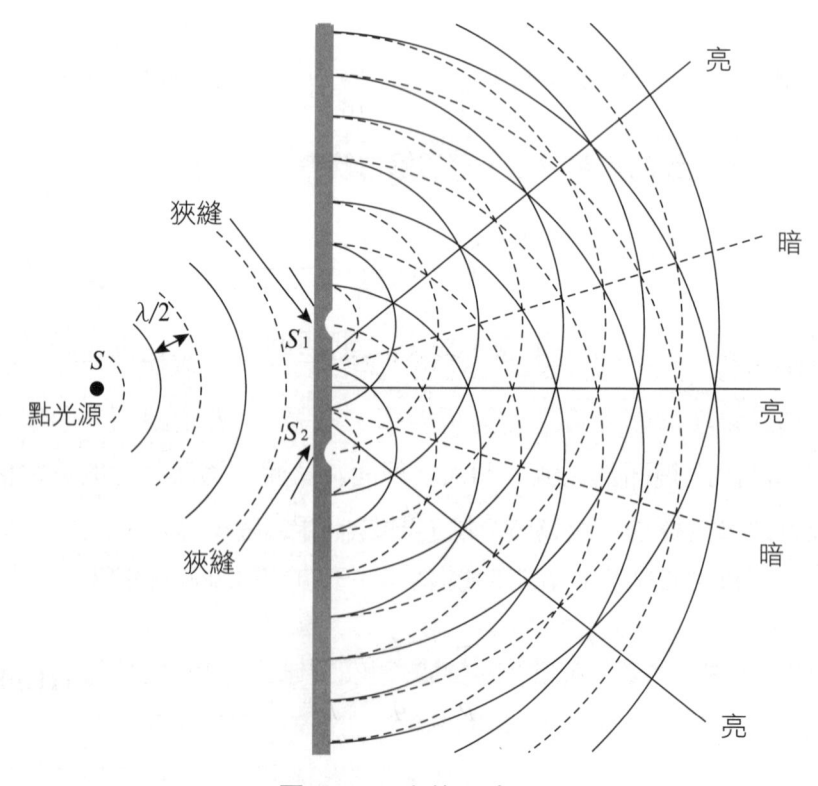

圖 11-11　光的干涉。

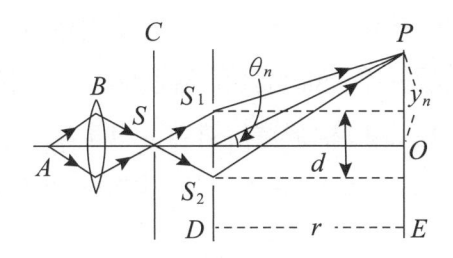

圖 11-12　波程差。

$PS_1 - PS_2 = d \sin \theta_n$

$$= d \frac{y_n}{r} \begin{cases} = n\lambda \text{(相長干涉，明紋)} \\ \quad (n = 0, 1, 2, \cdots\cdots) \\ = \left(n + \dfrac{1}{2}\right)\lambda \text{(相消干涉，暗紋)} \end{cases} \quad (11.11)$$

故相鄰亮紋中心之間距為

$$\Delta y = y_2 - y_1 = \frac{\lambda r}{d} \quad (11.12)$$

由 (11.12) 式可得 $\lambda = \dfrac{d\Delta y}{r}$，即由干涉實驗可得入射光之波長。若實驗時以白光照射則會出現彩色條紋。

範例 11-6

把波長為 5,500 埃的綠光垂直照射到雙狹縫，狹縫間隔 0.01 公分，光屏在狹縫後方 20 公分處。在狹縫正後方看到的干涉條紋，其相鄰兩亮紋的距離為若干公分？

解：

由 (11.12) 式知

$$\Delta y = \frac{\lambda r}{d} = \frac{5,500 \times 10^{-8} \times 20}{0.01} = 0.11 \text{ (cm)} \quad \textit{......Ans.}$$

至於單狹縫的繞射現象,其中央亮紋的寬度為其他亮紋的兩倍,因為進入狹縫的平行光等距的射達屏上,干涉是建設性的。而當狹縫中相距為 a/2 (狹縫寬度之半) 的任意二光線,若此二光線之光程差為 λ/2 時,為相消性干涉,故第一暗紋發生於

$$\frac{a}{2} \sin \theta = \frac{\lambda}{2}$$

依此類推第二暗紋發生於

$$\frac{a}{4} \sin \theta = \frac{\lambda}{2}$$

即單狹縫繞射之暗紋滿足下列方程式

$$a \sin \theta = n\lambda \quad (n = 1 , 2 , 3 , \cdots\cdots) \tag{11.13}$$

而亮紋滿足下列方程式 (不含中央亮紋)

$$a \sin \theta = (n + \frac{1}{2})\lambda \quad (n = 1 , 2 , 3 , \cdots\cdots) \tag{11.14}$$

同樣的相鄰亮紋中心之間距為

$$\Delta y = \frac{\lambda r}{a} \tag{11.15}$$

圖 11-13 為雙狹縫干涉條紋與單狹縫繞射條紋之圖樣。

(a) 雙狹縫干涉　　　　　　(b) 單狹縫繞射

圖 11-13

範例 11-7

在單狹縫繞射實驗中，若以波長為 6.0×10^{-7} 公尺之單色光照射在單狹縫上，測知屏上繞射的中央亮帶寬度為 1.0 公分；如將屏後移，使屏與狹縫之距離增加 20 公分，則中央亮帶寬度變為 1.5 公分。此狹縫之寬度若干？

解：

由 (11.15) 式得

$$\Delta y = \frac{\lambda r}{a}$$

而中央亮帶為其兩倍寬，故

$$1.0 = \frac{2 \times 6.0 \times 10^{-5} \times r}{a}$$

屏移後 20 公分則可得

$$1.5 = \frac{2 \times 6.0 \times 10^{-5} \times (r+20)}{a}$$

解方程式可得 $r = 40$ 公分，故狹縫寬

$$a = 4.8 \times 10^{-3} \text{ 公分} \quad \textit{......Ans.}$$

習題

一、選擇題

	答案
1. 單位面積的照度與距光源的距離： (A) 成正比　(B) 成反比　(C) 平方成正比　(D) 平方成反比	(D)
2. 光由水入射到玻璃而反射，其反射光與入射光之相位差為： (A) 1/2　(B) 0　(C) 1.6　(D) 1	(A)
3. 在游泳池邊看池底的深度較實際深度淺的原因是由於光的： (A) 干涉　(B) 繞射　(C) 散射　(D) 折射	(D)
4. 針孔成像是利用光的： (A) 直線進行　(B) 干涉　(C) 折射　(D) 漫射	(A)
5. 我們從不同的角度皆可看見桌上物體的存在是利用光的： (A) 直線進行　(B) 干涉　(C) 折射　(D) 漫射	(D)
6. 針孔照相機底片長 5 公分，距針孔 10 公分，某人身高 180 公分，欲照進全身，則應站在針孔前若干公分？ (A) 180　(B) 360　(C) 540　(D) 720	(B)
7. 某人身高 160 公分，眼睛至頭頂 6 公分，此人欲自一長 80 公分的平面鏡中看見自己的全身，則此鏡的底部應離地多少公分？ (A) 83　(B) 80　(C) 77　(D) 74	(C)
8. 平面鏡的成像是利用光的： (A) 反射　(B) 折射　(C) 透射　(D) 漫射	(A)
9. 兩平面鏡之間夾角 60°，則在兩平面鏡間置一物體，則物體共可生成幾個像？ (A) 2　(B) 3　(C) 4　(D) 5	(D)
10. 若有一束光斜向射向平面鏡將遵守光的反射定律，入射角等於反射角，若鏡面偏轉一角度 $\Delta\theta$，則反射光線將偏轉若干角度？ (A) $\frac{1}{2}\Delta\theta$　(B) $\Delta\theta$　(C) $2\Delta\theta$　(D) $3\Delta\theta$	(C)
11. 一般而言，光在固體、液體、氣體中的光速比較為： (A) 都相同　(B) 固 > 液 > 氣　(C) 氣 > 液 > 固　(D) 氣 > 固 > 液	(C)

12. 光在水中的折射率為 $\frac{3}{4}$，若光在真空中的速率為 3×10^8 m/s，則光在水中的光速為若干 m/s？　　(C)
　　(A) 3×10^8　　(B) 4×10^8　　(C) 2.25×10^8　　(D) 以上皆非

13. 某色光在真空中的波長 6,000 Å，則光在水中的波長為若干 Å？　　(B)
　　(A) 5,000　　(B) 4,500　　(C) 6,000　　(D) 6250

14. 若光在某介質中之速率為 1.5×10^8 m/s，則光從此介質射向真空並發生全反射的臨界角為若干度？　　(B)
　　(A) 15　　(B) 30　　(C) 45　　(D) 60

15. 下列何者為產生全反射的條件？　　(C)
　　(A) 光由光疏介質射向光密介質，且入射角大於臨界角
　　(B) 光由光疏介質射向光密介質，且入射角小於臨界角
　　(C) 光由光密介質射向光疏介質，且入射角大於臨界角
　　(D) 光由光密介質射向光疏介質，且入射角小於臨界角

16. 以厚 6 公分，折射率 1.5 的玻璃紙鎮壓住墨點，由上方視之，墨點似乎升高若干公分？　　(A)
　　(A) 2　　(B) 4　　(C) 1　　(D) 3

17. 某人在水中觀看水面上的某物體，看起來物體離水面 12 公尺，若水的折射率為 $\frac{3}{4}$，則物體實際上距水面若干公尺高？　　(A)
　　(A) 9　　(B) 6　　(C) 12　　(D) 16

18. 汽車大燈欲使光平行射出，所用的是：　　(C)
　　(A) 凹透鏡　　(B) 凸透鏡　　(C) 凹面鏡　　(D) 凸面鏡

19. 人在透鏡前站立不動，面鏡以 3 m/s 的速率向人接近，則像接近人的速率為若干 m/s？　　(D)
　　(A) 1.5　　(B) 3　　(C) 4.5　　(D) 6

20. 一凸透鏡前，某物體自 2 倍焦距處向焦點移動，則所產生的像移動速率比物移動速率為：　　(A)
　　(A) 大　　(B) 小　　(C) 相等　　(D) 無法比較

21. 光經過單一凸透鏡無法生成：　　(D)
　　(A) 放大實像　　(B) 縮小實像　　(C) 放大虛像　　(D) 縮小虛像

22. 一束光經過水中球形氣泡將：　　(C)
　　(A) 不受影響　　(B) 會聚　　(C) 發散　　(D) 以上皆非

23. 凸面鏡只能形成何種像？ (D)
    (A) 放大實像　　(B) 縮小實像　　(C) 放大虛像　　(D) 縮小虛像

24. 若物距不變，將凸透鏡的焦距增大，則造成： (C)
    (A) 實像虛像均變大　　　　(B) 實像虛像均變小
    (C) 實像變大、虛像變小　　(D) 實像變小、虛像變大

25. 有一凸透鏡如右圖所示，其折射率 $n=1.5$，凸面之曲率半徑 8 cm，凹面曲率半徑為 24 cm，則其焦距為若干 cm？ (A)
    (A) 24　　(B) 12
    (C) 8　　　(D) 16

26. 物置於凹面鏡前，欲成放大倒立實像，物須置於： (C)
    (A) 無窮遠處　　　　　　　(B) 曲率中心處
    (C) 曲率中心與焦點之間　　(D) 焦點與鏡面之間

27. 設一凹面鏡的曲率半徑為 20 公分，若於鏡前 25 公分處放一物體，則其像的放大倍數為何？ (A)
    (A) $\dfrac{2}{3}$　　(B) 4　　(C) $\dfrac{3}{2}$　　(D) 3

28. 一塊布在陽光下呈紅色，在綠色燈光下將呈： (C)
    (A) 紅色　　(B) 綠色　　(C) 黑色　　(D) 白色

29. 某人明視距離 10 公分，欲將書報放在 25 公分處閱讀，應配戴何種眼鏡？ (A)
    (A) 近視眼凹透鏡　　(B) 遠視眼凸透鏡
    (C) 近視眼凸透鏡　　(D) 遠視眼凹透鏡

30. 凸透鏡的焦距為 f，生成的實像為實物之 n 倍大，則其物距為： (C)
    (A) $(n-1)f$　　(B) $(n+1)f$　　(C) $\dfrac{n+1}{n}f$　　(D) $\dfrac{n-1}{n+1}f$

31. 下列何者之頻率比紅光頻率低： (B)
    (A) 紫外光　　(B) 紅外光　　(C) X 射線　　(D) 黃光

32. 下列何者為電磁波： (C)
    (A) 聲波　　(B) 陰極射線　　(C) 無線電波　　(D) α 射線

33. 一幻燈放映機之透鏡焦距 18 公分，此幻燈機可於 1.8 公尺處之銀幕上成一倒立實像，則此放映機的放大率為： (D)
    (A) 20 倍　　(B) 5 倍　　(C) 100 倍　　(D) 9 倍

34. 老花眼鏡是屬： (A)
   (A) 凸透鏡　　(B) 凹透鏡　　(C) 凸面鏡　　(D) 凹面鏡
35. 由薄透鏡或面鏡觀察成像時，下列何者絕不可能在屏幕上成像： (B)
   (A) 凹面鏡　　(B) 凸面鏡　　(C) 凸透鏡　　(D) 放大鏡
36. 兩平面鏡夾角 90°，若在兩平面鏡間置放一物，則此物經由兩平面鏡共可生成幾個像： (C)
   (A) 1　　(B) 2　　(C) 3　　(D) 4
37. 某色光在真空中波長為 4,000 Å，則光在水中的頻率為： (A)
   (A) 7.5×10^{14}　　(B) 1.3×10^{15}　　(C) 1.3×10^{14}　　(D) 7.5×10^{15}　　赫茲
38. 在水中 1 公尺處的魚，垂直方向觀之，視深為： (B)
   (A) 1.33 公尺　　(B) 0.75 公尺　　(C) 0.67 公尺　　(D) 0.50 公尺
39. 物體放在凹面鏡前的： (C)
   (A) 鏡心
   (B) 焦點
   (C) 曲率中心
   (D) 焦點內，
   其像和物體一樣大
40. 下列哪項敘述是錯誤的： (D)
   (A) 光在進行中，若速度改變則光必折射
   (B) 光遇到不同折射率的介質，則必在界面折射
   (C) 光折射時，入射線、折射線必在同一平面上
   (D) 光折射時，入射角與折射角比值的正弦為一個常數
41. 鑽石光彩奪目是由於： (A)
   (A) 折射率大　　(B) 折射率小　　(C) 光線不易射入　　(D) 不易色散
42. 單色光由疏介質進入密介質時： (A)
   (A) 週期不變　　(B) 速度變快　　(C) 頻率變大　　(D) 波長變長
43. 用焦距為 20 公分的凹面鏡，欲產生將原物放大為 4 倍的實像，則物體應放在鏡前多少處？ (D)
   (A) 10　　(B) 15　　(C) 20　　(D) 25
44. 欲用放大鏡觀看跳蚤，則此跳蚤應放何處，及所看到的像為何？ (B)
   (A) 焦點外，為實像　　(B) 焦點內，為虛像
   (C) 焦點內，為實像　　(D) 焦點外，為虛像

45. 汽機車後視鏡所成的像為： (B)
    (A) 正立放大虛像　　　　　　(B) 正立縮小虛像
    (C) 正立放大實像　　　　　　(D) 正立縮小實像

46. 筷子的一端插入水中，在水面處顯現折斷現象是由於： (B)
    (A) 反射作用　(B) 折射作用　(C) 干涉作用　(D) 繞射作用

47. 光線由甲物質射入乙物質且在界面發生折射，設入射角為 45°；折射角為 30°，則乙物質相對於甲物質之折射率為： (A)
    (A) 2　　(B) $1/\sqrt{2}$　　(C) 1.5　　(D) 0.66

48. 夜間星光閃爍不定，是因星光經介質產生： (B)
    (A) 反射　(B) 折射　(C) 干涉　(D) 繞射　現象

49. 下列何者為錯誤： (C)
    (A) 不透明物體所呈現的顏色為其所反射的色光
    (B) 河邊對岸的燈火常搖曳不定是由於光的折射
    (C) 黃昏天邊的晚霞是由於光的色散
    (D) 七月太陽光直射北半球

50. 下列何者錯誤： (C)
    (A) 星光閃爍不定是因光的折射
    (B) 月蝕總是發生在農曆的時候
    (C) 地球離太陽最近的月份為國曆七月
    (D) 彩虹是因日光的色散

51. 下列何者所見的像為實像： (A)
    (A) 針孔成像　　　　　　(B) 海市蜃樓所見的景物
    (C) 平面鏡中的像　　　　(D) 凸面鏡中的像

52. 下列何者呈現的像為實像： (C)
    (A) 海市蜃樓　　　　　　　　　(B) 顯微鏡中所見之像
    (C) 幻燈機放映時銀幕所呈現的像　(D) 戴眼鏡者所見之景物

53. 物質置於凸透鏡前 10 公分，而焦距為 8 公分，則成像的性質是： (C)
    (A) 正立虛像　　　　　　(B) 倒立縮小實像
    (C) 倒立放大實像　　　　(D) 正立實像

54. 在真空中，一平行光束以 60° 入射角照射在玻璃片上，若反射角和折射角之和為 90°，則此玻璃之折射率為： (D)
    (A) $\dfrac{1}{\sqrt{2}}$　　(B) 2　　(C) $\dfrac{1}{\sqrt{3}}$　　(D) $\sqrt{3}$

55. 紅、黃、紫三色光在玻璃中傳播，下列敘述何者正確： (C)
    (A) 紫光波速最大　　　　　(B) 紅光折射率最大
    (C) 紫光折射率最大　　　　(D) 紅光波長最小

56. 光由空氣中入射於某介質，入射角為 60°，折射角為 30°，則該介質之折射率為： (B)
    (A) $\dfrac{1}{\sqrt{3}}$　　(B) 3　　(C) $\dfrac{\sqrt{3}}{2}$　　(D) 2

57. 各種色光，垂直進入玻璃磚塊時： (D)
    (A) 同時通過　(B) 紫光先通過　(C) 綠光先通過　(D) 紅光先通過

58. 從一平面鏡中看一具有標線而無數字的鐘，指針的位置在 2 時 20 分，則實際時刻為： (B)
    (A) 10 時 20 分　(B) 9 時 40 分　(C) 9 時 20 分　(D) 8 時 50 分

59. 透鏡成像，物體成像的位置在： (C)
    (A) 與物同側
    (B) 與物異側
    (C) 實像在物異側，虛像在物同側
    (D) 實像在物同側，虛像在物異側

60. 若有一束光線自空氣中射入水中，其偏折方向如下圖所示，則水在圖中的： (B)
    (A) 右側
    (B) 左側
    (C) 左側或右側皆可能
    (D) 以上皆非

61. 光的三原色為： (C)
    (A) 紅黃藍　　(B) 綠黃藍　　(C) 綠紅藍　　(D) 綠黃紅

62. 將一折射率 $n=1.5$ 玻璃製成的凸透鏡放在水中，$n_\text{水}=4/3$，則此凸透鏡將可對通過的光線： (A)
    (A) 會聚，但焦距變大　　　　(B) 會聚，但焦距變小
    (C) 發散，且焦距變大　　　　(D) 發散，且焦距變小。

63. 一束光線 S 經透鏡 L 後，其透射光可能之途徑應為： (C)
    (A) A
    (B) B
    (C) C
    (D) 無法預知

二、計算題

1. 已知眼角膜的折射率為 1.376，若光線以 40.0° 之入射角射入眼角膜，則其折射角為若干？

   答案：27.8°

2. 已知光在某介質中行進的速率為 1.5×10^8 m/s，則該介質之折射率為若干？

   答案：2.00

3. 一單色光射向縫距為 0.15 mm 之雙狹縫後在遠處的屏上產生干涉條紋，已知中央亮紋與第一亮紋之中點對狹縫之夾角(干涉角)為 3.5×10^{-3} rad，試問干涉條紋是什麼顏色？

   答案：綠色

4. 已知玻璃的折射率為 1.50，則：(a) 光在玻璃內的速率為若干？(b) 光穿過厚 1.00 cm 的玻璃，須時若干？

   答案：(a) 2.00×10^8 m/s；(b) 5.00×10^{-11} 秒

5. 一光線由水射入冰中，已知冰中之透射光線與界面之法線的夾角為 20.0°，則其入射角為若干？

   答案：19.6°

6. 若你以 2 m/s 之速率朝向平面鏡走去，試問：

   (a) 你的像以多快的速率向平面鏡移動？

   (b) 你的像以多快的速率向你接近？

   答案：(a) 2 m/s；(b) 4 m/s

7. 一高 2.0 cm 之物體置於曲率半徑為 60 cm 之凹面鏡前 45 cm 處，試分別以計算及作圖之方式找出像之位置、大小及方向。

   答案：像在鏡前 90 cm 處，倒立 4.0 cm 高

8. 一物體置於焦距為 −10 cm 之透鏡前 20 cm 的主軸上，試求出像之位置及線性放大率。

   答案：像在鏡後 6.7 cm 處。線性放大率 0.33

9. 一波長為 500 nm 之單色光射向縫距為 0.40 mm 之雙狹縫，試問在 1.0 m 遠處寬 1.0 cm 的屏上能看到多少條亮紋？

   答案：9 條

CHAPTER 12

靜 電

12-1 電 荷

電荷可分為正電荷和負電荷,原子核中之質子帶正電,中子不帶電,而核外之電子帶負電,原子呈電中性。而電荷分為正、負電荷的觀念來自於富蘭克林,雖不正確但仍沿用至今。在我們使物體帶電的過程中僅係電荷轉移的一種行為,電荷不能被創造,也不會無故消失。因此在任何一個隔離系統中的電荷總和必為一常數,稱為**電荷守恆定律**。

1832 年的法拉第電解定律與 1909 年的密立根油滴實驗都證實了電量的不連續性,即電荷具有基本單位的存在,為 1 基本電荷,其電量的大小為 1.6×10^{-19} 庫侖。因電子帶負電,故其帶電量記為 $e^- = -1.6 \times 10^{-19}$ 庫侖。

欲使物體帶電的方法有三種:

1. 摩擦起電

兩相異且不帶電體互相摩擦而產生熱能,使其中一物體的電子獲得能量後轉移到另一物體上,此與游離能有關。摩擦後兩物體所帶的電量大小相等而電性相反。

2. 接觸起電

將一帶電體與未帶電體接觸,則兩者都將帶與原帶電體同電性之電荷,且總電量與原帶電體電量相等。

3. 感應起電

利用一帶電體接近一導體 (但未接觸)，導體內的電荷會有正、負分離的現象，稱為靜電感應。由靜電感應原理造成電荷分離後，將導體遠端接地，使遠端之自由電荷移出導體內，再拆除接地，則移開帶電體後將使導體帶異性電。(如圖 12-1 所示)

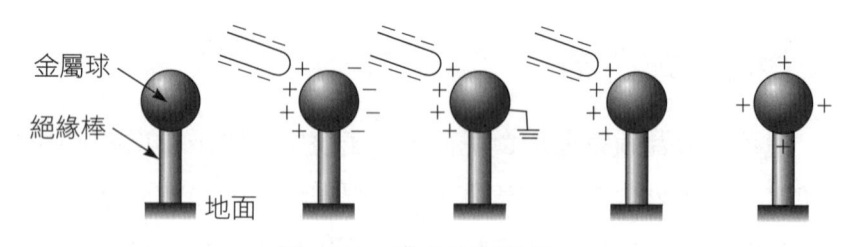

圖 12-1 感應起電程序。

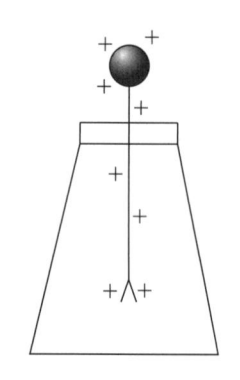

圖 12-2 驗電器示意圖。

測量物體是否帶電的最簡單裝置稱為**驗電器**，同時也可檢驗帶電的電性，甚至可用以判斷是導體或絕緣體。其構造如圖 12-2 所示。主要是在一金屬棒的末端附有二片金箔所組成，金箔若有帶電，則必帶同性電而相斥張開。且其金箔的張角可表電量之多寡 (與電性無關)。在檢驗物體是否為導體前，驗電器必須先帶電，再將此未帶電的受檢物體與驗電器之金屬棒接觸，若金箔張角不變則為絕緣體，而金箔張角若變小，則受檢物體為導體。當帶電體靠近驗電器的頂端，若驗電器已帶有已知電荷，則同性電荷靠近會使張角變大；異性電荷靠近會使張角變小，甚至閉合後再張開。而未帶電導體來進行同樣實驗時，亦會使金箔張角減小。

至於導體、半導體和絕緣體的區分，即為其對電荷的傳遞能力之分別。其特性分述如下：

1. 導體

金屬是一種良好的導體，其特徵為其在原子中具有可以在原子間自由移動的自由電子。但在液態類與氣體導體中，則是由離子來導電的，即所謂的酸、鹼、鹽類。而低氣壓、高電壓下的游離氣體會產生陰、陽離子亦可導電。

2. 半導體

導電性介於導體與絕緣體之間的物質稱為半導體，如矽和鍺等即為常見的半導體，其導電性會隨溫度升高或加入砷、硼等雜質及外加電壓等數種因素而提高。故半導體常被用作電子元件的材料。

3. 絕緣體

絕緣體內的電子被原子核所吸引，不能在原子間自由移動，因此不能導電，如同許多非金屬材料的特性。

4. 超導體

某些物質在溫度極低時其電阻會降為零，即為超導體。其在能量的傳輸上可達到無損失的狀況。如汞在 4.15 K 以下會形成超導體。而近年的研究發現，某些材料 (如某些陶瓷) 在較高溫時也會出現超導現象。

電荷在導體上，因同性電荷相斥的緣故，而皆分佈於外表面上，如球形導體，其表面電荷密度於各處皆相等，內部不堆積電荷。而對表面不規則的導體，其表面曲率愈大 (曲率半徑愈小) 的位置，電荷密度將愈密，則電場強度愈強而造成所謂尖端放電的現象。而絕緣體上的電荷則可任意分佈 (局部帶電)。

12-2 庫侖定律

帶電體之間具有異於萬有引力之其他作用力，在 1785 年庫侖以實驗方法證實了此相互作用之關係。兩電荷之電量分別為 q_1、q_2，相距 r，則靜電力的大小為

$$F=k\frac{q_1q_2}{r^2} \tag{12.1}$$

其中 k 為一常數,其值與所用的單位及周圍的介質有關。

$$k=\frac{1}{4\pi\varepsilon_0}=8.99\times10^9 \text{ nt}\cdot\text{m}^2/\text{c}^2$$

其中 ε_0 稱為真空中的電容率。

庫侖定律所求之靜電力又稱**庫侖力**,其與萬有引力最大的不同是庫侖力可為吸引力,亦可為排斥力,由作用之兩電荷的電性來決定,即所謂同性相斥,異性相吸。而萬有引力則必為吸引力。須在此特別強調的是庫侖定律僅適用於點電荷 (即帶電體體積與距離比較起來甚小) 間的作用力。若帶電體相當接近時,會因為靜電感應產生的感應電荷而影響原來定律中之靜電力。

範例 12-1

在 x 軸上有三個點電荷。電荷 A 置於原點,其電量為 $q_A=16\times10^{-6}$ 庫侖;電荷 B 置於 $x=1$ 公尺處,其電量為 $q_B=-9\times10^{-6}$ 庫侖;電荷 C 置於 $x=d$ 處,其電量為 $q_C>0$。

(1) 要使電荷 C 所受的靜電力為零,d 應為多少?(無限遠處除外)
(2) 要使電荷 A 及電荷 B 所受的靜電力也分別為零,則 q_C 應為多少?

解:

(1) 電荷 C 所受靜電力 $=\left(k\frac{q_Aq_C}{d^2}\rightarrow\right)+\left[k\frac{|q_B|q_C}{(d-1)^2}\leftarrow\right]=0$

$\Rightarrow \left(\frac{d-1}{d}\right)^2=\frac{|q_B|}{q_A}=\frac{9}{16}$

$q_A=16\,\mu_C \quad q_B=-9\,\mu_C \quad q_C$
$x=0 \qquad\quad x=1 \qquad\quad x=d$

$\therefore d=4$ (公尺) ......**Ans.**

(2) 若欲三電荷所受淨電力均為 0，則每一電荷所受另外二電荷之靜電力應大小相等但反向，即

$$k\frac{q_A|q_B|}{1^2}=k\frac{|q_B|q_C}{(d-1)^2}=k\frac{q_Cq_A}{d^2} \text{ 且 } d=4 \text{ 公尺}$$

$$\Rightarrow q_C=9q_A=9\times(16\times10^{-6})$$
$$=1.44\times10^{-4}\text{（庫侖）}\text{......Ans.}$$

12-3　電場強度與電力線

在一帶電體的周圍會對其他電荷產生靜電力的作用，而在庫侖定律中已知此作用力與距離有關，故我們了解對單一電荷而言，其周圍空間受靜電力作用之範圍稱為**電場**。電場強度的定義為：

單位正電荷置於電場中某一點時，其所受之靜電力。

若將電量 q 的電荷置於電場內，其所受靜電力為 $\vec{F}$，則電場強度為

$$\vec{E}=\frac{\vec{F}}{q} \tag{12.2}$$

當 $q>0$ 時，$\vec{E}$ 與 $\vec{F}$ 同向；反之，$q<0$ 時，$\vec{E}$ 與 $\vec{F}$ 反向。如圖 12-3 所示。

若有一點電荷電量 Q，在距其距離 r 處的電場強度大小為

$$E=\frac{F}{q}=\frac{\dfrac{kQq}{r^2}}{q}=\frac{kQ}{r^2} \tag{12.3}$$

方向則依前述方式判別。若有一群分立的點電荷，其共構出之電場強度為各點電荷獨立存在時之電場強度的向量和。至於電場強

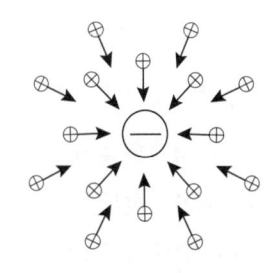

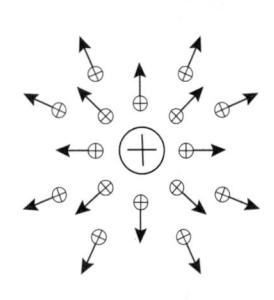

圖 12-3　電場方向。

度的單位,可用 (12.3) 式觀察出為 nt/c (牛頓/庫侖)。

若有一個半徑 R、帶電量為 Q 之均勻帶電金屬球,則因前述金屬球所帶的靜電荷均勻分佈於表面上,但內部無電荷的堆積,故我們對於此一金屬球體建立的電場強度分為三部分加以討論。在距球心 r 處之電場強度為:

1. 內部

$$\text{即 } r < R \text{,電場 } E = 0 \tag{12.4}$$

2. 表面

$$\text{即 } r = R \text{,電場 } E = \frac{kQ}{R^2} \tag{12.5}$$

3. 外部

$$\text{即 } r > R \text{,電場 } E = \frac{kQ}{r^2} \tag{12.6}$$

上述三情形中可以得到一電場最大值,即出現在表面之位置。我們同時可以將上述情形繪製成一曲線圖,如圖 12-4 所示。

此外兩面積均為 A 的平行金屬板,若各帶有等量 Q 的異性電荷,則在此二板間之均勻電場大小為

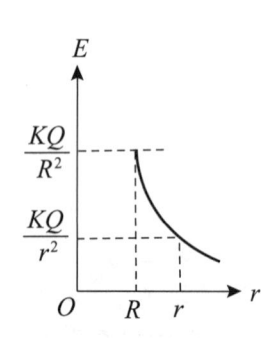

圖 12-4 帶電金屬球體之電場強度與距球心之距離關係。

$$E = 4\pi \frac{kQ}{r^2} = 4\pi k\sigma = \frac{V}{d} \tag{12.7}$$

其中 σ 稱為電荷的面密度,即為單位面積的電荷量 (Q/A)。而 V 為爾後將介紹到的電位差,d 為平行板間的距離。

而均勻帶電之無限大平板也是常見在普通物理學上來探討的特例。實際上這種無限大平板是不存在的,但其觀念卻可應用在有限面積帶電平板上;即當我們欲觀察電場之位置與平板的距離遠小於該帶電平板之長度及寬度時,可將此一有限面積的平板視為無限大平板。而對一均勻帶電之無限大平板的電場方向必垂直於平板,其大小為

$$E = 2\pi \frac{kQ}{r^2} = 2\pi k\sigma \qquad (12.8)$$

範例 12-2

於每邊長 1 埃之正方形四角頂點上置有一 α 質點及三個質子 (如圖)，則在正方形中心點之電場強度 (以牛頓/庫侖為單位) 約為若干？

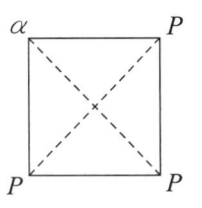

解：

質子電量 $q = 1.6 \times 10^{-19}$ c，而 α 質點之電量 $= 2q$，
因等量同性電荷於對稱點所建立之電場恰相抵消

⇨ 中心處之電場可由右圖 (二) 求得

即
$$E = \frac{kq}{(a/\sqrt{2})^2} = \frac{2kq}{a^2}$$

$$= \frac{2 \times 9 \times 10^9 \times 1.6 \times 10^{-19}}{(10^{-10})^2}$$

$$\simeq 2.9 \times 10^{11} \text{ (牛頓/庫侖)} \text{ ......Ans.}$$

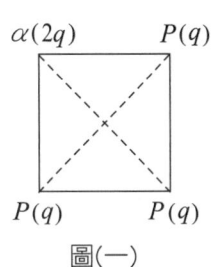

圖(一)

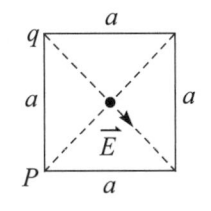

圖(二)

範例 12-3

一不帶電之中空金屬球殼外徑為 R，中心位於 O 點。今在球殼外距球心距離為 d 處放置一點電荷 $-Q$ ($Q > 0$)，則金屬球上會產生感應電荷 (如右圖所示)。所有感應電荷在球心 O 點處產生之電場其量值及方向為若干？

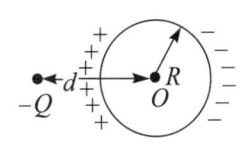

解：

因金屬球殼內部不帶電而無電場且金屬球殼對外部電場有屏蔽作用，故所有感應電荷在球心 O 處產生之電場 $\vec{E}$ 與點電荷 $-Q$ 所產生之電場等值反向

$$\Rightarrow \vec{E} = -\left(k\frac{Q}{d^2} \leftarrow\right) = k\frac{Q}{d^2} \rightarrow \text{ ......Ans.}$$

在電場中放置一可移動的正電荷，則此正電荷沿所受電力的方向連續移動所得的軌跡稱為**電力線**，其切線方向即可代表該點之電場方向，而電力線的密度則代表該點之電場強度。由於正電荷所受電力的方向與速度方向不一定相同，故正電荷在電場中的運動軌跡不一定是電力線。靜電荷之電力線由正電荷出發，終於負電荷，非封閉曲線，且電力線間會彼此排斥，互不相交。(如圖 12-5 所示)

帶靜電的導體內部無電力線 (因電場為 0)，而在導體外的電力線在其表面處必垂直於導體表面。每單位面積上垂直通過的電力線數正比於該處的電場強度，故愈近電荷處，電力線密度愈大，電場強度愈強。

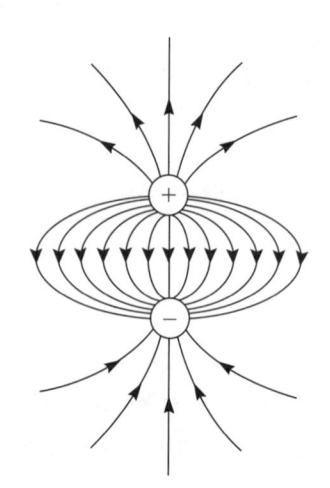

圖 12-5 電力線示意圖。

12-4 電　位

自無窮遠處將任意之電荷等速移到電場中某一點時外力反抗電力所作之功，會以位能形式儲存，稱這種位能為電位能。這是表現出兩者間 (即電荷與另一電場) 的關係，而在電學中有一特別的名詞稱為**電位**，其定義是空間中任一點上單位正電荷 q (測試電荷) 將會具有的電位能 U_E，即

$$V=\frac{U_E}{q} \qquad (12.9)$$

其公制單位為焦耳/庫侖 (Joule/c)，亦可簡單的以伏特 (V) 表示，關係為

$$1\ V = 1\ Joule/c$$

若令無窮遠處電位 $V_\infty=0$，則一點電荷 Q 在距其 r 處之點所表現出之電位 $V=kQ/r$。(與測試電荷無關) 這一點與電場強度相當的雷同。對一半徑 R，電量 Q 的均勻帶電球形導體的電位可分為兩部分加以討論：

1. 內部及表面

$$即\ r \leq R\ 時，電位\ V=\frac{kQ}{R} \qquad (12.10)$$

故帶電金屬球 (不論實、空心) 為等位體。

2. 外部

$$即\ r > R\ 時，電位\ V=\frac{kQ}{R} \qquad (12.11)$$

在正電荷附近，愈靠近正電荷處，電位愈高 (電場強度的大小愈大)；在負電荷附近，愈靠近負電荷處，電位愈低 (但電場強度的大小仍然愈大)。一群點電荷對空間中某一點的電位為各電荷分別對該點的電位之代數和。

前面曾提及"等位體"，即帶靜電導體上任一點 (表面和內部) 之電位必相等。因此在等位體內部或沿表面上等速移動電荷，並不需要對電荷作功。而將兩帶電導體互相導通，導體上之電荷會發生轉移，直到兩導體電位相等。

欲將單位正電荷在電場中由 A 點等速移到 B 點時，外力反抗電力所作的功，稱為 A，B 兩點之**電位差**，即：

$$V_{AB} = V_B - V_A \tag{12.12}$$

若以某電荷 Q 所建立之電場中的任意二點 A、B 而言，其分別與 Q 之距離為 r_A 及 r_B，則電位差可寫成：

$$V_{AB} = V_B - V_A = \frac{kQ}{r_B} - \frac{kQ}{r_A}$$

需特別注意的是，Q、A、B 可能不共線，故電位差與 A、B 兩者間之距離並無直接相關，而與 r_A、r_B 有關。當然在導體的內部為等位體，故任二點的電位差為 0。

在均勻電場 $\vec{E}$ 中，相距 d 之 A、B 二點間電位差為：

$$V_{AB} = \vec{E} \cdot \vec{d} = Ed\cos\theta \tag{12.13}$$

如圖 12-6 所示。若將一電荷 q 在此均勻電場中由 A 移至 B，則其位能變化為

$$U_{AB} = qV_{AB} = qEd\cos\theta \tag{12.14}$$

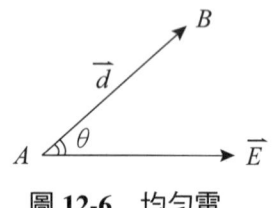

圖 12-6 均勻電場中任二點之電位差。

範例 12-4

總電量 Q 均勻分佈於一半徑為 R 的固定圓環上，今將一帶有 q 電量的質點 A，以 v_0 的速率由環心 O 垂直於環面向 E 射出 (如左圖)，q 與 Q 符號相異，質點 A 沿 $\overline{OE}$ 軸運動時可達的最遠點為 P，而 $\overline{OP} = \sqrt{3}R$。

(1) 質點 A 從 O 向 E 射出時，速率最小為若干，才可達無限遠處？
(2) 今將質點 A 改為一質量相同，但電量為 $-q$ 的另一質點 B。當質點 B 從 O 處，由靜止狀態逐漸加速向 E 運動時，試求它到達 P 點時的速率。

解：
因 O 點與 P 點之電位分別為

$$V_0 = \frac{kQ}{R} \text{ 與 } V_P = \frac{kQ}{\sqrt{(\sqrt{3}R)^2 + R^2}} = \frac{kQ}{2R}$$

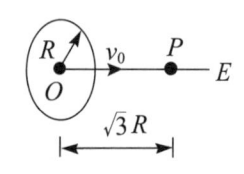

⇨ 質點在 O 點與 P 點時，系統之電位能分別為

$$U_O = qV_O = \frac{kQq}{R} \text{ 與 } U_P = qV_P = \frac{kQq}{2R}$$

故質點 A 從 O 點射出而達 P 點時，由力學能守恆知

$$\frac{1}{2}mv_0^2 + \frac{kQq}{R} = 0 + \frac{kQq}{\sqrt{(\sqrt{3}R)^2 + R^2}}$$

$$\Rightarrow v_0 = \sqrt{\frac{-kQq}{mR}} \ (Qq < 0)$$

(1) 要達到無限遠之最小初速設為 v_1，則由力學能守恆得

$$\frac{1}{2}mv_1^2 + \frac{kQq}{R} = 0 + \frac{kQq}{\infty} = 0$$

$$\therefore v_1 = \sqrt{\frac{-2kQq}{mR}} = \sqrt{2}\, v_0 \ ......\text{\textbf{Ans.}}$$

(2) 設 $-q$ 到達 P 點的速率為 v_2，則由力學能守恆得

$$0 + \frac{kQ(-q)}{R} = \frac{1}{2}mv_2^2 + \frac{kQ(-q)}{2R}$$

$$\therefore v_2 = \sqrt{\frac{-kQq}{mR}} = v_0 \ ......\text{\textbf{Ans.}}$$

範例 12-5

正方形 $ABCD$ 之每邊長為 L，在頂點 A、B 上各置一正電荷 $+Q$，而在頂點 C、D 上則各置一負電荷 $-Q$。

(1) 求組合此一系統所需的總能量。
(2) 現將一電荷 q 由無限遠處移到此正方形的中心點上，問需作功多少？

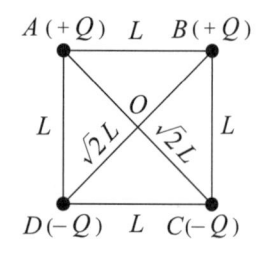

解：
(1) 所需的總能量 $E=$ 系統的電位能

$$\Rightarrow E=(U_{AB}+U_{CD})+(U_{BC}+U_{DA})+(U_{AC}+U_{BD})$$

$$=\frac{KQ^2}{L}\times 2+\left(-\frac{KQ^2}{L}\right)\times 2+\left(-\frac{KQ^2}{\sqrt{2}L}\right)\times 2$$

$$=-\frac{\sqrt{2}KQ^2}{L} \quad \text{......Ans.}$$

(2) 令無限遠處之電位 $V_\infty=0$，則正方形的中心點 O 之電位為

$$V_0=\frac{KQ}{L/\sqrt{2}}\times 2+\frac{K(-Q)}{L/\sqrt{2}}\times 2=0$$

$\Rightarrow$ 所求之功 $W=$ 電位能變化 $=q(V_0-V_\infty)$
$\quad\quad\quad =q(0-0)=0$ ......Ans.

12-5 電　容

　　電容器為電荷儲存裝置，通常在兩片導體間夾一層絕緣體，兩片導體帶有同量異性之電荷，如圖 12-7 所示。電容器可應用於電子電路中及作為快速放電用途的場合。此兩導體上之電量與其間的電位差成正比，此比值稱為**電容**，代號 C，故有

$$Q=CV \qquad (12.15)$$

C 之單位為法拉 (F)，即

$$1\text{ F}=1\text{ c/V}$$

電容即代表特定電位差下，該電容器之儲電量，在固定的電位差下，電容愈大，其儲電效果愈好。至於兩導體間之絕緣材質稱為**介電質**，任何介電質置於原來平板間為真空的電容器時，皆會使電容器的電位差降低，而使電容器的電容增加。衡量此特性之方式稱為電容率或介電係數，這是各種材料與真空時之電容的比值。

面積 A

d

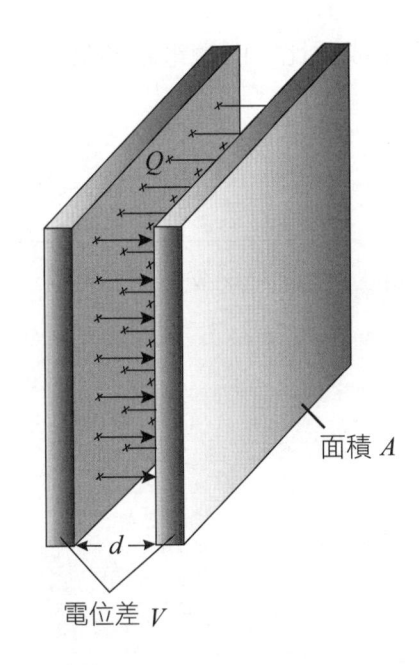

電位差 V

圖 12-7 電容器示意圖。

電容器的電路符號為"⊣⊢"，在電路應用上有可能串聯或並聯使用。分別討論如下：

1. 串聯

當數個電容器，其電容分別為 C_1，C_2，C_3，……串聯時，其等值電容 C 為

$$\frac{1}{C} = \frac{1}{C_1} + \frac{1}{C_2} + \frac{1}{C_3} + \cdots \cdots \tag{12.16}$$

而各電容器上之電量均相等，即

$$q_1 = q_2 = q_3 = \cdots \cdots$$

2. 並聯

當數個電容器，其電容分別為 C_1，C_2，C_3，……並聯時，其等值電容 C 為

$$C = C_1 + C_2 + C_3 + \cdots \cdots \tag{12.17}$$

而各電容器上之電量與其本身電容量成正比,而總電量即為其各電容器之電量和。

範例 12-6

設有三個電容器,其電容分別為 0.2 μF、0.3 μF、0.6 μF,試求其
(1) 並聯時;
(2) 串聯時之總電容各若干?

解:

(1) 並聯時,由 (12.17) 式得

$$C = C_1 + C_2 + C_3 = 0.2 + 0.3 + 0.6 = 1.1\ (\mu F)\ \ ......Ans.$$

(2) 串聯時,由 (12.16) 式得

$$\frac{1}{C} = \frac{1}{C_1} + \frac{1}{C_2} + \frac{1}{C_3}$$

$$= \frac{1}{0.2} + \frac{1}{0.3} + \frac{1}{0.6} = \frac{6}{0.6}$$

故

$$C = 0.1\ \mu F\ \ ......Ans.$$

習 題

一、選擇題

答案

1. 有兩個電量相同的正負電荷,各置於直角坐標圖上的兩點 $(-5, 0)$,$(+5, 0)$,則兩電荷在坐標原點 $(0, 0)$ 的電場為:
(A) 零
(B) 向右
(C) 向左
(D) 向上

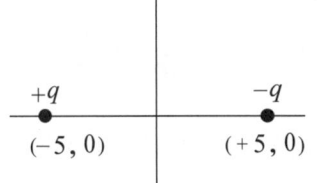

(B)

2. 有一導體球半徑 R,帶有電荷 Q,則在球體外某點 $(r > R)$,由電荷 Q 所造成的電場大小為:
(A) 零　　(B) $\dfrac{KQ}{R^2}$　　(C) $\dfrac{KQ}{(r-R)^2}$　　(D) $\dfrac{KQ}{r^2}$

(D)

3. 同上題,此電荷 Q 所造成的電場隨半徑變化的函數圖形為下列何者?

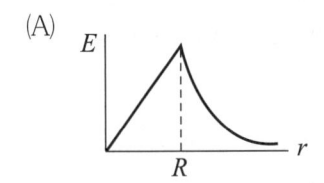

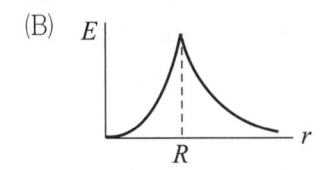

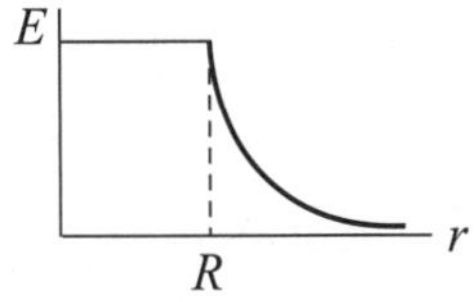

(D)

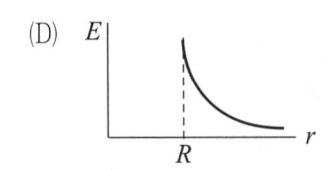

4. 同上題,此球電荷在球心 $(r=0)$ 所造成的電位大小為:
(A) 零　　(B) $\dfrac{KQ}{r}$　　(C) $\dfrac{KQ}{R}$　　(D) $\dfrac{KQ}{R^2}$

(C)

5. 帶正電的 A 球靠近以細線懸掛的 B 球,發現 B 球受 A 球吸引,則 B 球必帶:
(A) 負電　　(B) 正電　　(C) 不帶電　　(D) 負電或不帶電

(D)

6. A、B 兩點電位分別為 5 伏特及 3 伏特,若有一電荷 $q=2$ 庫侖放在 A 點,則電荷 q 具有的電位能為若干焦耳?
(A) 10　　(B) 2.5　　(C) 4　　(D) 6

(A)

7. 同上題，若電荷 q 由 A 點移到 B 點，若電位能差轉變成其動能，則電荷可獲得動能若干焦耳？　　(C)

   (A) 10　　(B) 6　　(C) 4　　(D) 16

8. 有三個同號電荷 q，置於邊長為 a 的正三角形的三個頂點上，則此電荷系統具有的電位能為若干？　　(A)

   (A) $\dfrac{3kq^2}{a}$　　(B) $\dfrac{3kq^2}{a^2}$　　(C) $\dfrac{\sqrt{3}\,kq^2}{a}$　　(D) $\dfrac{3kq}{a}$

9. 電子獲得 1 伏特電位差的加速可獲得的能量謂之電子伏特 (1 ev)，一電子伏特＝？　　(B)

   (A) 3.6×10^6 焦耳　　(B) 1.6×10^{-19} 焦耳
   (C) 9×10^9 焦耳　　(D) 6.02×10^{23} 焦耳

10. 將一不帶電的銅棒接近帶正電的驗電器，則瓶內金箔的張角會：　　(B)

    (A) 張得更大　　(B) 張角變小　　(C) 張角不變　　(D) 變小合起再張開

11. 下列何者為向量：　　(C)

    (A) 電流　　(B) 電動勢　　(C) 動量　　(D) 電位

12. 驗電器可以檢驗：　　(D)

    (A) 電流強弱　　(B) 電阻大小　　(C) 磁場強度　　(D) 靜電之電性

13. 100 伏特，5 瓦特之燈泡，接於 100 伏特之電源，電源供電之電功率為若干瓦特：　　(C)

    (A) 50　　(B) 500　　(C) 5　　(D) 20

14. 所謂超導體是指超導物質低於某一特定溫度時，其下列哪一個物理量降為零：　　(D)

    (A) 質量　　(B) 電流　　(C) 磁場強度　　(D) 電阻

15. 微法拉 (μF) 為下列何者常用單位：　　(D)

    (A) 電阻　　(B) 電感　　(C) 電功率　　(D) 電容

16. 已知一電容器之電位為 2.0 伏特，電容為 3 微法拉，則其所帶之電量為：　　(C)

    (A) 6 庫侖　　(B) 6×10^6 庫侖　　(C) 6×10^{-6} 庫侖　　(D) $\dfrac{3}{2}$ 庫侖　　(E) $\dfrac{2}{3}$ 庫侖

17. "法拉"與下列哪一個單位相同？　　(E)

    (A) 庫侖/秒　　(B) 焦耳/秒
    (C) 焦耳/庫侖　　(D) 伏特/安培
    (E) 庫侖/伏特

18. 一金箔驗電器，當一物體向其接近時金箔不動，接觸時金箔張開角度變小，該物體必定：　　(C)

    (A) 帶正電　　(B) 帶負電　　(C) 不帶電　　(D) 帶正帶或不帶電

19. 有 A、B、C、D 四個帶靜電的小球，已知球 A、B 相吸，B、C 相斥，且分別各有二個帶同種電荷，則下列敘述何者錯誤： (A)
    (A) C、D 帶同性電   (B) A、D 帶同性電
    (C) B、D 帶異性電   (D) A、C 帶異性電

20. 指出何項不是導體： (C)
    (A) 銀棒   (B) 石墨棒   (C) 壓克力   (D) 人體

21. 關於靜電下列何者為錯誤： (A)
    (A) 物體有過剩的電子則為帶正電
    (B) 導體帶電均分佈於其表面
    (C) 避雷針是利用靜電感應設計而成的裝置
    (D) 摩擦起電僅能以絕緣體施行

22. 下列何處電場強度為零： (C)
    (A) 帶電體質量中心
    (B) 載流導體的內部
    (C) 帶靜電的金屬內部
    (D) 帶電絕緣體內部

23. 半徑為 R 的金屬圓環上均勻分佈電荷 q，圓環中心處的電場為何？ (B)
    (A) $\dfrac{KQ}{R^2}$ (B) 0   (C) $\dfrac{KQ}{R}$ (D) $\dfrac{Kq^2}{R}$

24. 電位差 (電壓) 的單位是： (B)
    (A) 庫侖/焦耳   (B) 焦耳/庫侖   (C) 安培·伏特   (D) 電子伏特

25. 導體與絕緣體的區別主要是由於物質內： (D)
    (A) 原子的存在   (B) 原子核的存在   (C) 電子的存在   (D) 自由電子的多寡

26. 兩相同的小金屬球相距 R，各帶有 +3 庫侖及 −5 庫侖的電荷，將兩小球接觸後再放回原位，此時靜電力大小為原有的若干倍？ (A)
    (A) 1/15   (B) 1/6   (C) 0.8   (D) 1

27. 下列何者不是向量？ (C)
    (A) 庫侖力   (B) 電場   (C) 電位   (D) 磁場

28. 物體帶電的電量有一最小單位，叫作基本電荷，此基本電荷的大小為： (C)
    (A) 1 庫侖   (B) 9×10^9 庫侖
    (C) 1.6×10^{-19} 庫侖   (D) 3.2×10^{-19} 庫侖

29. 兩個大小不等的導體球帶電,且其電量分別為 $+8\times 10^{-6}$ 庫侖及 -2×10^{-6} 庫侖,若兩球接觸後再分開,其一帶電為 4×10^{-6} 庫侖,另一球所帶的電荷為若干庫侖? (B)
    (A) 6×10^{-6}　　(B) 2×10^{-6}　　(C) 4×10^{-6}　　(D) 2×10^{-6}

30. 玻璃棒和絲絹摩擦後,玻璃棒將帶何種電荷? (A)
    (A) 正電　　(B) 負電　　(C) 正、負電荷皆有可能　　(D) 以上皆非

31. 利用靜電感應的方法使物體帶電,則物體所帶電荷的電性必和接近帶電物體的電性: (B)
    (A) 相同　　(B) 相反　　(C) 兩種皆有可能　　(D) 以上皆非

32. 驗電器可檢驗帶電物體的電性,若已知驗電器帶正電,使另一帶正電物體靠近驗電器的金屬球,則驗電器的金屬片將: (B)
    (A) 角度變小　　(B) 角度變大　　(C) 角度變大後再變小　　(D) 以上皆非

33. 兩個帶電導體球帶同種電荷,兩球半徑比為 2：1,若將兩球接觸後再分開,則兩球帶電量的大小比為: (C)
    (A) 1：1　　(B) 4：1　　(C) 2：1　　(D) 1：2

34. 同上題,則分開後的兩球,其表面電荷的電荷密度大小的比值為: (D)
    (A) 1　　(B) 4　　(C) 2　　(D) $\frac{1}{2}$

35. 同上題,其表面電位大小的比值為: (A)
    (A) 1　　(B) 4　　(C) 2　　(D) $\frac{1}{2}$

36. 下列有關電力線的敘述何者正確? (F)
    (A) 電力線的起點是正電荷,終點是負電荷
    (B) 電場愈強,電力線愈密集
    (C) 電力線的切線方向表示電場方向
    (D) 電力線不相交
    (E) 錐形導體帶電,尖端處電力線最密,內部沒有電力線
    (F) 以上皆正確

37. 下列有關電場的敘述何者錯誤？　　　　　　　　　　　　　　　　(C)
   (A) 電場是電力所及的空間
   (B) 帶電體可在空間建立一電場
   (C) 電場是真實存在的東西
   (D) 金屬導體帶電，內部電場必為零
   (E) 一負電荷在某點受力方向必和該點電場方向相反

二、計算題

1. 一質子起初靜止時的電位為 500 V，經一段時間後它所在位置的電位為 200 V，在此過程中只有靜電力作用於質子，試求質子的末動能。
   答案：4.8×10^{-17} J

2. 已知空間中的 C 點電位為 100 V，由 A 點至 B 點的電位下降是 10 V，由 A 點至 C 點的電位上升為 60 V，試求 B 點的電位。
   答案：30 V

3. 一個質子所帶的電量為 1.6×10^{-19} c，質量為 1.67×10^{-27} kg；而一個電子所帶的電量為 -1.6×10^{-19} c，質量為 9.11×10^{-31} kg，若兩者相距為 d，試求靜電力與萬有引力之比值。
   答案：2.27×10^{39}

4. 三個電荷 $q_1 = +2.00 \times 10^{-9}$ c，$q_2 = -3.00 \times 10^{-9}$ c 及 $q_3 = +1.00 \times 10^{-9}$ c 分別置於 x 軸上的 $x_1 = 0$，$x_2 = 10.0$ 公分及 $x_3 = 20.0$ 公分處，試求作用於 q_3 之合力。
   答案：2.25×10^{-6} N (向 x 軸負向)

5. 一平行板電容器，兩平板之間距為 1.00 mm，板之面積為 1.00 cm²，在兩板之間為真空，電場的大小為 1.00×10^6 N/c，試求 (a) 兩板間的電位差；(b) 平板上的電荷。
   答案：(a) 1 kV；(b) 8.85×10^{-1} 庫侖

6. 試求兩個均為 1 μF 之電容器：(a) 並聯；(b) 串聯時之等效電容。
   答案：(a) 2 μF；(b) 0.5 μF

7. 正三角形上的三個角分別置有 $+1 \mu c$，$+1 \mu c$ 及 $-2 \mu c$ 三個點電荷，正三角形的中心至三個角的距離為 10 公分，試求中心的電位。
   答案：0

8. 兩點電荷相距 2.00 公尺，在兩電荷中央處電位為 8.00 V，已知其中一點電荷帶電量為 1.00×10^{-9} c，試求另一點電荷之帶電量。
   答案：-1.1×10^{-10} 庫侖

CHAPTER 13

直流電路

13-1 電　流

　　將導線兩端連接電池的兩極，則造成導線中產生一個電場，而使得導線中的自由電子受靜電力的作用，向電場的反方向移動。在導線內的任一截面每單位時間所流過的電量稱為**電流強度**，以符號 I 表示，數學式為

$$I = \frac{\Delta q}{\Delta t} \tag{13.1}$$

若電荷流動率非常數，則可將上式之 Δt 趨近於零，即得瞬時電流

$$I = \lim_{\Delta t \to 0} \frac{\Delta q}{\Delta t} \tag{13.2}$$

電流的公制單位為安培 (A)，

$$1 \text{ A} = 1 \text{ c/sec}$$

　　電流方向即正電荷運動的方向，或負電荷流動的反方向。自電池的正極流出，經外電路流至電池的負極，再經由內電路而回到正極。而在外電路中實際流動的電荷是自由電子而非質子，故自由電子流動的方向與電流方向相反。電流傳遞的速度很快，但自由電子的運動速度與電流傳遞的速度並不相同。實際上，自由電子在電場中運動是不規則的跳動式的，若我們以統計學的角度來觀察，則找出其集體平均速度，稱為**漂移速度**。其方向與電場的方向相反，而漂移速度的大小與導體中電場強度的大小成正

比。電流亦可以漂移速度 $\bar{v}_d$ 表示為

$$I = nAe\bar{v}_d \tag{13.3}$$

其中 n 為導線中單位體積所含之自由電子數，A 為導線截面積，而 e 為電子之電量。

13-2 電 阻

當電荷在金屬導體內移動時，由於導體內的晶格振動會對電子造成阻礙的現象，此即稱為**電阻**。故溫度升高時，晶格振動會加劇，而造成電阻的增加。

當溫度固定時，對一粗細均勻的電阻線之電阻大小 R 與長度 l 成正比，而與截面積 A 成反比，此現象稱為**電阻定律**，數學式為

$$R = \rho \frac{L}{A} \tag{13.4}$$

其中 ρ 為比例常數，稱為**電阻係數**，其單位為歐姆-公尺 (Ω-m)，此 ρ 值會隨導線之種類及溫度而改變。如表 13-1 列出的一些材料的電阻係數。

而前述溫度升高時，金屬導體的電阻會增加，亦即其電阻係數 ρ 會與溫度 T 有關，由實驗結果得知下式

$$\rho = \rho_0 [1 + \alpha(T - T_0)] \tag{13.5}$$

其中 α 為電阻的溫度係數，亦與材料之特性有關。ρ_0 為溫度 T_0 時之電阻係數。表 13-1 中同時列出一些材料之溫度係數。

假設導體的溫度固定時，不論導體兩端所加電位差為何，其兩端電位差與通過的電流強度之比值恆為一定值，此稱為**歐姆定律**，數學式為

表 13-1　常見物質之電阻係數及溫度係數

物質	20℃ 時的 ρ_0 (Ω-m)	α(℃$^{-1}$)
銀	1.59×10^{-8}	3.8×10^{-3}
銅	1.72×10^{-8}	3.9×10^{-3}
金	2.44×10^{-8}	3.4×10^{-3}
鋁	2.82×10^{-8}	3.9×10^{-3}
鎢	5.51×10^{-8}	4.5×10^{-3}
鐵	10×10^{-8}	5.0×10^{-3}
鉛	22×10^{-8}	3.9×10^{-3}
水銀	96×10^{-8}	0.9×10^{-3}
鎳鉻合金	100×10^{-8}	0.4×10^{-3}
碳	3.5×10^{-5}	-0.5×10^{-3}
木材	$10^8 - 10^{12}$	
聚乙烯	2×10^{11}	
玻璃	$10^{10} - 10^{14}$	
硬橡膠	$10^{13} - 10^{16}$	

$$R = \frac{V}{I} \qquad (13.6)$$

歐姆定律對於半導體及超導體是不適用的，因此上述材料稱為非歐姆材料。

範例 13-1

材料相同、質量相同的兩條導線，若其長度比為 2：1，則電阻比為何？

解：

因兩導線材料相同、質量相同，故截面積與長度成反比，即 1：2。

由 (13.4) 式知 $R = \rho \frac{L}{A}$，材料相同，故 ρ 相等，則電阻比為

$$R_1 : R_2 = \frac{L_1}{A_1} : \frac{L_2}{A_2} = \frac{2}{1} : \frac{1}{2} = 4 : 1 \quad \text{......Ans.}$$

若將電阻加以組合聯結，則會構成不同的結果，但都必須依循歐姆定律。可分為串聯與並聯來加以討論：

1. 電阻串聯

如圖 13-1 所示，經過各電阻的電流 I 均相同，總電路兩端的電位差 V，會等於各電阻兩端的電位差 V_1、V_2 與 V_3 之總和，即

$$V = V_1 + V_2 + V_3 \tag{13.7}$$

故我們可由各電阻單獨的歐姆定律得

$$R_1 = \frac{V_1}{I} \, , \, R_2 = \frac{V_2}{I} \, , \, R_3 = \frac{V_3}{I}$$

因此串聯後之等值電阻為

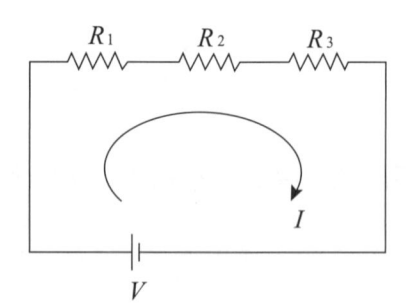

圖 13-1　電阻串聯。

$$R = \frac{V}{I} = \frac{V_1 + V_2 + V_3}{I} = R_1 + R_2 + R_3 \tag{13.8}$$

即串聯總電阻為其各分電阻之代數和。

2. 電阻並聯

如圖 13-2 所示，因各電阻具有相同的端點，故其兩端的電位差 V 均相同，而並聯的各電阻其上之電流 I_1、I_2、I_3 的總和必與電源流出之總電流 I 相等，即

$$I = I_1 + I_2 + I_3 \qquad (13.9)$$

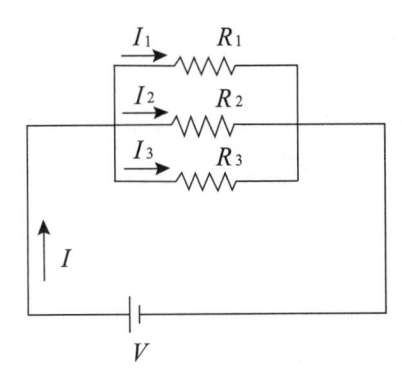

圖 13-2　電阻並聯。

故我們可由各電阻單獨的歐姆定律得

$$R_1 = \frac{V}{I_1} \,,\, R_2 = \frac{V}{I_2} \,,\, R_3 = \frac{V}{I_3}$$

其倒數為

$$\frac{1}{R_1} = \frac{I_1}{V} \,,\, \frac{1}{R_2} = \frac{I_2}{V} \,,\, \frac{1}{R_3} = \frac{I_3}{V}$$

而並聯後之等值電阻的倒數為

$$\frac{1}{R} = \frac{I}{V} = \frac{I_1 + I_2 + I_3}{V}$$

$$= \frac{1}{R_1} + \frac{1}{R_2} + \frac{1}{R_3} \qquad (13.10)$$

我們可以發現當電阻並聯時，其總電阻變小。

範例 13-2

若將右圖電路中的開關 S 切斷，伏特計 V 的讀值為 12 伏特。此時安培計的讀值為若干安培？

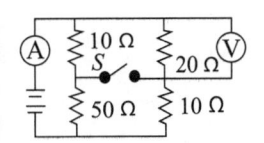

解：

通過 20 Ω 之電流 $i_2 = \dfrac{V}{R} = \dfrac{12}{20} = 0.6$ 安培，因 AD 與 BC 線路並聯，故其電壓相等

$\Rightarrow i_1(10+50) = i_2(20+10)$

∴ 通過 10 Ω 與 50 Ω 之電流為

$$i_1 = 0.5 i_2 = 0.5 \times 0.6 = 0.3 \text{ (安培)}$$

安培計 A 的讀值為

$$i = i_1 + i_2 = 0.3 + 0.6 = 0.9 \text{ (安培)} \quad \text{......Ans.}$$

範例 13-3

以 6 條完全相同的電阻線 (電阻為 5 歐姆)，組成一正四面體 ABCD (每一電阻線成為一邊) 後，把任兩頂點 A 和 B 接於電壓為 6 伏特的無內阻電池的正負極。試求：

(1) 通過另兩頂點 CD 間的電流為若干？
(2) 電路中的等效合電阻為若干？
(3) 通過電池的電流為何？

解：

(1) 由對稱關係知 C 與 D 等電位，故其間沒有電流通過

$$\Rightarrow I_{CD} = 0 \quad \text{......Ans.}$$

(2) 因 C、D 等電位，故可將其間電阻線拆除，即 AB 間的總電阻為 10 Ω、10 Ω 與 5 Ω 三者並聯

$$\Rightarrow \dfrac{1}{R_{AB}} = \dfrac{1}{5+5} + \dfrac{1}{5+5} + \dfrac{1}{5}$$

∴ 所求電阻 $R_{AB} = 2.5$ (Ω) ......**Ans.**

(3) 由歐姆定律 ⇒ 所求電流為

$$I = \dfrac{V}{R_{AB}} = \dfrac{6}{2.5} = 2.4 \text{ (A)} \quad \text{......Ans.}$$

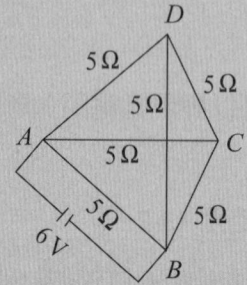

13-3　電池的電動勢

在電池內部化學能對電荷作功，使正電荷移往正極，負電荷移往負極。而當電流流經外電路時，電能則被外接之電器消耗。電池所能提供的能量稱為**電動勢**，簡寫為 emf，常以符號 ε 表示，其定義為單位正電荷在電池內部由負極移至正極所作的功，數學式表示為

$$\varepsilon = \frac{\Delta W}{\Delta q} \tag{13.11}$$

電動勢的公制單位為焦耳/庫侖，也就是伏特 (V)，與電位差的單位相同 (這也是大家常將兩者混為一談的原因)。

一個電池的電動勢只與構成此一電池之化學物質有關，與其他因素 (如：極板面積、二極距離、輸出電流……) 無關。故使用不同的金屬當電極，其所產生的電動勢便不同。當電動勢相同的電池並聯時，其總電動勢與單一電池的電動勢相同。若將電池串聯，則總電動勢等於各電池的電動勢代數和。

若電池流出之電流為 I，通電時間為 t，則電池所提供的能量 W 為

$$W = q\varepsilon = It\varepsilon \tag{13.12}$$

假設電池的電動勢為 ε，內電阻為 r，而電池正負兩極之電位差，又稱端電壓 V，且迴路上電流為 I 時，則當電池對外界放電時，電動勢與端電壓之關係為

$$\varepsilon = V + Ir$$

故 $\varepsilon > V$。而當外界對電池充電時，兩者間之關係為

$$\varepsilon = V - Ir$$

故 $\varepsilon < V$。當電池無電流或無內電阻時，電動勢就會等於端電壓。

範例 13-4

某電池電動勢為 1.5 伏特，內電阻為 5 歐姆，與外電阻 10 歐姆連接成通路時，求其中電流強度及電池之端電壓若干？

解：

總電阻為內、外電阻之和，即

$$5 + 10 = 15 \ (\Omega)$$

則電流　　$I = \dfrac{\varepsilon}{R} = \dfrac{1.5}{15} = 0.1 \ (A)$ ......**Ans.**

端電壓　　$V = \varepsilon - Ir = 1.5 - 0.1 \times 5 = 1.0 \ (V)$ ......**Ans.**

13-4　電流、電位及電阻之量測

　　安培計是測定電流的儀器，用以讀取電路中之電流。使用時與電路串聯，如圖 13-3 所示。使用時需注意極性。在理想狀態下，安培計的內電阻為零，不會影響量測之值。而實際狀況中，安培計內部具有內電阻，會影響電路，使測量值比實際值為小。若此內電阻遠小於串聯電路的總電阻值時，則內電阻對安培計所造成的誤差即可被忽略。

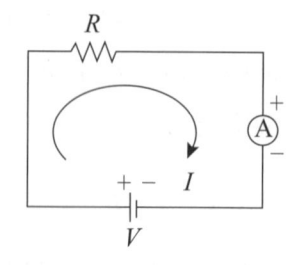

圖 13-3　安培計接線圖。

　　伏特計是測定電位差的儀器，用以讀取電路中任意二點間的電位差(電壓)。使用時與受測電路並聯，如圖 13-4 所示。使用時需注意極性。在理想狀態下，伏特計的內電阻為無限大，不會影響量測之值。而實際狀況中伏特計內部的電阻為有限值，致使部分電流會流過伏特計，使原有電路產生變化，致此時之測量值比實際值小。若此內電阻甚大，則電路中通過伏特計的電流甚小，則可忽略伏特計所造成的誤差。

而對電阻的測定，可用歐姆定律法來進行，即利用伏特計測量電阻器兩端的電位差 V，並利用安培計測量電阻器中的電流 I，則電阻可由歐姆定律求出，即

$$R=\frac{V}{I}$$

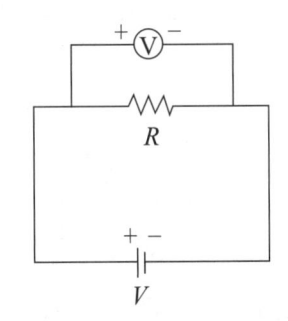

圖 13-4 伏特計接線圖。

但其接線方式會因所測電阻之高、低而有差異；說明如下：

1. 低電阻的測定

如圖 13-5 所示方式，接上安培計及伏特計。伏特計內電阻 r_V，而 R 為待測電阻。由圖中知伏特計的讀數 V 確為待測電阻兩端的電位差，而安培計的讀數卻包含了流過伏特計 V 與電阻 R 的電流之和，即

$$I_A=I_V+I_R=\frac{V}{r_V}+\frac{V}{R}$$

故測定值 $R'=\frac{V}{I_A}$，而其倒數 $\frac{1}{R'}=\frac{I_A}{V}=\frac{1}{r_V}+\frac{1}{R}$

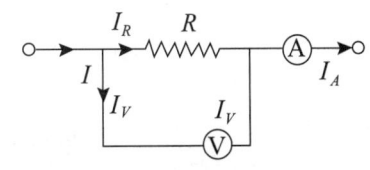

圖 13-5 低電阻的測定。

即 $R' = \dfrac{R \cdot r_V}{R + r_V} < R$，即測定值 < 實際值。

2. 高電阻的測定

如圖 13-6 所示方式，接上安培計及伏特計。安培計內電阻 r_A，R 為待測電阻。由圖中知安培計的讀數 I 確為流經待測電阻 R 的電流，而伏特計的讀數 V 卻包含了安培計兩端電位差 V_A 及待測電阻 R 兩端電位差 V_R 的和，即

$$V = V_A + V_R = I(r_A + R)$$

故測定值 $R'' = \dfrac{V}{I} = r_A + R$，即測定值 > 實際值。

圖 13-6 高電阻的測定。

另外有一種測定電阻的方法稱為**惠斯登電橋法**，如圖 13-7 所示。若電流計讀數 $G = 0$ 時，$V_a = V_b = 0$。其中 R_1、R_2 為已知固定電阻；R_s 為可變電阻，R_x 為待測電阻。R_s 的用途即為使 $G = 0$。

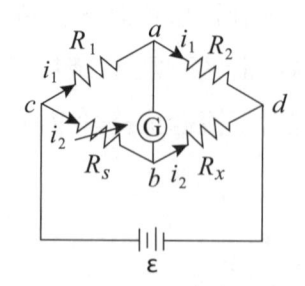

圖 13-7 惠斯登電橋。

在 a、b 兩點等電位時，$V_{ca} = V_{cb}$，即 $I_1 R_1 = I_2 R_s$；同時 $V_{ad} = V_{bd}$，即 $I_1 R_2 = I_2 R_x$，整理可得下式

$$\frac{R_1}{R_2}=\frac{R_s}{R_x} \Rightarrow R_x=\frac{R_2}{R_1}\times R_s \qquad (13.13)$$

範例 13-5

在電路圖中 V 及 A 分別為伏特計及安培計，R 為未知電阻。若伏特計讀數為零伏特，則安培計的讀數應為若干安培？

解：

因伏特計讀數為零，故由惠斯登電橋原理得

$$R\times 5=10\times 25 \Rightarrow R=50\ (\Omega)$$

令電路之電阻為 R'，則

$$\frac{1}{R'}=\frac{1}{R+25}+\frac{1}{10+5}$$

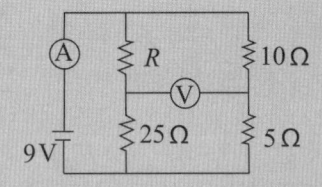

且 $R=50 \Rightarrow R'=\dfrac{25}{2}\ (\Omega)$

$\therefore$ 安培計的讀數 $I=\dfrac{V}{R'}=\dfrac{9}{25/2}=0.72$ (安培) ......**Ans.**

範例 13-6

設以右圖中之電路測量電阻 R_x，已知 $R_a=R_b=10$ 歐姆，$V=10$ 伏特；調整可變電阻 R_v 之值至 25 歐姆時，電流計 G 之讀數為 0。假定 R_a 之準確度極高，電流計 G 之準確度亦極高，R_b 之誤差範圍為 ± 0.05 歐姆 (亦即 $R_b=10\pm 0.05$ 歐姆)，可變電阻 R_v 較不準確，其誤差範圍為固定值 ± 0.5 歐姆。

(1) 求 R_v 的誤差範圍 (或求 R_x 的上下限)。

(2) 如果將 R_x 與 R_b 互相掉換位置，重新調整 R_v，使 G 之讀數為 0，如此量出的 R_x 是否較 (1) 的情況更準確或更不準確？試說明你的理由。

解：

(1) 因惠斯登電橋平衡時，$R_x R_v=R_a R_b$，則

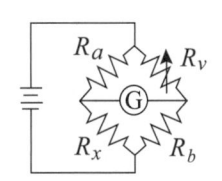

$$R_x = \frac{R_a R_b}{R_v} = \frac{10(10 \pm 0.05)}{25 \pm 0.5} \Rightarrow \begin{cases} 最大值\ (R_x)_{\max} = 4.1\ (\Omega) \\ 最小值\ (R_x)_{\min} = 3.9\ (\Omega) \end{cases}$$

$\Rightarrow R_x = (4 \pm 0.1\ \Omega)$

即誤差範圍為 $\pm 0.1\ \Omega$ ......**Ans.**

(2) R_x 與 R_b 互換時，R_v 必須調整至

$$R_v = \frac{R_a R_x}{R_b} = \frac{10 \times 4}{10} = 4\ (\Omega)$$

則依題意 $R_v = (4 \pm 0.5)\ \Omega$，

又 $R_x = \dfrac{R_b R_v}{R_a} = \dfrac{(10 \pm 0.05)(4 \pm 0.5)}{10}$

$\Rightarrow \begin{cases} 最大值\ (R_x)_{\max} = 4.52\ (\Omega) \\ 最小值\ (R_x)_{\min} = 3.48\ (\Omega) \end{cases}$

$\Rightarrow R_x = (4 \pm 0.52)\ \Omega$，因此互換後將更不準確。......**Ans.**

13-5　電功率與焦耳電熱定律

電源在單位時間內所放出之電能，或電器在單位時間內所消耗之電能，稱為**電功率**，代號為 P。若探討的是電源，其電動勢為 ε，則其電功率為

$$P = \frac{W}{t} = \frac{q\varepsilon}{t} = I\varepsilon \tag{13.14}$$

若探討的是電器，其兩端的電位差為 V，則電功率為

$$P = \frac{W}{t} = \frac{qV}{t} = IV = I^2 R = \frac{V^2}{R} \tag{13.15}$$

由能量守恒定律知電源提供電能之電功率會等於電路上各電器消耗的電功率，故

$$I\varepsilon = \sum_n I_n V_n \qquad (13.16)$$

電功率的單位為瓦特 (Watt)，而我們日常生活中計算電費的單位為 1 度電，即 1 仟瓦・小時，此為能量單位而非功率單位。

$$1 \text{ 仟瓦・小時} = 3.6 \times 10^6 \text{ 焦耳}$$

由焦耳實驗發現，當電能會全部轉化為熱能的情況下，在一電路上電流通過線性導體 (即遵守歐姆定律之導體) 所消耗之電功率，與其電流強度的平方成正比，而與電阻成正比，如 (13.15) 式所述。而式中 $P = I^2 R$ 之關係稱為**焦耳電熱定律**。凡符合歐姆定律的導體也必滿足焦耳電熱定律，反之亦然。

在家庭電器的使用上，各電器為並聯，如此才不至於降低各電器的電功率。而保險絲則與電器串聯。

範例 13-7

若有 A、B 兩個家用電燈泡，A 上面標示為 110 伏特、40 瓦特，B 上面標示為 110 伏特、60 瓦特。若將此兩燈泡串聯後接在 220 伏特電源，假設燈絲都未燒斷，則此時兩燈泡功率之和為若干瓦特？

解：

由 $R = \dfrac{V^2}{P}$ 得 A 與 B 兩燈泡的電阻分別為

$$R_A = \frac{110^2}{40} = \frac{605}{2} \text{ } (\Omega) \text{ 與 } R_B = \frac{110^2}{60} = \frac{605}{3} \text{ } (\Omega)$$

則兩燈泡串聯後的總電阻為

$$R = R_A + R_B$$
$$= \frac{605}{2} + \frac{605}{3} = \frac{3{,}025}{6} \text{ } (\Omega)$$

⇨ 兩燈泡功率之和

$$P = \frac{V^2}{R} = \frac{220^2}{3{,}025/6} = 96 \text{ (瓦特)} \quad \textbf{\textit{.....Ans.}}$$

範例 13-8

將電阻率為 2.00×10^{-7} 歐姆·公尺之合金，抽成截面積為 0.500 平方公釐電阻線，而合金的原體積為 1.00 立方公分。今以 12.0 伏特之電位差加在此電阻兩端：

(1) 電功率是多少瓦特？

(2) 以此電阻線將一冰塊加熱。設冰塊質量為 100 克，原溫度為 0°C，最後成為 100°C 的水。若熱量無散失，則須加熱多少秒？

解：

(1) 因電阻線的截面積 $A = 0.500$ mm² $= 5.00 \times 10^{-7}$ m²，體積 $V = 1.00$ cm³ $= 1.00 \times 10^{-6}$ m³，故長度為 $l = V/A = 2.00$ m，且電阻率 $\rho = 2.00 \times 10^{-7}$ Ω-m，則電阻為

$$R = \rho \frac{l}{A} = 2.00 \times 10^{-7} \times \frac{2.00}{5.00 \times 10^{-7}} = 0.800 \text{ (Ω)}$$

∴ 所求電功率 $P = \dfrac{\text{電位差平方} (\Delta V)^2}{\text{電阻} R}$

$$= \frac{12.0^2}{0.800} = 180 \text{ (瓦特)} \quad \text{......Ans.}$$

(2) 設需加熱時間為 t，又依題意冰塊質量 $m = 100$ 克，而其熔化熱為 $L_f = 80$ 卡/克，且水之比熱為 $c = 1$ 卡/克·°C，上升溫度 $\Delta T = 100$°C，則由能量守恆知電阻線產生的熱量等於冰塊熔化成水並上升至 100°C 時所吸收的熱量，即

$$Pt = (mL_f + mc \cdot \Delta T)$$
$$\Rightarrow 180t = (100 \times 80 + 100 \times 1 \times 100) \times 4.18$$
$$\therefore t = 418 \text{ (秒)} \quad \text{......Ans.}$$

13-6 克希荷夫定律

一般求解直流電路中元件的電流或電位差的方法是應用克希荷夫定律，可分為二部分：

1. 克希荷夫電流定律

對於電路網路上的任一節點，不會堆積電荷，故在任何時間內，流入節點的總電流必等於流出的總電流，即

$$\Sigma I = 0 \qquad (13.17)$$

2. 克希荷夫電壓定律

對於任一電路迴路 (封閉路徑) 上，各元件的電位差的總和為零，即

$$\Sigma V = 0 \qquad (13.18)$$

我們可以說克希荷夫電流定律是利用電荷守恆的原理，而克希荷夫電壓定律是利用能量守恆的原理。

範例 13-9

如附圖所示，求圖中之電流 I_1、I_1 及電位差 V_{ba} 之值。

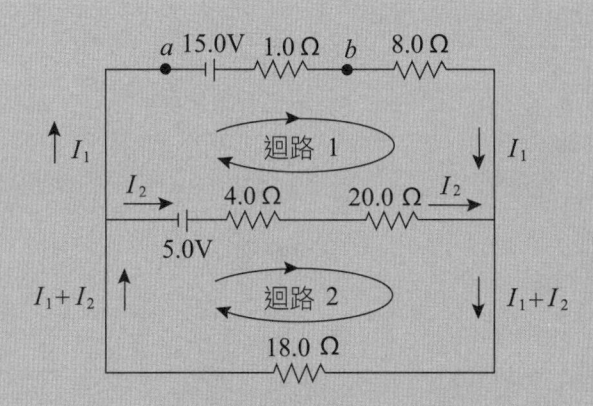

解：
由克希荷夫電壓定律，即 (13.18) 式可知

迴路 1，$\Sigma V = 0$

$\Rightarrow -15.0 + I_1(1.0) + I_1(8.0) - I_2(20.0) - I_2(4.0) + 5.0 = 0$

$\Rightarrow 9I_1 - 24I_2 = 10$

迴路 2，$\Sigma V = 0$

$\Rightarrow -5.0 + I_2(4.0) + I_2(20.0) + (I_1 + I_2)(18.0) = 0$

$\Rightarrow 18I_1 + 42I_2 = 5$

聯立解迴路 1 及迴路 2 之方程式可得

$I_1 = 0.67$ (A) ......***Ans.***

$I_2 = -0.17$ (A) ......***Ans.***

(負號表示電流方向與圖中之箭頭方向相反)
由 I_2 可求出電位差 V_{ba} 為

$V_{ba} = -(0.67)(1.0) + 15 = 14.33$ (V) ......***Ans.***

習題

一、選擇題

1. 下列各圖之燈泡(以 W 表示者)，電池 (以 ┤├ 表示者) 其性質均同，請找出燈泡亮度相同的一組：   (A)

(A)

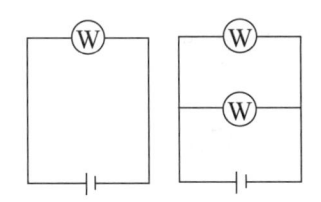

(B)

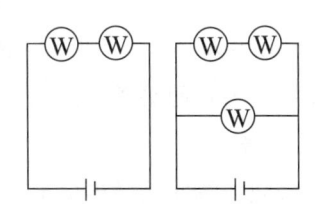

(C) 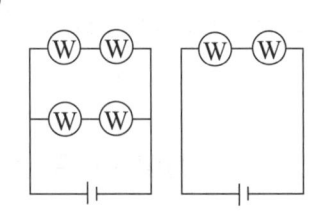　　　　　　　　　　　　　(D) 以上三組均相同

2. 下列有關電流方向的敘述，何者錯誤：   (A)
  (A) 電池的內部，電流由高電位流向低電位
  (B) 電流方向即為正電荷流動的方向，和電子流動方向相反
  (C) 電流從電池的正極由外電路流回負極
  (D) 電流傳遞速度很快，但電子流動速率很慢

3. 某電路的電流強度為 1 安培，則一秒鐘通過電路的電子數目為若干個：   (D)
  (A) 6.02×10^{23} (B) 9×10^9
  (C) 1.6×10^{-19} (D) 6.25×10^{18}

4. 某電路的電流強度為 4 安培，則通電 5 分鐘，將有若干庫侖的電荷通過電路中的某個截面：   (C)
  (A) 20   (B) 75   (C) 1,200   (D) 72,000

5. 能量的單位焦耳，也可表示為：   (D)
  (A) (安培)^2‧伏特   (B) 安培‧伏特   (C) 伏特/庫侖   (D) 庫侖‧伏特

6. 電功率的單位瓦特，也可表示為：   (B)
  (A) (安培)^2‧伏特   (B) 安培‧伏特   (C) 伏特/庫侖   (D) 庫侖‧伏特

7. 將粗細長短相同的銅線、鐵線、鎳鉻線串聯後接於同一電源上，則通過其上的電流最大的是： (D)

    (A) 銅線　　　(B) 鐵線　　　(C) 鎳鉻線　　　(D) 三者電流相同

8. 同上題，若將三者並聯後接於同一電源上，則電流最大的是： (A)

    (A) 銅線　　　(B) 鐵線　　　(C) 鎳鉻線　　　(D) 三者電流相同

9. 若 A 燈泡標示 110 V、100 W，B 燈泡標示 110 V、60 W，則 A、B 燈泡的電阻大小為： (B)

    (A) A＞B　　　(B) B＞A　　　(C) A＝B　　　(D) 以上皆非

10. 同上題，將 A、B 燈泡串聯連接後再接上電源，則： (B)

    (A) A 較亮　　　(B) B 較亮　　　(C) 一樣亮　　　(D) 以上皆非

11. 同上題，將 A、B 燈泡並聯連接後再接上電源，則： (A)

    (A) A 較亮　　　(B) B 較亮　　　(C) 一樣亮　　　(D) 以上皆非

12. A、B 兩均質銅線，A 的長度是 B 的 2 倍，半徑是 B 的 2 倍，則 A 的電阻是 B 的幾倍？ (C)

    (A) 2　　　(B) 4　　　(C) 1/2　　　(D) 1/4

13. A、B、C 三電阻線的電阻比為 1：2：3，並聯後接上電池，則三電阻線兩端電位差的比為： (C)

    (A) 1：2：3　　　(B) 3：2：1　　　(C) 1：1：1　　　(D) 2：3：6

14. 同上題，通過三電阻線上的電流比為： (D)

    (A) 3：2：1　　　(B) 1：1：1　　　(C) 2：3：6　　　(D) 6：3：2

15. A、B、C 三電阻線的電阻比為 1：2：3，串聯後接上電池，則三電阻線兩端電位差的比為： (A)

    (A) 1：2：3　　　(B) 3：2：1　　　(C) 1：1：1　　　(D) 2：3：6

16. 同上題，其電熱功率的比為： (A)

    (A) 1：2：3　　　(B) 3：2：1　　　(C) 1：1：1　　　(D) 2：3：6

17. 電爐是利用電流的： (A)

    (A) 熱效應　　　(B) 磁效應　　　(C) 化學效應　　　(D) 電磁交互作用

18. 電鈴、電動機都是利用電流的： (B)

    (A) 熱效應　　　(B) 磁效應　　　(C) 化學效應　　　(D) 電磁交互作用

19. 將單位正電荷，自無窮遠處移至電場中某點，所作的功稱為： (C)

    (A) 電場　　　(B) 電位能　　　(C) 電位　　　(D) 電流

20. 帶電量 q，質量 m 的質點，靜置於均勻電場 E 中釋放，其加速度大小為： (C)
    (A) E/m (B) E/q (C) qE/m (D) mE/q

21. 甲、乙兩帶電體相距 R 時，其間的靜電力為 F，若兩帶電體的電量皆增為 2 倍，距離也增為 $2R$ 時，則其間的靜電力成為： (C)
    (A) $\frac{1}{4}F$ (B) $\frac{1}{2}F$ (C) F (D) $2F$ (E) $4F$

22. 如下圖所示，試求經過 6 Ω 之電阻器的電流為多少安培： (A)

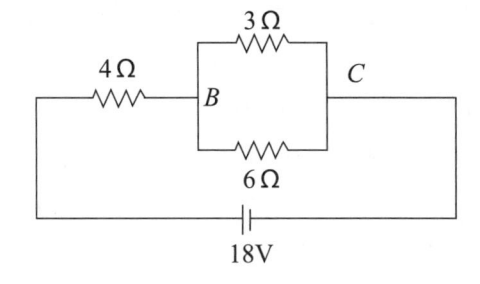

    (A) 1 (B) 2 (C) 3 (D) 4

23. 發電機所依據的原理是： (B)
    (A) 庫侖定律 (B) 法拉第電磁感應定律
    (C) 歐姆定律 (D) 電流的磁效應

24. 如下圖所示，a、b 兩點間之等效電阻為若干歐姆： (D)

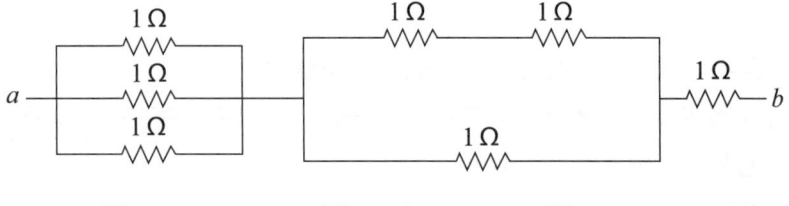

    (A) 7 (B) 6 (C) 3 (D) 2

25. 有 N 個電阻器的電阻皆相等，試問全部串聯之總電阻為全部並聯時的若干倍： (C)
    (A) N (B) $\frac{1}{N}$ (C) N^2 (D) $\frac{1}{N^2}$

26. 一電阻為 10 歐姆的電阻器，若通以 4 安培的電流，則電阻器兩端的電位差為若干伏特： (A)
    (A) 40 (B) 2.5 (C) 160 (D) 5

27. 電池正常供電時，若考慮電池的內電阻，則其兩端的端電壓： (B)
    (A) 大於電動勢 (B) 小於電動勢 (C) 等於電動勢 (D) 以上皆非

28. 右圖為惠司登電橋電路，$R_1 = 1\ \Omega$，$R_2 = 2\ \Omega$，$R_3 = 4\ \Omega$，總電壓 12 V，若電流計 G 之電流為零，則 R_4 之電阻為若干 Ω： (C)

    (A) 4
    (B) 6
    (C) 8
    (D) 10

29. 有一電熱絲電阻 4.2 歐姆，通以 1 安培電流，通電時間 5 分鐘，則此電熱絲大約可產生若干卡的熱量： (D)

    (A) 100　　(B) 200　　(C) 1,260　　(D) 300

30. 當電流為 5 安培，電熱器之生熱率為 50 瓦特，電熱器的電阻為若干歐姆： (A)

    (A) 2　　(B) 10　　(C) 250　　(D) 500

31. 下列電路的使用法中不正確的是： (C)

    (A) 欲測量電阻上的電壓時，將伏特計和電阻並聯
    (B) 欲測量燈泡上的電流時，將安培計和燈泡串聯
    (C) 電燈燈絲兩端有正負極，不能反過來接
    (D) 保險絲燒斷了，不能用粗銅線代替

32. 使用家庭電器，下列敘述何者正確： (D)

    (A) 家庭電器一般使用直流電
    (B) 使用電線愈細愈安全
    (C) 把兩個電熱器並聯使用，比串聯使用時電力用量少
    (D) 把電熱器並聯使用，繼續增加並聯的電熱器數目，則保險絲終於會燒斷

33. 將電燈、電爐及熨斗串聯使用，則可能： (B)

    (A) 保險絲燒斷　　(B) 電燈亮度減弱
    (C) 熨斗過熱　　(D) 總電壓降低

34. 下列何者錯誤： (E)

    (A) 伏特計所測電位差比實際電位差小
    (B) 安培計所測電流比實際電流小
    (C) 安培計內電阻愈小愈準確
    (D) 伏特計電阻愈大愈準確
    (E) 欲增大安培計之測量範圍須並聯高電阻

35. 使用伏特計應該： (C)
   (A) 串聯使用
   (B) 伏特計的正極接至電源負極，負極接至電源正極以構成通路
   (C) 欲增大其測量範圍應串聯一高電阻
   (D) 伏特計本身具有較低電阻

36. 如右圖所示，AB 間之等效電阻為若干 Ω： (D) 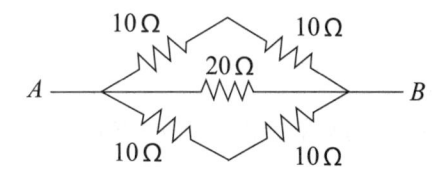
   (A) 60   (B) 10
   (C) $\dfrac{3}{20}$ (D) $\dfrac{20}{3}$

37. 電流流經導線時，下列敘述何者錯誤： (D)
   (A) 導線會生熱
   (B) 電流與導線電阻成反比
   (C) 電流強度與導線兩端電壓成正比
   (D) 細長導線比粗短者電阻小、電流大

38. 電路的電流為 2 安培，通電 5 分鐘，將有若干庫侖的電荷通過導線中的某個截面： (C)
   (A) 10   (B) 20   (C) 600   (D) 50

39. 安培計的使用是： (D)
   (A) 具有高電阻，並聯使用   (B) 具有高電阻，串聯使用
   (C) 具有低電阻，並聯使用   (D) 具有低電阻，串聯使用

40. 一電流計，其可動線圈之電阻為 5 Ω，指針偏轉滿標時電流為 0.01 安培，如欲將其改為一可量至 10 安培的安培計，則所需分路的電阻為： (A)
   (A) 0.005 Ω   (B) 0.05 Ω   (C) 0.5 Ω   (D) 5 Ω

41. 有一電流計其可動線圈之電阻為 5 歐姆，指針偏轉滿標時之電流為 0.01 安培，如欲將其改裝為 150 伏特之伏特計所需串聯之高電阻線之電阻為若干： (C)
   (A) 12,995 Ω   (B) 13,000 Ω   (C) 14,995 Ω   (D) 15,000 Ω

42. 如右圖所示，穿過 4 歐姆之電阻器的電流為多少安培？ (A) 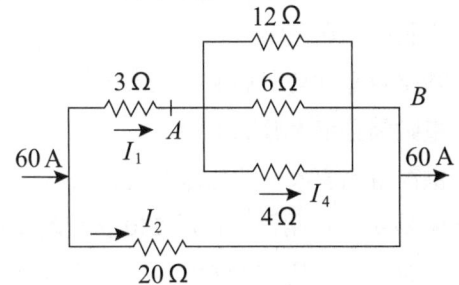
   (A) 24
   (B) 36
   (C) 48
   (D) 12

43. 右圖中 ε 為 12 V，R_1、R_2、R_3 分別為 2 Ω、3 Ω、4 Ω，試問電流應為若干安培？　　　　　　　　　　(D)

(A) $\dfrac{12}{13}$

(B) $\dfrac{13}{12}$

(C) 12

(D) 13

44. 60 W、120 V 的燈泡，則下列敘述何者錯誤？　　　　(D)

(A) 電阻為 240 Ω

(B) 若接於 120 V 之電壓上，則功率為 60 W

(C) 改接於 60 V 之電壓時，電流為 0.25 A

(D) 改接於 60 V 之電壓，則功率為 30 W

45. 右圖中，三個電池 (每個電動勢 9 伏特)，並聯使用時，其總電動勢為：　　(A)

(A) 9 伏特

(B) 3 伏特

(C) 27 伏特

(D) 以上皆非

46. 電池所供應的電流是：　　　　　　　　　　(A)

(A) 直流電　　(B) 交流電　　(C) 靜電

47. 電動勢 ε 加在直徑 d，長度 l 之電阻線兩端，今若將 d 及 l 加倍，ε 不變時，電流變為原來之幾倍：　　(A)

(A) 2　　(B) $\dfrac{1}{2}$　　(C) 4　　(D) $\dfrac{1}{4}$

48. 有關電源之電動勢及端電壓之敘述，以下何者為真？　　(B)

(A) 電動勢即端電壓

(B) 斷路時電動勢與端電壓之大小相等

(C) 電動勢必定大於端電壓

(D) 供電電流愈大，則端電壓也愈大

49. 一 60 歐姆的電阻器，接於 240 伏特的電源上，3 分鐘內取自電源的能量為：　　(B)

(A) 2,680　　(B) 172,800　　(C) 33,600　　(D) 35,600　　(E) 45,000　　焦耳

50. 電池之功率為 32 瓦，若供電為 4 安培，則可知其電動勢為： (D)
    (A) 2 伏　　(B) 4 伏　　(C) 6 伏　　(D) 8 伏

51. 金屬導線的電阻值隨溫度的上升而： (C)
    (A) 減少　　(B) 不變　　(C) 增加　　(D) 不一定

52. 將一均勻導線彎成一連接的正方形，如每邊的電阻為 3 歐姆，則二對角插接於電路中所呈的電阻為多少歐姆？ (A)
    (A) 3　　(B) 6　　(C) 9　　(D) 12　　歐姆

53. 若有 4 個完全相同形式電池串聯，每一個電動勢為 2.0 伏特，其內阻分別為 0.4 Ω，0.3 Ω，0.2 Ω 及 0.1 Ω，若接一負載電阻 5 Ω，則其電流 I 為： (C)
    (A) 5 安培　　(B) $\frac{2}{5}$ 安培　　(C) $\frac{4}{3}$ 安培　　(D) $\frac{3}{4}$ 安培　　(E) 以上皆非

54. 一導線兩端之電位差為 12 伏特，電阻為 3 歐姆，則每分鐘通過之電荷為： (B)
    (A) 4 庫侖　　(B) 240 庫侖　　(C) 36 庫侖　　(D) 2,160 庫侖

55. 將 3 個 3 歐姆之電阻作不同方式之串聯、並聯組合，則最大等效電阻為最小等效電阻之： (A)
    (A) 9 倍　　(B) 10 倍　　(C) 3 倍　　(D) 1 倍

56. 伏特-安培是： (A)
    (A) 功率的單位　(B) 電力的單位
    (C) 磁場強度單位　(D) 電場強度單位

57. 瓦特小時是下列何者之計算單位： (C)
    (A) 功率　　(B) 電流　　(C) 能量　　(D) 時間

58. 將電阻為 R 之電阻線等分為 n 段，再將 n 段並聯，則並聯後之總電阻為何？ (B)
    (A) n^2R　　(B) R/n^2　　(C) nR　　(D) R/n

59. 三個電阻元件，電阻值分別為 1 Ω、2 Ω、3 Ω，三電阻串聯時等效電阻值為 R_s，三電阻並聯時等效電阻值為 R_p，則 R_s 為 R_p 的幾倍？ (D)
    (A) 2　　(B) 5　　(C) 7　　(D) 11　　(E) 13 倍

60. 400 歐姆之電阻接在 200 伏特之電源上，30 秒內其生成的熱能為： (B)
    (A) 105 卡　　(B) 720 卡　　(C) 3,024 卡　　(D) 12,600 卡

61. 一導線載有 3 安培的電流，在 2 秒內通過該導線截面積之電量為： (C)
    (A) 1.5 庫侖　　(B) 3 庫侖　　(C) 6 庫侖　　(D) 9 庫侖

62. 一電池接上一電阻,其輸出功率為 P;若接上如前述之電阻兩個串聯使用,則電池之輸出功率變為: (B)

(A) $\dfrac{P}{4}$ (B) $\dfrac{P}{2}$ (C) $2P$ (D) $4P$

二、計算題

1. 假設供應之電源為 120 V_{rms} 端電位差,試求下列電器的電阻。(1) 100 W 的燈泡;(2) 2,000 W 的暖爐。
答案:(1) 144 Ω;(2) 7.2 Ω

2. 一直徑為 5.00×10^{-2} mm 的圓柱形銅導線,試求長度 50.0 m 的導線電阻若干?(銅的電阻率 $\rho = 1.72 \times 10^{-8}$ Ω-m)
答案:438 Ω

3. 一銅線內有電流 I 向右流過,已知每秒有 1.00×10^{20} 個電子流過橫截面,試問:(1) 電子的流動方向為何? (2) 電流 I 的量值。
答案:(1) 向左;(2) 16 A

4. 一銅線載有 10.0 A 的電流,試求 1 小時內通過導線上某一點的電子數目?
答案:2.25×10^{23} 個

5. 欲使金屬:(1) 銅線;(2) 鎳鉻合金線的電阻增為原來的兩倍,則溫度分別應升高若干?
答案:(1) 260℃;(2) 2,500℃

6. 已知某電池未連接線路時電動勢 6.00 V,內電阻為 1.00 Ω。試求當有 2.00 A 電流由電池的負極流向正極時,電池的端電壓為若干?
答案:4.00 V

CHAPTER 14

磁與電磁感應

14-1 磁　場

　　日常生活中常見的磁性物質為鐵，事實上，鐵不是唯一可磁化之物質。任何物質置於外加磁場中均會產生磁性。若物質在外加磁場中產生的磁性極微弱，可稱為**弱磁性物質**。而弱磁性物質在外加磁場中的磁性若與外加磁場同方向，稱為**順磁性物質**；反方向，稱為**反磁性物質**。一般而言，非金屬類物質多屬於反磁性物質，如石墨、石英與玻璃等；而金屬類物質多屬於順磁性物質，如鈉、鋁、鉑等。弱磁性物質在移開外加磁場後，磁性不會殘留。

　　如鐵、鈷、鎳等物質具有十分強的磁性，且磁性不易消失。具有此性質的物質稱為**鐵磁性物質**。此類物質因分子中電子的自旋磁矩而產生磁性，在無外加磁場時，物質之磁化區因各自的方向不同，故以外界觀之為無磁性。一旦外加磁場時，會使磁化區的磁矩排列整齊，使所有磁化區的磁矩都沿磁場方向排列。

　　一個會影響鐵磁性物質的外在環境因素是為溫度，不同種類的鐵磁性物質將有其不同的臨界溫度，在臨界溫度以上，磁性會消失。一般而言，鐵的臨界溫度是 770°C (稱為居禮溫度)，這也是消去物質磁性的方式之一。

　　具有磁性的物體其磁性最強的部分稱為**磁極**，磁極會出現在磁鐵的兩端。磁針或磁鐵之磁極分為北極 (N) 及南極 (S)，永遠成對出現，不論將磁鐵如何分割，被分割的小磁鐵上也同時存在南北兩極，這一現象與電荷可做正、負分離並單獨存在是不同的。

由於同一磁極在另一個磁極附近會有磁力的作用，因此磁鐵的磁力所及的空間稱為**磁場**。在磁場中某一點放置一個小磁針，則由磁針南極至北極的方向便表示該點之磁場強度的方向。若變換磁針的位置，使其南極恰在前一次放置時北極的位置，如此循序標示，便形成一條曲線，稱為**磁力線**。

磁力線由 N 極出發，經磁鐵外部而進入 S 極，再經由磁鐵的內部回到 N 極，為一封閉曲線。磁力線上任一點的切線方向即為該點的磁場方向，且磁力線的密度可代表磁場的強弱。磁力線永不相交，同時有互相排斥的現象存在。

由於磁場同時具有大小和方向，顯示出其為向量之特性。磁場強度的單位為特士拉 (T)，或高斯 (G)。垂直通過單位面積的磁力線的數量稱為**磁通量**，代號 Φ，公制單位為韋伯。故磁場強度與磁通量間的關係式為：

$$\Phi = BA\cos\theta \tag{14.1}$$

其中 B 表磁場強度之大小，A 為磁力線通過的面積，而 θ 則為面積法向量 $\vec{N}$ 與磁場向量 $\vec{B}$ 之向量夾角。而其單位的換算則為

$$1\ \text{特士拉} = 1\ \frac{\text{韋伯}}{(\text{公尺})^2} = 10^4\ \text{高斯} \tag{14.2}$$

14-2 電流的磁效應

在十九世紀之前，沒有人認為電與磁之間有關聯性。至西元 1820 年奧斯特發現通有電流的導線會使其附近的磁針轉動。其後安培亦證實了二載流導線間會互相產生磁力作用。我們由此得知任何金屬導線或線圈，當通有電流時，在其周圍都可產生磁場，此現象稱為**電流的磁效應**。

首先我們關心 1820 年兩位科學家聯合提出的必歐-沙伐定律，其說明載有電流 I 且長度 Δl 的導線對空間中任一點所生磁場

為 $\Delta\vec{B}$，磁場方向垂直於 Δl 與 $\vec{r}$ 構成的平面，而向上或向下則由安培右手定則決定，如圖 14-1 所示。而磁場的大小為

$$|\Delta\vec{B}| = \frac{\mu_0}{4\pi}\left(\frac{I\,\Delta l\,\sin\theta}{r^2}\right) \qquad (14.3)$$

其中 r 為 $\vec{r}$ 之大小，θ 為流經 Δl 處之電流方向與 $\vec{r}$ 之夾角，而 μ_0 為真空導磁常數，其值為

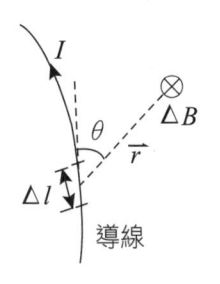

$$\mu_0 = 4\pi\times 10^{-7}\,T\cdot m/A \qquad (14.4)$$

圖 14-1 必歐-沙伐定律。

而全部導線所產生的磁場，則為其各段導線所產生磁場的向量和。

前述之安培右手定則可用於磁場方向的判定。對載流直導線建立之磁場，以拇指指向為電流方向，則四指彎曲環繞方向即為磁場方向，如圖 14-2 所示。另外對於載流圓線圈或螺線管 (多匝圓線圈) 建立之磁場，以四指彎曲方向指向為電流方向，則拇指方向即為磁場方向，如圖 14-3 所示。

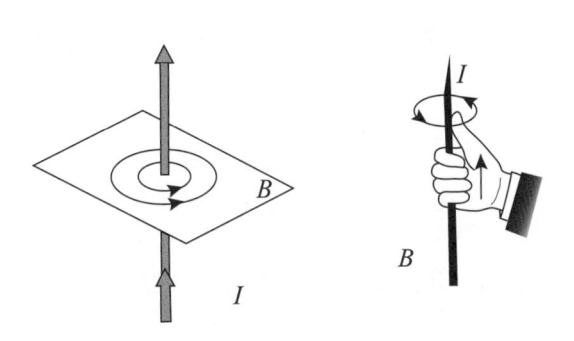

圖 14-2 載流直導線之安培右手定則。

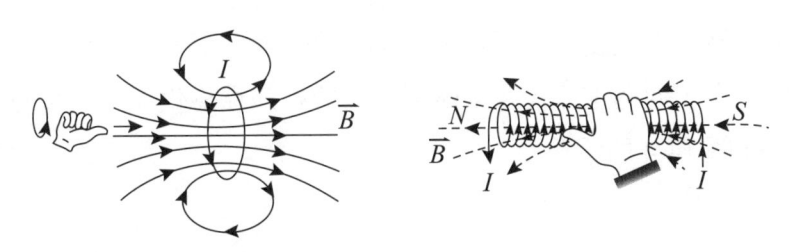

圖 14-3 載流圓線圈與螺線管之安培右手定則。

而對於載流長直導線之附近 r 處的磁場大小為

$$B=\frac{\mu_0}{2\pi}\left(\frac{I}{r}\right) \quad (14.5)$$

若圓形導線內的電流為 I，半徑為 r，則其圓心處的磁場為

$$B=\frac{\mu_0 I}{2r} \quad (14.6)$$

若僅是半圓形導線時，則其圓心處的磁場為

$$B=\frac{1}{2}\times\frac{\mu_0 I}{2r}=\frac{\mu_0 I}{4r} \quad (14.7)$$

而 N 匝導線所繞成之線圈，各匝線圈的半徑皆為 r，則在線圈中心處的磁場為

$$B=N\frac{\mu_0 I}{2r} \quad (14.8)$$

若考慮圓形導線其通過圓心且垂直線圈面之軸上距圓心 R 處的磁場為

$$B=\frac{\mu_0 I r^2}{2(r^2+R^2)^{3/2}} \quad (14.9)$$

對於載有電流 I 的長螺線管 (長度遠大於管之半徑)，管內的磁場之大小為

$$B=\mu_0 nI \quad (14.10)$$

其中 n 為單位長度之線圈匝數，即匝數/螺線管長度。將線圈繞於軟鐵棒上，通過電流後產生磁場，可使軟鐵棒磁化成為一暫時磁鐵。如圖 14-4 所示。

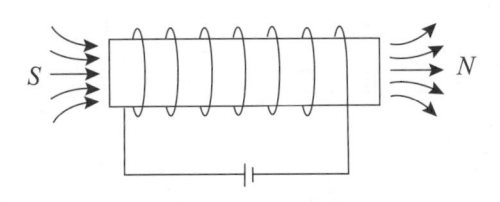

圖 14-4　電磁鐵。

範例 14-1

設有 A、B 二螺線管，A 管長 2 米，半徑 2 釐米，載電流 2 安培，單位長度中繞 2,000 匝；B 管長 1 米，半徑 1 釐米，載電流 1 安培，單位長度中繞 1,000 匝。則 A、B 二螺線管內所產生磁場強度之比值為若干？

解：

由 $B = \mu_0 nI \propto nI$

$\Rightarrow \dfrac{B_A}{B_B} = \dfrac{n_A}{n_B} \times \dfrac{I_A}{I_B} = \dfrac{2,000}{1,000} \times \dfrac{2}{1} = 4$ ......**Ans.**

範例 14-2

若實驗中，有三條長直導線均互相平行且垂直紙面，導線上所通電流方向分別如右圖所示。如果 $I_1 = 16$ 安培，$I_2 = 25$ 安培，$I_3 = 18$ 安培，$a = 0.4$ 公分，$b = 0.3$ 公分，則 P 點處磁場的量值及方向為何？

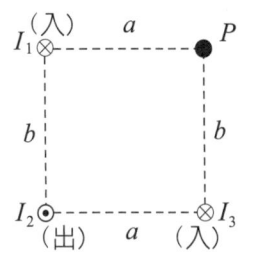

解：

I_1、I_2 與 I_3 三條導線在 P 點所建立之磁場 $\vec{B_1}$、$\vec{B_2}$ 與 $\vec{B_3}$ 其方向由安培右手定則知如下圖所示，而三者的量值分別為（圖中之 $r = \sqrt{a^2+b^2}$ $= \sqrt{0.4^2 + 0.3^2} = 0.5$ cm $= 0.5 \times 10^{-2}$ m)

$B_1 = \dfrac{\mu_0 I_1}{2\pi a} = \dfrac{4\pi \times 10^{-7} \times 16}{2\pi (0.4 \times 10^{-2})}$

$= 8 \times 10^{-4}$ (N/A-m)

$B_2 = \dfrac{\mu_0 I_2}{2\pi r} = \dfrac{4\pi \times 10^{-7} \times 25}{2\pi (0.5 \times 10^{-2})}$

$= 10^{-3}$ (N/A-m)

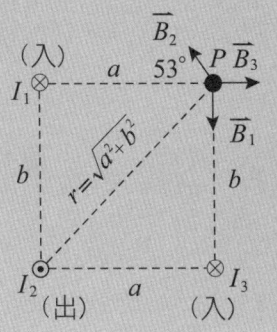

$$B_3 = \frac{\mu_0 I_3}{2\pi b} = \frac{4\pi \times 10^{-7} \times 18}{2\pi (0.3 \times 10^{-2})}$$

$$= 1.2 \times 10^{-3} \text{ (N/A-m)}$$

P 點處磁場 $\vec{B}_p = \vec{B}_1 + \vec{B}_2 + \vec{B}_3$

$$= (8 \times 10^{-4} \downarrow) + [(10^{-3} \cos 53° \leftarrow)$$
$$+ (10^{-3} \sin 53° \uparrow)] + (1.2 \times 10^{-3} \rightarrow)$$
$$= 6 \times 10^{-4} \text{ (N/A-m)} \rightarrow 方向向右)\ \textit{......Ans.}$$

14-3　磁力作用

長度為 l 載有電流 I 之長直導線在磁場 $\vec{B}$ 中所受到的磁力為

$$\vec{F} = I\vec{l} \times \vec{B} \tag{14.11}$$

由上式可知，受力之量值大小為 $F = IlB \sin\theta$，θ 為導線上之電流方向與 $\vec{B}$ 之夾角。而力 (F)，磁場 (B) 與電流 (I) 之關係可由外積之定義求出，即右手螺旋定則之方法，如圖 14-5 所示。亦可用右手開掌定則或夫來明左手定則來決定三者之方向，如圖 14-6(a)、(b) 所示。在圖中 I 與 B 取垂直方向，即表示對磁場須取其有效磁場方向 ($B \sin\theta$)。

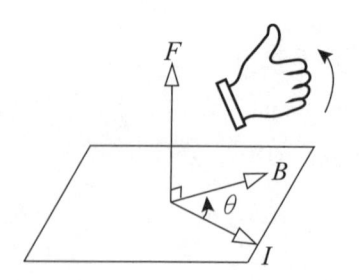

圖 14-5　右手螺旋定則。

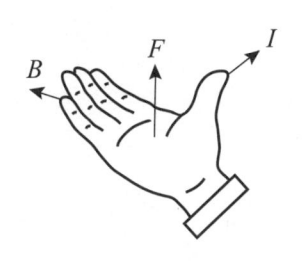

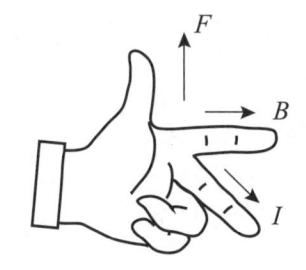

(A) 右手開掌定則　　　(B) 夫來明左手定則

圖 14-6

兩平行載流長直導線間若相距為 d，其上之電流分別為 I_1、I_2，則導線長度 l (l 遠大於 d) 時，兩導線間互相作用的磁力大小為

$$F = \frac{\mu_0}{2\pi}\left(\frac{I_1 I_2 l}{d}\right) \qquad (14.12)$$

若兩電流同方向則為吸引力，反方向則為排斥力。此現象由安培首先發現，故公制單位中對電流的定義為：當兩載有等電流之長直導線在真空中相距 1 公分時，若導線每公尺長度上受力為 2×10^{-5} 牛頓，則導線上通過的電流值為 1 安培。再由此可定義出電量的單位，即庫侖 (見 13-1 節所述)。

範例 14-3

如右圖，在重力場 $\vec{g}$ 中，一粗導線長 l，質量 m，以一對細導線懸掛於一均勻磁場 $\vec{B}$ (由紙前向紙後) 內。設每條細導線可耐住張力 T，則通過導線的電流應如何，才恰可使細導線斷開？但忽略導線電流自身引起的磁場作用。

解：

恰可使細導線斷開 ⇨ 細導線之張力達耐住張力 (即最大張力) T。

(1) 導線受細線向上張力 $2T$，向下磁力 F ($=IlB$) 及向下重力 mg 之作用，如次頁左圖所示，則欲恰可使細線斷開

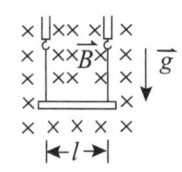

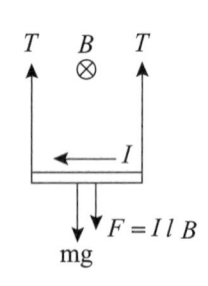

$$\Rightarrow 合力\ \Sigma \vec{F}=2\vec{T}+I\vec{l}\times\vec{B}+m\vec{g}=0$$

即 $IlB+mg=2T \Rightarrow I=\dfrac{2T-mg}{Bl}$ ......**Ans.**

(2) 由右手掌定則或夫來明左手定則判知電流方向應向左。......**Ans.**

範例 14-4

垂直紙面之四平行長直導線，分別穿過紙面上邊長為 a 的正方形四頂點 A、B、C 及 D (如左圖)。導線上各通以電流 I。A、B 及 C 導線之電流方向穿入紙內，D 導線之電流方向穿出紙外。求：
(1) 中心軸線上一點 P 其磁場之量值及方向。
(2) 在 D 導線上單位長度所受力之量值及方向。

解：

由圖知 P 至四頂點之距離 $r=\dfrac{a}{\sqrt{2}}$，

(1) 因通過 A 與 C 二頂點之載流長直導線在 P 點所建立之磁場等值反向而彼此相消，故 P 點之淨磁場 $\vec{B}_p$ 為通過 B 與 D 二頂點之載流長直導線所建立磁場之向量和，則由 $B=\mu_0 I/2\pi r$ 得

$$\vec{B}_p=\vec{B}_B+\vec{B}_D=\dfrac{\mu_0 I}{2\pi(a/\sqrt{2})}\times 2$$

$$=\dfrac{\sqrt{2}\,\mu_0 I}{\pi a}\ 沿\ \vec{CA}\ 方向\ ......\textbf{Ans.}$$

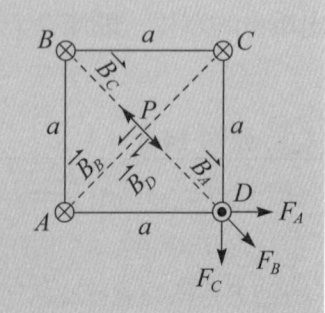

(2) 設導線的長度為 l，則由 $F=\mu_0 II'l/2\pi d$ 得 D 導線上單位長度所受磁力為

$$\dfrac{\vec{F}}{l}=\dfrac{\vec{F}_A+\vec{F}_C+\vec{F}_B}{l}$$

$$=\left[\left(\dfrac{\mu_0 I^2}{2\pi a}\rightarrow\right)+\left(\dfrac{\mu_0 I^2}{2\pi a}\downarrow\right)\right]+\left[\dfrac{\mu_0 I^2}{2\pi(\sqrt{2}\,a)}\searrow\right]$$

$$= \left(\frac{\sqrt{2}\,\mu_0 I^2}{2\pi a}\searrow\right) + \left(\frac{\mu_0 I^2}{2(\sqrt{2}\,\pi a)}\searrow\right)$$

$$= \frac{3\sqrt{2}\,\mu_0 I^2}{4\pi a} \text{ 沿 } \vec{BD} \text{ 方向 ......Ans.}$$

若考慮帶電質點在磁場中運動的情形時，也會產生受到磁力作用之情形。當一帶電量 q 之質點以速度 $\vec{V}$ 在均勻磁場 $\vec{B}$ 中運動，則質點受到之磁力為

$$\vec{F} = q\vec{V} \times \vec{B} \tag{14.13}$$

其大小為 $F = qVB\sin\theta$，θ 為 $\vec{V}$ 與 $\vec{B}$ 之夾角。而其方向仍可依右手螺旋定則或右手開掌定則或夫來明左手定則等方法來決定，只需將前述這些定則中電流之方向以正電荷運動方向 (或負電荷運動之反方向) 取代即可。故電荷入射磁場的方式會影響其運動的軌跡，可分為下列三種情形加以探討：

1. 若 $\vec{V}$ 與 $\vec{B}$ 平行，$\theta = 0$，則 $\vec{F} = 0$，故電荷作等速直線運動。

2. 若 $\vec{V}$ 與 $\vec{B}$ 垂直，$\theta = 90°$，則 $\vec{F} \perp \vec{V}$ 且 $\vec{F} \perp \vec{B}$，故電荷作等速率圓周運動。而其所受之力則可作為向心力，即

$$F = qvB = m\frac{v^2}{r},$$

故迴轉半徑為

$$r = \frac{mv}{qB} \tag{14.14}$$

而其作圓周運動的週期為

$$T = \frac{2\pi r}{v} = \frac{2\pi mv/qB}{v} = \frac{2\pi m}{qB} \tag{14.15}$$

我們可以看出其週期之大小與速度 v 無關。

3. 若 $\vec{V}$ 與 $\vec{B}$ 夾一 θ 角度，則會使電荷作等速率螺線運動，其迴轉半徑為

$$r = \frac{mv\sin\theta}{qB} \tag{14.16}$$

而電荷的前進螺距為

$$d = v\cos\theta \cdot T = v\cos\theta \cdot \frac{2\pi m}{qB} \tag{14.17}$$

範例 14-5

一質子進入一均勻磁場後，在一平面內作等速圓周運動。設圓周位於 xy 平面，z 軸垂直於此平面，圓之半徑為 0.250 公尺，磁場量值 B 為 0.400 特士拉。

(1) 試求磁場方向，及質子進入磁場時之初速度方向 (用 xy 平面及 z 軸表示)。
(2) 試求該質子之動能 (以焦耳為單位)。

解：

(1) 磁場 $\vec{B}$：z 軸方向
　　初速度 $\vec{v}$：平行 xy 平面 ......**Ans.**
(2) 質子所受的向心力 $F_c =$ 磁力 qvB

　　故 $qvB = m\dfrac{v^2}{r} \Rightarrow mv = qBr$，

則質子的動能為

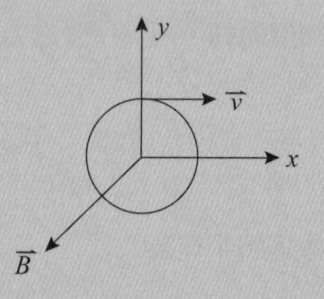

$$E_K = \frac{(mv)^2}{2m} = \frac{(qBr)^2}{2m} = \frac{(1.6\times 10^{-19}\times 0.4\times 0.25)^2}{2\times 1.66\times 10^{-27}}$$

$$= 7.71\times 10^{-14} \text{ (焦耳)} \quad \textbf{......Ans.}$$

範例 14-6

將一質子及一 α 粒子，以相同速率及方向，分別射入相同之均勻磁場中。由於入射速度不與磁場方向垂直，因此質子及 α 粒子均做螺線形運動。設質子及 α 粒子所做的螺線運動之螺距 (如右圖所示) 分別為 d_1 及 d_2，則 d_1/d_2 之值為若干？

解：

質子之質量 $m_1 = 1$ amu.，電量 $q_1 = 1$ e.c.，而 α 粒子之質量 $m_2 = 4$ amu.，電量 $q_2 = 2$ e.c.，若兩者速度 $\vec{v}$ 與磁場 $\vec{B}$ 之夾角為 θ，則其週期分別為

$$T_1 = \frac{2\pi m_1}{q_1 B}$$
$$T_2 = \frac{2\pi m_2}{q_2 B}$$

$$\Rightarrow \frac{d_1}{d_2} = \frac{v\cos\theta \cdot T_1}{v\cos\theta \cdot T_2} = \frac{T_1}{T_2} = \frac{m_1}{m_2} \cdot \frac{q_2}{q_1}$$

$$= \frac{1}{4} \cdot \frac{2}{1} = \frac{1}{2} \quad \text{......Ans.}$$

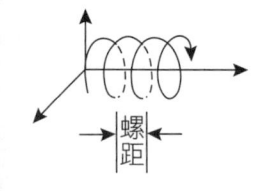

範例 14-7

如右圖所示，一長直的絕緣細棒沿鉛直方向固定放置；在一質量為 m、帶正電荷 q 的小球的直徑上穿孔，使其可以套在細棒上滑動；整個系統置於均勻、不變、沿水平方向的電磁場中，電場 $\vec{E}$ 向右，磁場 $\vec{B}$ 垂直進入紙面。假設小球與細棒的動摩擦係數為 μ，且電場的量值、靜摩擦係數以及 μ 都夠小，可以讓小球沿細棒由靜止起向下滑。

(1) 求所有施於小球的力 (包括量值及方向)。

(2) 求小球的最大加速度。

(3) 求小球的最大速度。

解：

(1) ① 重力 $\vec{F}_g = mg \downarrow$ (向下)

② 電力 $\vec{F}_e = qE \rightarrow$ (向右)

③ 磁力 $\vec{F}_m = qvB \rightarrow$ (向右) (小球速度為 v 時)

④ 細桿之正向力 $\vec{N} = (qE + qvB) \leftarrow$ (向左)

及動摩擦力 $\vec{F}_r = \mu N \uparrow = \mu(qE + qvB) \uparrow$ (向上) **......Ans.**

(2) 小球最初速度 $v=0$ 時所受動摩擦力 $F_r=\mu qE=$ 最小

$$\Rightarrow 加速度\ a=\frac{mg-F_r}{m}=\frac{mg-\mu qE}{m}$$

$$=g-\frac{\mu qE}{m}=最大\ \text{......Ans.}$$

(3) 當小球速度 v 達最大值時其所受合力 $=0$，則鉛直方向所受合力亦為 $0 \Rightarrow \vec{F_g}+\vec{F_r}=mg-\mu(qE+qvB)=0$

$$\therefore v=\frac{mg}{\mu qB}-\frac{E}{B}\ \text{......Ans.}$$

🌐 14-4 電磁感應

　　法拉第在 1831 年發現一個無電流源的線圈中，因鄰近電路有電流變化時，則線圈中會有感應電流的發生。而且法拉第也發現移動一磁鐵通過線圈亦會有感應電流發生。此現象稱為**電磁感應**。其成因為封閉線圈所圍面積上的磁力線數或磁通量 (見本章第一節) 發生變化或導線切割磁力線，而產生了感應電動勢。此感應電動勢並非真正之電源，由感應電動勢所產生的電流稱為感應電流。

　　長度 l 的導線在均勻磁場 $\vec{B}$ 中，以速度 $\vec{v}$ 等速移動，其兩端所產生的感應電動勢為

$$\varepsilon=\vec{l}\cdot(\vec{v}\times\vec{B}) \tag{14.18}$$

此為向量三重積之計算，若 $\vec{v}$ 與 $\vec{B}$ 之夾角為 θ，且 $(\vec{v}\times\vec{B})$ 向量之方向與 $\vec{l}$ 夾角為 ϕ，則 $\varepsilon=lvB\sin\theta\cos\phi$。當三向量兩兩垂直時，則 $\varepsilon=lvB$。

　　法拉第感應定律指出線圈電路中的感應電動勢等於線圈內磁通量時變率的負值。即

$$\varepsilon=-N\frac{\Delta\Phi}{\Delta t} \tag{14.19}$$

其中 N 表線圈之匝數。我們必須注意感應電動勢是與"磁通量時變率"有關，而與"磁通量"的大小無關。式中之負號表示感應電動勢產生的感應電流可造成一感應磁場來反抗線圈中磁通量的改變，這就是所謂的冷次定律。由冷次定律判別出感應磁場之方向後，再配合安培右手定則，即可判別感應電流 I 之方向。

範例 14-8

在 10^{-2} 牛頓/安培-米的均勻磁場 $\vec{B}$ 中，有一長度為 1.0 米的金屬棒，垂直於磁場旋轉。旋轉的方式有二：圖 A 以棒的一端為圓心，圖 B 以棒之中心為圓心。若棒每秒旋轉一圈，則圖 A 與圖 B 中，棒兩端的電動勢分別為若干？

圖 A　　　　　　圖 B

解：

(圖 A)　$\varepsilon = l\bar{v}B = l\left(\dfrac{0+v}{2}\right)B$

$= l\left(\dfrac{2\pi lf}{2}\right)B = \pi l^2 f B$

$= 3.14 \times 1.0^2 \times 1 \times 10^{-2}$

$= 3.14 \times 10^{-2}$ (伏特) ......**Ans.**

(圖 B) 棒兩端對中心軸之電動勢均相同

⇒ 兩端之電動勢 $\varepsilon = 0$ ......**Ans.**

範例 14-9

一長為 40 公分的直導線甲與一無限長的直導線乙平行而列，相距 5 公分。

(1) 若導線甲的電流為 5 安培，導線乙的電流為 10 安培，方向相同，則兩線相互間的作用力為多少牛頓？

(2) 若導線乙載有 10 安培的電流，導線甲不通電流，而以 5 公分/秒的等速度運動，運動方向和導線乙的電流方向相同，則導線甲兩端的電動勢為多少伏特？

(3) 若將 (2) 中導線甲之運動方向改變，成為遠離導線乙之方向 (仍維持兩導線互相平行，速率仍為 5 公分/秒)，則 3 秒後導線甲兩端的電動勢為多少伏特？

註：載有電流 I 的長直導線附近，距導線 r 處的磁場強度為

$$B = \frac{\mu_0 I}{2\pi r}$$

解：

(1) 載電流 I 之甲導線所受載電流 I' 之乙導線的磁力量值 $F = $ 乙所受甲之磁力量值

$$\Rightarrow F = IlB = Il \cdot \frac{\mu_0}{2\pi} \frac{I'}{r} = 5 \times 0.4 \times \frac{4\pi \times 10^{-7}}{2\pi} \times \frac{10}{0.05}$$

$$= 8 \times 10^{-5} \text{(牛頓) 相吸 ......Ans.}$$

(2) 因導線上自由電子運動時所受乙導線磁場 $\vec{B}$ 之磁力 $\vec{F} = -e\vec{v} \times \vec{B}$ 恰垂直於甲導線，故甲導線兩端感應電動勢恆為零。......Ans.

(3) 3 秒後兩導線間距離 $r = 5 + 3 \times 5 = 20$ (公分) $= 0.2$ 公尺

⇒ 乙導線在甲導線位置建立之磁場

$$B = \frac{\mu_0}{2\pi} \frac{I'}{r} = \frac{4\pi \times 10^{-7}}{2\pi} \times \frac{10}{0.2} = 10^{-5} \text{(特士拉)}$$

∴ 因導線兩端的電動勢

$$\varepsilon = vBl = 5 \times 10^2 \times 10^{-5} \times 0.4$$
$$= 2 \times 10^{-7} \text{(伏特) ......Ans.}$$

14-5 發電機與變壓器

發電機為電磁感應的應用,將力學能轉變為電能。可分為交流發電機和直流發電機兩大類型。首先我們對交流發電機作一探討。如圖 14-7 所示,電樞線圈的兩端,分別連有兩個集電環,線圈轉動時集電環會跟著轉動。電樞每轉一周,感變電流方向就會交替變換一次,因此這種電流稱為**交流電**。

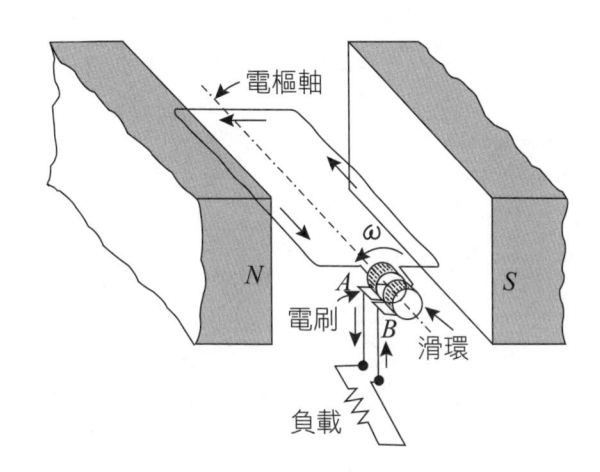

圖 14-7 交流發電機示意圖。

設發電機中有 N 匝線圈,每一線圈之截面積為 A,在均勻磁場 $\vec{B}$ 中以 ω 之角速度旋轉,則磁通量為

$$\Phi = BA\cos\theta = BA\cos\omega t$$

由 (14.19) 式可知平均感應電動勢為

$$\varepsilon = -N\frac{\Delta\Phi}{\Delta t}$$

當 Δt 趨近於零時,即為瞬時感應電動勢

$$\varepsilon = -N\lim_{\Delta t\to 0}\frac{\Delta\Phi}{\Delta t} = -N\frac{d\Phi}{dt} = NBA\omega\sin\omega t \qquad (14.20)$$

最大感應電動勢則發生在 $\omega t = 90°$,即線圈面的法向量 $\vec{n}$ 與 $\vec{B}$ 垂

直時 (線圈面平行於磁場)，其值為

$$\varepsilon_0 = NBA\omega \tag{14.21}$$

其次我們探討直流發電機的情形，如圖 14-8 所示。電樞線圈的兩端分別與整流子連結，當電樞每轉半周，電流方向改變時，整流子上的半圓環也互換位置，因此輸出電流的方向也就固定不變，稱為**直流電**。直流發電機的感應電動勢為

$$\varepsilon = NBA\omega |\sin\omega t| \tag{14.22}$$

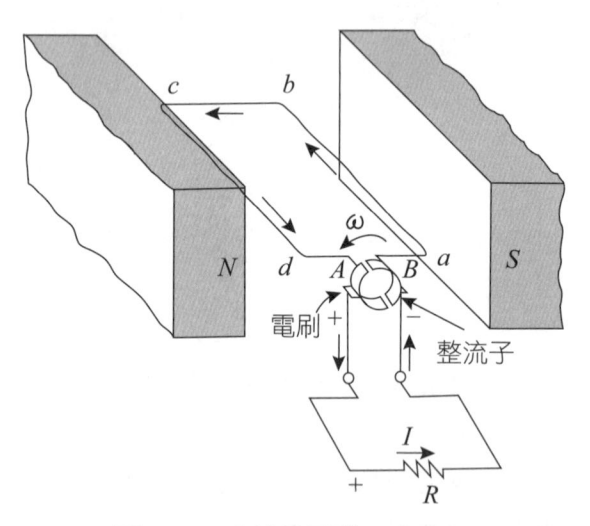

圖 14-8 直流發電機示意圖。

範例 14-10

一交流發電機，其線圈面積為 0.03 平方公尺，線圈共 2 匝，以每分鐘 600 轉的固定轉速在 0.2 特士拉的均勻磁場中旋轉，則此發電機的最大電動勢為若干伏特？

解：

$$\varepsilon_{\max} = NAB\omega = 20 \times 0.03 \times 0.2 \times (2\pi \times 600/60)$$
$$= 7.5 \text{ (伏特)} \textit{......Ans.}$$

變壓器的基本構造為纏繞在同一軟鐵心的兩組不同匝數的線圈所形成，如圖 14-9 所示，其中接受輸入交流電流的線圈稱為**原線圈**，利用交流電的變化，使鐵心內產生變化的磁通量。而輸出電流的線圈則稱為**副線圈**，會因鐵心內磁通量的變化，產生感應電動勢供外接電路使用。設原線圈的匝數為 N_1，其上之交流電壓為 ε_1；副線圈的匝數為 N_2，其上因感應而生的電動勢為 ε_2。根據法拉第定律可得

$$\frac{\varepsilon_1}{\varepsilon_2}=\frac{N_1}{N_2} \tag{14.23}$$

在長距離輸送電能時，必須以變壓器升高電壓，降低電流，以減少熱能的消耗，到達用戶端時，再以變壓器將電壓降至所需之值。理想的變壓器不會產生或消耗電功，因此輸入與輸出的電功率相等。

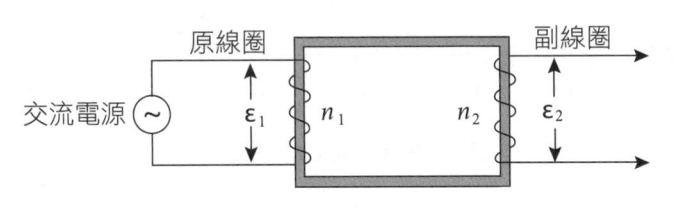

圖 14-9　變壓器示意圖。

14-6　電磁波

麥斯威爾提出理論認為加速運動中的電荷會產生電磁波，此為一空間連續變化的電磁場，如圖 14-10 所示。其後由赫茲於 1888 年以實驗證實電磁波的存在，同時證明電磁波在真空中的傳播速率為光速。由圖 14-10 中，我們可以發現電磁波中有電場和磁場，其電場與磁場的振動方向互相垂直，且振動方向皆與電磁波行進方向互相垂直，故電磁波為一橫波。而電磁波因其產生方式及探測儀器的不同被賦予不同的名稱，其波譜如圖 14-11 所

示。

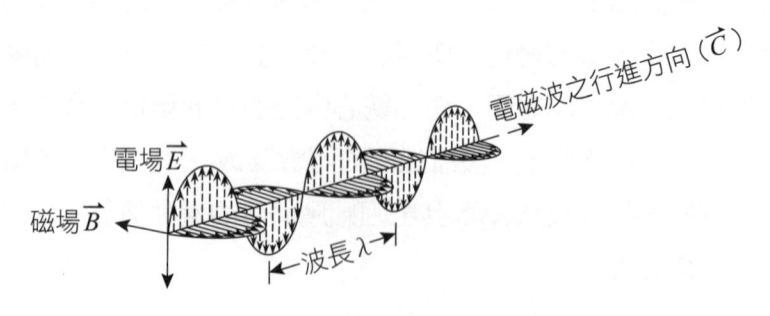

圖 14-10 電磁波行進方式。

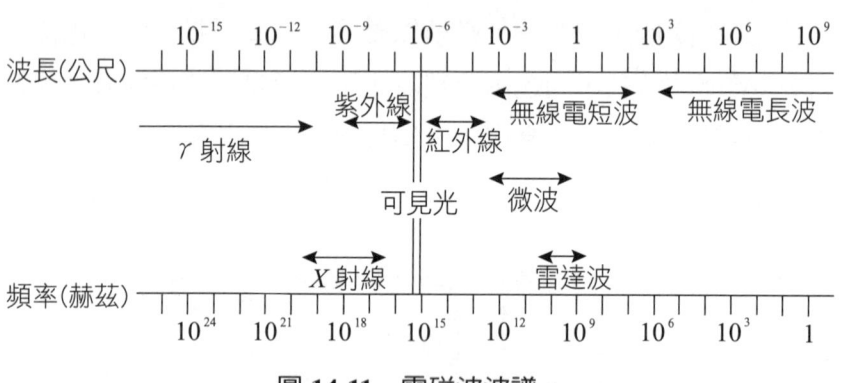

圖 14-11 電磁波波譜。

習 題

一、選擇題

		答案
1.	兩平行電流導線，若電流方向相反，則兩導線將：	(C)
	(A) 互相吸引　　(B) 沒有磁力作用　(C) 互相排斥　　(D) 以上皆非	
2.	某射線由南向北運動，射入一自下而上的均勻磁場中，若射線受到一向東磁力的作用，則該射線可能為：	(A)
	(A) α 射線　　(B) β 射線　　(C) γ 射線　　(D) x 射線	
3.	若電子通過某區域而不偏，則此區域：	(C)
	(A) 一定有磁場　　　　　　(B) 一定沒有磁場	
	(C) 可能有磁場　　　　　　(D) 一定有電場	
4.	一條長直導線通電流所產生的磁場方向可由下列何者決定？	(A)
	(A) 安培右手定則　　　　　(B) 夫來明左手定則	
	(C) 右手開掌定則　　　　　(D) 以上皆非	
5.	電荷在均勻磁場中，何者受力不為零？	(D)
	(A) 靜止　　　　　　　　　(B) 運動速度和磁場同向	
	(C) 運動方向和磁場反向　　(D) 垂直射入磁場	
6.	一電荷 q，垂直射入均勻磁場中，則作：	(B)
	(A) 簡諧運動　　　　　　　(B) 等速率圓周運動	
	(C) 水平拋運動　　　　　　(D) 等加速度運動	
7.	磁力對運動電荷的作用，下列何者錯誤？	(C)
	(A) 磁力垂直速度方向	
	(B) 磁力對運動電荷產生的加速度為法線加速度	
	(C) 磁力將改變運動電荷的動能	
	(D) 磁力將改變電荷的運動方向	
8.	一長直導線電流方向為由南向北，在導線上方的磁針 N 極偏轉方向為向：	(A)
	(A) 東　　(B) 西　　(C) 南　　(D) 北	
9.	一長直導線電流方向為由西向東，在導線下方的磁針 N 偏轉方向為向：	(D)
	(A) 東　　(B) 西　　(C) 上　　(D) 不偏轉	
10.	於地球赤道附近，有 α 射線自天空射向地面，則受地球磁場的作用將偏向何方？	(A)
	(A) 東　　(B) 西　　(C) 北　　(D) 不偏向	

11. 有一東西向的導線中有一向西的電子流，若置於向北的均勻磁場中，則導線所受磁力方向為： (B)
    (A) 不受力　　(B) 向上　　(C) 向下　　(D) 時而向上，時而向下

12. 有一線圈水平放置，有一磁棒的 N 極向線圈靠近，則線圈上的感應電流方向為： (A)
    (A) 逆時針
    (B) 順時針
    (C) 沒有電流
    (D) 以上皆非

13. 將一圓形線圈放在垂直紙面向下的磁場 B 中，則下列何者無法使線圈內產生感應電流？ (C)
    (A) 改變磁場 B 的大小
    (B) 拉扯線捲使其所圍面積改變
    (C) 將線圈等速右拉
    (D) 使線圈繞通過圓心，在紙面上的任意軸轉動

14. 一變壓器，其原線圈為 800 匝，副線圈為 40 匝，若輸入電壓為 110 伏特，輸出電壓為多少伏特？ (D)
    (A) 2,200　　(B) 4,400　　(C) 2.75　　(D) 5.5

15. 某線圈匝數 500 匝，通過線圈的磁通量在 0.1 秒由 0.03 韋伯增加至 0.06 韋伯，則線圈上的平均感應電動勢為若干伏特？ (A)
    (A) 150　　(B) 100　　(C) 50　　(D) 30

16. 某線圈所圍區域有磁通量變化，將會在線圈上產生感應電流，決定其方向的是： (B)
    (A) 法拉第定律　　(B) 冷次定律　　(C) 歐姆定律　　(D) 安培定律

17. 有一帶電粒子，質量 m，電荷 q，以 v 的速度垂直射入均勻磁場中，將作等速率圓周運動，其迴旋半徑為： (D)
    (A) $\dfrac{qB}{mv}$　　(B) $\dfrac{mB}{qv}$　　(C) $\dfrac{v}{qBm}$　　(D) $\dfrac{mv}{qB}$

18. 設一長 40 釐米之導線 20 米/秒的速度垂直切割磁場，磁場密度為 3 韋伯/米^2，則此導線兩端的感應電動勢為： (E)
    (A) 40 伏特　　(B) 20 伏特　　(C) 3 伏特　　(D) 60 伏特　　(E) 24 伏特

19. 磁通量之單位為： (B)
    (A) 韋伯/米^2　　(B) 韋伯　　(C) 亨利　　(D) 法拉

20. 如附圖所示，一線圈在向下的磁場中向左移動，則流經安培計 A 的電流方向為： (B)
    (A) 由左向右
    (B) 由右向左
    (C) 無電流
    (D) 無法判斷

21. 如附圖，線圈與磁場平行： (D)
    (A) 線圈往 x 方向移動有感應電流
    (B) 線圈往 y 方向移動時有感應電流
    (C) 線圈往 z 方向移動時有感應電流
    (D) 線圈轉動時有感應電流

    Z 方向垂直於紙張

22. 將一導線置於均勻磁場中運動，下列哪個物理量不會影響感應電動勢的大小： (C)
    (A) 導線長度　(B) 導線速度　(C) 導線電阻　(D) 磁場強度

23. 發電機轉動線圈發電，主要原理是： (C)
    (A) 機械能守恆及熱電效應
    (B) 電子自旋及動量守恆
    (C) 磁通量變化產生電動勢
    (D) 電子電洞磁熱效應
    (E) 旋轉力矩使電子加速

24. 物體受到下列哪些作用力時，力的大小與物體之速度有關？ (C)(E)
    (A) 重力　(B) 摩擦力　(C) 空氣阻力　(D) 靜電力　(E) 磁力

25. 感應電動勢與何者成反比？ (B)
    (A) 磁通量　(B) 變化時間　(C) 磁通量變化量　(D) 線圈匝數

26. 有一 100 伏特的交流電壓，經一理想變壓器，接至 30 歐姆的負載電阻而有 2 安培的電流流經負載，則此變壓器初級線圈與次級線圈匝數之比為： (C)
    (A) $\dfrac{200}{30}$　(B) $\dfrac{100}{30}$　(C) $\dfrac{100}{60}$　(D) 以上皆非

27. 某變壓器之原線圈的電壓為 100 伏特，電流為 50 安培，副線圈上的電壓為 500 伏特，電流為 8 安培，請問該變壓器的效率為： (A)
    (A) 80%　(B) 100%　(C) 90%　(D) 以上皆非

28. 設 K 為比例常數，在距離帶有電流之長導線 r 遠的地方，其磁場強度為多少？(I 表電流)： (C)

    (A) $B=K\dfrac{I^2}{r^2}$　　(B) $B=KIr$　　(C) $B=K\dfrac{I}{r}$　　(D) $B=K\dfrac{I}{r^2}$

29. 一電子以垂直方向射入一磁場強度為 B 的均勻磁場，此電子因受力 qvB 而作半徑 r_1 的圓周運動 (v 為電子的速度)。若將同樣速度的電子射入磁場強度為 $2B$ 的另一均勻磁場 (電子運動的方向均垂直於磁場) 而作半徑 r_2 的圓周運動，試問 r_1/r_2 的比值為何？ (B)

    (A) 4　　(B) 2　　(C) 1　　(D) $\dfrac{1}{2}$

30. 有關磁力線的敘述，何者錯誤： (D)
    (A) 在任何一點的磁場方向，都與當地的磁力線相切
    (B) 磁力線分佈的密度，可表示磁場大小
    (C) 磁力線永不相交
    (D) 磁力線不為封閉曲線

31. 下列哪一種安排不一定能在線圈中產生感應電流： (A)
    (A) 線圈在均勻磁場中平移
    (B) 線圈在均勻磁場中繞平行線圈面的軸旋轉
    (C) 在線圈內通入交流電磁場
    (D) 可伸縮的線圈置於均勻磁場中令其伸張

32. 一線圈置於均勻磁場中，則其產生感應電流的情形，下列敘述何者正確： (C)
    (A) 線圈面與磁場垂直，快速移動
    (B) 線圈面與磁場平行，快速移動
    (C) 線圈面與磁場方向產生角度變化
    (D) 均勻磁場中，無法產生感應電流

33. 光波是交變行進的： (C)
    (A) 電場　　(B) 磁場　　(C) 電場和磁場　　(D) 電子

二、計算題

1. 想要使長度 5.00 公分、質量 2.00 公克、載有 8.00 安培之金屬線浮於空中，則所需之最小磁場大小及方向為何？
   答案：4.9×10^{-2} T

2. 已知馬達中之線圈共 200 圈,每圈所圍之面積為 300 平方公分,磁場強度為 0.400 T。試求欲使馬達產生 20.0 N-m 之力矩時,線圈中所流經之最小電流值為何?

   答案:8.33 A

3. 一質子在方向鉛直向上大小為 0.300 T 之磁場中,以向西 1.00×10^6 m/s 的初速運動,試求出該質子運動路徑的半徑。

   答案:3.48 cm

4. 具 1.00×10^4 eV 之電子在方向向東大小為 500 G 之磁場中正朝向南方運動,試求出該電子運動路徑的半徑。

   答案:6.75 mm

5. 兩相距 20.0 公分之長直導線上均載有方向向上大小為 5.00 A 之電流,試求位於兩線中央處之磁場大小。

   答案:0

6. 一磁場之大小為 0.40 T,方向鉛直向上。試求面積為 20 cm² 之平板以下列各種方向置於該磁場時之磁通量大小:(a) 平板鉛直置放;(b) 平板水平置放;(c) 平板與水平方向夾 60° 置放。

   答案:(a) 0;(b) 8.0×10^{-4} T・m²;(c) 4.0×10^{-4} T・m²

7. 一線圈數為 200 匝之螺線管的截面積為 1.00 cm²,長度為 3.00 cm。若想使螺線管本身之磁場所產生之磁通量與大小 0.500 G 方向指向螺線管軸線的地球磁場所產生之磁通量相同,則螺線管上應載有多大之電流?

   答案:5.97 mA

8. 某 20,000 V_{rms} 電纜線連接到電線桿的變壓器,再由變壓器的次線圈輸出至使用端為 240 V_{rms} 的住戶,試求主線圈數目與次線圈數目的比值。

   答案:83.3

9. 下列各頻率的波分別屬於何種電磁波?

   (a) 10^8 Hz;(b) 10^{10} Hz;(c) 10^{13} Hz;(d) 10^{16} Hz;(e) 10^{18} Hz。

   答案:(a) 無線電長波;(b) 微波;(c) 紅外線光波;(d) 紫外線光波;(e) X 射線

10. 兩個同為 100 W、120 V 燈泡串聯,以 120 V_{rms} 電位差跨接於串聯線路的兩端,試求兩燈泡的消耗功率。

    答案:50 W

CHAPTER 15

近代物理

15-1 量子論

當溫度高於絕對零度時,物體中的原子及其中之電子或質子會有不規則的加速運動,當帶電粒子進行加速運動時會發出電磁波,此即為**熱輻射**。在傳遞能量的過程中,熱能是以電磁波的形態傳遞,肉眼無法看見,是因為其波長比可見光波長要長一些。一旦這些電磁波被物質吸收時,即對物質產生熱能的影響。

所謂的黑體是能將入射輻射能量完全吸收而無絲毫的反射輻射的一種物體,同時也是良好的熱輻射體。黑體單位面積的輻射能量 E 僅與絕對溫度 T 的 4 次方成正比,而與其他因素無關。

蒲朗克在 1900 年提出量子論。認為電磁輻射能量呈量子化,亦即原子與電磁輻射在交換能量時為非連續性,而係有一定能量的量子,其能量為一能量單元 E 的整數倍。此能量單元為

$$E = nhf, \quad n = 0 \text{ 或自然數} \tag{15.1}$$

其中 f 為頻率,而 $h = 6.626 \times 10^{-34}$ J·s 稱為蒲朗克常數。而黑體輻射的能量密度與波長的關係圖則如圖 15-1 所示,我們可以發現當輻射溫度改變時,光譜會隨之改變。

蒲朗克的理論促成了愛因斯坦的光子說 (1905 年),愛因斯坦認為輻射能除了在原子與電磁輻射交換能量時以非連續性的量子化方式進行 (即蒲朗克量子論) 之外;當電磁波本身在空間中傳遞時亦具有粒子的性質,這即為光子的理論。故光本身具有波及粒子的二象性。光子的能量為

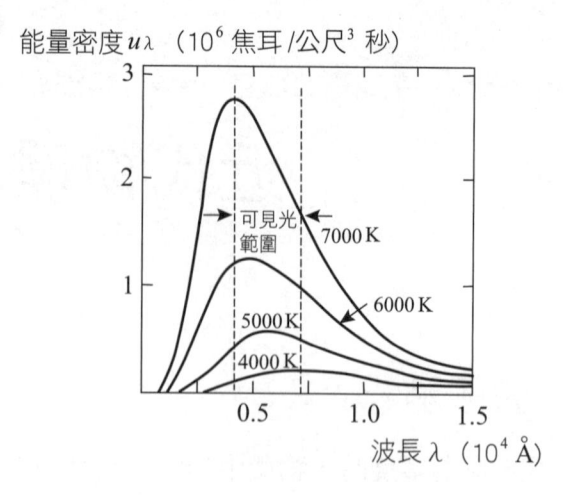

圖 15-1 黑體輻射分佈圖。

$$E = hf \tag{15.2}$$

由 (15.2) 式可知光子能量與光之頻率成正比。又由光速與頻率、波長之關係為 $c = \lambda f$，故可得光子能量與波長之關係為

$$E = \frac{hc}{\lambda} = \frac{12,400}{\lambda} \tag{15.3}$$

(15.3) 式中之 λ 的單位為 Å，而 E 的單位為電子伏特 (eV)，1 電子伏特 (eV) $= 1.6 \times 10^{-19}$ 焦耳 (J)。至於光子的動量則為

$$P = \frac{E}{c} = \frac{h}{\lambda} = \frac{hf}{c} \tag{15.4}$$

由 (15.4) 式可知光子動量與光之頻率成正比，而與波長成反比。

範例 15-1

一靜止的原子質量為 m，發射一個頻率為 f 的光子後，因動量守恆而後退，則原子後退的動能為若干？(請以蒲朗克常數 h，光速 c，以及已知的 m 和 f 表示之)

解：
令原子發射光子後其動量量值為 p，則由動量守恆得

$$0 = P - \frac{hf}{c} \Rightarrow P = \frac{hf}{c}$$

∴ 原子後退的動能 $E_K = \dfrac{P^2}{2m} = \dfrac{h^2f^2}{2mc^2}$ ......Ans.

對於光的粒子說，有兩個重要的實驗來加以驗證，分述於下：

1. 光電效應

當光以大於低限頻率之頻率照射於某些金屬表面時，將使金屬之電子具有克服表面的束縛之能量，此現象稱為光電效應，如圖 15-2 所示。由光電效應所產生的電子稱為光電子，光電子可引起光電流，光電子數量愈多，則光電流便愈大，光電子的數量與入射光強度成正比，故光電流的大小與入射光強度成正比而與入射光頻率無關。

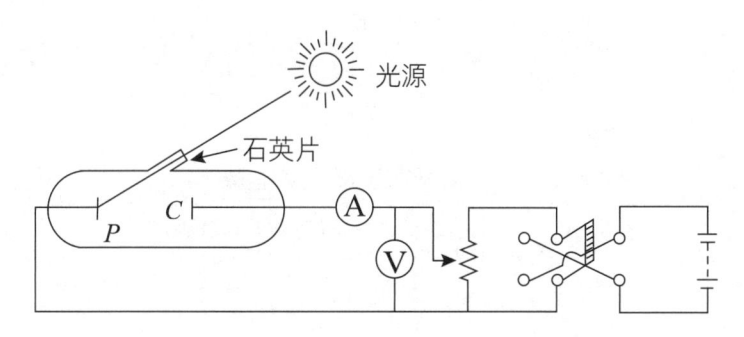

圖 15-2 光電效應實驗裝置示意圖。

光電子本身具有動能，其量測方式係以反向電壓阻止光電子射向正極，當中之最小反向電壓稱為截止電壓 (V_s)。愛因斯坦的光電方程式指出放出的光電子之最大動能 $K_{\max}$ 與入射光之頻率 f

有下列關係

$$K_{max} = hf - e\phi = hf - hf_0 = \frac{hc}{\lambda} - \frac{hc}{\lambda_0} \qquad (15.5)$$

其中 ϕ 為金屬之性質，$e\phi$ 即為光電子脫離金屬表面所需之最小能量，稱為功函數，f_0 即為前述之低限頻率，λ_0 稱為低限波長。例如綠色光對某金屬恰可形成光電效應，則波長較長的紅光、橙光與黃光皆無法形成光電效應。

密立根之實驗得到之結論為

$$eV_s = K_{max}$$

故截止電壓為

$$V_s = \frac{h}{e}f - \phi \qquad (15.6)$$

範例 15-2

4,000 埃之紫光照射一金屬表面，逸出電子最大動能為 2.00 電子伏特 (eV)。若以 6,000 埃之光照表面，則光電子最大動能為若干？

解：

由 $K_{max} = h\nu - e\phi = \frac{hc}{\lambda} - e\phi = \frac{12,400}{\lambda} - e\phi$ 及題中資料

$$\Rightarrow \begin{cases} 2.00 = \frac{12,400}{4,000} - e\phi \\ K_{max} = \frac{12,400}{6,000} - e\phi \end{cases} \Rightarrow \text{光電子最大動能為} \\ K_{max} = 0.96 \text{ (eV)}\ldots\ldots Ans.$$

範例 15-3

一金屬球,半徑為 1 公分,以不導電之細線懸吊於真空中,今以波長為 1.0×10^{-7} 公尺的單色光照射之。(1) 當一個光電子逸出球面時,球面的電位變為若干伏特?(設原來球面的電位為零) (2) 設金屬的功函數為 3.7 電子伏特,則此球最多可放出若干個光電子?

解:

(1) 射出一光電子後,球表面上帶電量 $Q=e=1.6\times 10^{-19}$ 庫侖

$$\Rightarrow 電位\ V=K\frac{e}{r}=9\times 10^9\times\frac{1.6\times 10^{-19}}{10^{-2}}$$

$$=1.44\times 10^{-7}\ (伏特)$$

(2) 設球最多可放出 N 個光電子,則此時球面的電量 $Q=Ne$ 而電位為

$$V'=K\frac{Ne}{r}=9\times 10^9\times\frac{N\times 1.6\times 10^{-19}}{10^{-2}}=1.44\times 10^{-7}N\ (伏特)$$

又射出光電子之最大動能

$$E_k=\frac{hc}{\lambda}-e\phi=\frac{12,400}{1,000}-3.7=8.7\ (eV)$$

若欲光電子脫離球面,則須 $E_k\geq eV'$,即

$$8.7\geq 1\times 1.44\times 10^{-7}N\Rightarrow N\leq 6.0\times 10^7$$

∴ 最多可放出之光電子數為 6.0×10^7 個。......**Ans.**

2. 康普頓效應

以高能量的光子,如 X 射線或 γ 射線撞擊原子,則原子中之電子被撞擊出來之後,入射光子之波長變長之現象稱為康普頓效應。因使用的光子能量遠大於電子束縛能,故被撞擊的電子可視為自由電子,而光子與電子碰撞時,其能量與動量均守恆。此理論即顯示電磁輻射會以光子的形式和物質產生交互作用。

波長的變化量與入射光子波長 λ 無關,但與光子之散射角 θ

(撞擊後光子方向與原入射方向之夾角) 有關，關係式為

$$\Delta\lambda = \frac{h}{mc}(1-\cos\theta) = 0.0243(1-\cos\theta) \text{ Å} \tag{15.7}$$

至於光子撞擊自由電子，使電子獲得之動能為

$$E_K = \frac{1}{2}m_e V_e^2 = h(f-f') = hc\left(\frac{\lambda'-\lambda}{\lambda\lambda'}\right) \tag{15.8}$$

其中 f' 及 λ' 為散射光子之頻率及波長。

範例 15-4

在康普頓散射中，如果入射光子之能量為 1.6×10^3 eV，並假設碰撞為正向完全彈性碰撞，則碰撞後電子動能的數量級為多少？

解：

光子與電子正向彈性碰撞後反向彈回 ⇒ 散射角 $\theta = 180°$

入射光子波長 $\lambda = \dfrac{hc}{\text{入射光子能量 } E} = \dfrac{12,400}{1.6\times 10^3} = 7.75$ (Å)

又由 $\lambda'-\lambda = \dfrac{h}{mc}(1-\cos\theta)$ 得 $\lambda'-7.75 = 0.0243(1-\cos 180°)$

故散射光子波長 $\lambda' = 7.7986$ Å

⇒ 能量 $E' = \dfrac{hc}{\lambda'} = \dfrac{12,400}{7.7986} = 1.59\times 10^3$ (eV)

則由能量守恆知

電子動能 $E_K =$ 入射光子能量 $E -$ 散射光子能量 E'

$$\therefore E_K = 1.6\times 10^3 - 1.59\times 10^3 = 0.01\times 10^3$$
$$= 10 \text{ (eV)} \quad \text{......Ans.}$$

15-2　原子結構

　　湯姆生首先對原子結構提出了"葡萄乾-布丁"的原子模型，認為原子中帶正電的部分，均勻分佈於原子體積中，而電子則如葡萄乾一般散佈其中，達成正負電的平衡。

　　而湯姆生的學生拉塞福則在 1911 年以著名的金箔實驗為基礎，而提出了有核的原子模型來解釋原子結構，如圖 15-3 所示。其理論為正電集中於一個極小的區域內，稱之為**原子核**。而電子則因庫侖靜電力的作用，繞著原子核轉動，與行星繞日之狀況相似。對外界而言，電子對外的電力作用被原子核所抵消，使整個原子對外呈現電中性。

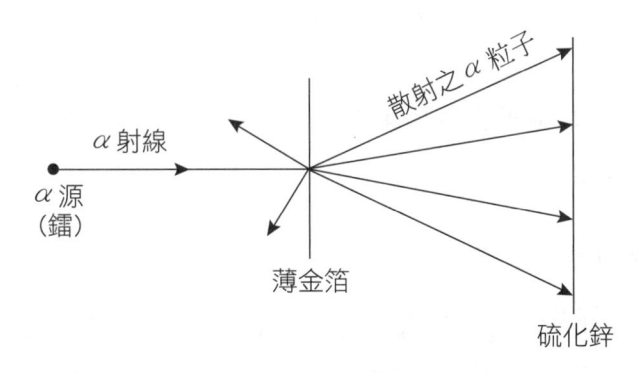

圖 15-3　拉塞福散射實驗示意圖。

拉塞福原子模型的缺點為：

1. 當電子繞核運動時，依據第十四章所述之麥斯威爾電磁理論知電子會不斷的輻射出電磁波放出能量，應使電子循螺旋形軌道跌入原子核表面。這與事實上原子處於穩定狀態不符，且原子內亦無電磁波輻射出能量。
2. 電子放出能量後軌道半徑縮小，則頻率應逐漸增大，其所發出之光波的頻率也應逐漸增大。一個光源含有許多原子，以機率而言，單一種類原子光源放出之光，應是各種頻率皆具備，可形成連續光譜。實際上，原子光譜是明亮的線條，即所謂明線光譜，而非連續光譜，故頻率亦非連續性。

在 1913 年波爾建構了氫原子的模型，其包含了兩項基本假設：

1. 穩定態的假設

當電子繞原子核作圓周運動時，只能在某些特定的穩定態軌道上運動。當電子在這些軌道中運動時，不遵守古典物理學的定律，不發射電磁波，並符合條件

$$2\pi mvr = nh$$

即原子中各電子軌道的角動量 L 為量子化

$$L = mvr = n \cdot \frac{h}{2\pi} \tag{15.9}$$

其中 m 和 v 為電子質量及速率，而 r 為軌道半徑，n 為整數，即量子化的表現。

2. 光譜線的頻率假設

當電子由穩定態 i 躍遷至另一穩定態 f，原子會吸收或放出電磁波，若 E_i 與 E_f 分別為狀態 i 及 f 的原子能量，則原子吸收或放出電磁波的頻率 f 為

$$f = \frac{\Delta E}{h} = \frac{|E_f - E_i|}{h} \tag{15.10}$$

氫原子核有帶 Ze 電量的正電荷 (Z 即原子序)，電子 (質量 m，電量 e) 在半徑為 r 的圓軌道上，繞原子核作等速率 v 運動。若我們以游離態的能量為零，則第 n 階的能量為

$$E_n = -\frac{mZ^2e^4}{8\varepsilon_0^2 h^2 n^2} = -\frac{13.6}{n^2} \text{ (eV)} \tag{15.11}$$

而類氫原子，即僅含一個電子的原子或離子，如 He^+，Li^{2+}，Be^{3+}…等的能階，則將 (15.11) 式中的 Z 值依其原子序代入，即

$$E_n = -\frac{13.6Z^2}{n^2} \text{ (eV)} \qquad (15.12)$$

例如 He$^+$ 的能階 $E_n = -\dfrac{54.4}{n^2}$ eV，

Li^{2+} 的能階 $E_n = -\dfrac{122.4}{n^2}$ eV。

另外在波爾原子模型中的一些重要結論為：

1. 作用力

$$\text{向心力} = \text{庫侖力} = Z\frac{ke^2}{r^2} = m\frac{v^2}{r} \qquad (15.13)$$

2. 軌道半徑

$$r_n = \frac{n^2h^2}{4\pi^2 mKZe^2} = 0.53\frac{n^2}{Z} \text{ (Å)} \qquad (15.14)$$

3. 電子之波長

$$\lambda_n = \frac{nh^2}{2\pi mKZe^2} = \frac{2\pi r_n}{n} = 3.3\frac{n}{Z} \text{ (Å)} \qquad (15.15)$$

4. 電子之速率

$$V_n = \frac{h}{m\lambda n} = \frac{2\pi KZe^2}{nh} = 2.18\times 10^6 \frac{Z}{n} \text{ (m/s)} \qquad (15.16)$$

範例 15-5

如一氫原子 (H) 的電子從 $n=2$ 的穩定態躍遷至 $n=1$ 的穩定態時，所放出光子能量為 E。則一氦離子 (He$^+$) 的電子從 $n=3$ 的穩定態躍遷至 $n=2$ 的穩定態時，所放出光子的能量約為若干？

解：

令游離態的能量為 $E_\infty = 0$，則原子序為 Z 之類氫原子其第 n 階的能量為

$$E_n = -\frac{13.6}{n^2}Z^2 \text{ (eV)},$$

故氫原子 ($Z=1$) 的電子由 $n=2$ 躍遷至 $n=1$ 時所放出光子能量為

$$E=\left(-\frac{13.6}{2^2}\right)-\left(-\frac{13.6}{1^2}\right)=10.2 \text{ (eV)}$$

⇨ He⁺ ($Z=2$) 的電子由 $n=3$ 躍遷至 $n=2$ 時所放出光子能量為

$$\Delta E=\left(-\frac{13.6}{3^2}\times 2^2\right)-\left(-\frac{13.6}{2^2}\times 2^2\right)$$

$$=7.56 \text{ (eV)}=\frac{7.56}{10.2}E \fallingdotseq 0.74\,E \text{ ......Ans.}$$

範例 15-6

以某固定頻率之電磁波照射氫原子恰可使處於基態之氫原子的電子游離，今以相同頻率之電磁波照射激發態之鋰離子 (Li²⁺)，發現亦可將其電子游離，但較低頻率之電磁波卻無法將之游離，則該鋰離子所處狀態的量子數 n 為多少？

解：

令游離態之能量＝0 ⇨ 原子序為 Z 之類氫原子第 n 階能量為

$$E_n=-\frac{13.6}{n^2}Z^2 \text{ (eV)}$$

又若照射電磁波之頻率為 f，則依題意知：

氫原子 ($Z=1$)：$hf=-E_1=-\left(-\frac{13.6}{1^2}\times 1^2\right)$

鋰離子 ($Z=3$)：$hf=-E_n=-\left(-\frac{13.6}{n^2}\times 3^2\right)$

故所求量子數 $n=3$ ......*Ans.*

　　在氫原子能階遷移時發射出的光子能量形成的氫原子光譜中，若由 $n\geq 2$ 層躍遷至 $n=1$ 時，其能量變化範圍為

$$10.2 \text{ eV} \leq \Delta E \leq 13.6 \text{ eV}$$

可得波長範圍為 (來曼線系)

$$912 \text{ Å} \leq \lambda \leq 1216 \text{ Å (紫外線範圍內)}$$

若由 $n \geq 3$ 層躍遷至 $n=2$ 時，其能量變化範圍為

$$1.89 \text{ eV} \leq \Delta E \leq 3.4 \text{ eV}$$

可得波長範圍為 (巴耳麥線系)

$$3647 \text{ Å} \leq \lambda \leq 6526 \text{ Å (紫外線至可見光範圍內)}$$

15-3　原子核性質

原子核的構造包含了兩種粒子，即**質子**與**中子**，其與電子的比較在表 15-1。由表中可了解電子的質量遠小於質子與中子的質量，也就是原子的質量幾乎集中於原子核。質子與中子藉由核力而結合在原子核內。原子核中所含有質子的數目稱為**原子序**，代號 Z。而原子核內的質子數與中子數的總和稱為**質量數**，代號 M。任意元素 A 的表示法為 $^M_Z A$。

表 15-1　原子中三種粒子之比較

	質　量	電　荷	發現先後
質子	1.672×10^{-27} kg	$+1$	
中子	1.674×10^{-27} kg	0	最晚
電子	9.1×10^{-31} kg	-1	最早

質量數或原子序甚大的元素通常不穩定，會以放出射線的方式衰變成為另一種元素，放射線的種類與性質諸元如表 15-2 所示。衰變過程中的核反應式必須滿足總質量數守恆及總電荷守恆。衰變方式可分為

表 15-2 放射線

放射線	α 射線	β 射線	γ 射線
本體	α 粒子 (氦原子核 He²⁺ 即 $_2^4$He)	β 粒子 (電子 $_{-1}^0$e)	波長比一般 X 射線更短 (在 10^{-10} 米以下) 的電磁波
電荷	2 單位正電	1 單位負電	不帶電
質量	約 4 a.m.u	約 0.00055 a.m.u	無靜止質量
速度	$\frac{c}{10} \sim \frac{c}{20}$	$\frac{4c}{10} \sim \frac{6c}{10}$	c (光速)
游離氣體能力	最強	其次 (α 射線的 1/100)	最弱 (β 射線的 1/100)
感光能力	最弱	其次	最強
螢化作用	小	中	大
穿透能力	最弱，一張紙片即可阻止	其次，2 mm 厚鉛板可阻止	最強，可穿透 1 cm 厚的鉛板
電場影響	略向負極偏折	向正極作較大的偏折 (與 α 射線相較)	不會偏折

1. α 衰變：原子序減少 2，質量數減少 4。
2. β 衰變：原子序增加 1，質量數不變。
3. γ 衰變：原子序及質量數均不變。

原子序在 83 以上的天然元素都呈不穩定，但也有原子序在 83 以下的元素也呈不穩定，如 $_6^{14}$C 會衰變成 $_6^{12}$C 元素。不穩定的原子核經一次或多次衰變後會成為穩定的原子核。原子序相同但質量數不同的原子稱為**同位素**，如鈾元素即有 $_{92}^{235}$U，$_{92}^{238}$U，$_{92}^{239}$U 等同位素，同位素的化學性質相同但物理性質不同。

放射性物質的放射強度衰變為原有放射強度的一半所需的時間稱為**半生期**或**半衰期**。其放射衰變公式為

$$\frac{m}{m_0} = \frac{N}{N_0} = \frac{R}{R_0} = \left(\frac{1}{2}\right)^{t/T} \tag{15.17}$$

其中 m 為剩餘質量，N 為剩餘原子數，R 為剩餘放射強度；而 m_0 為原有質量，N_0 為原有原子數，R_0 為原有放射強度；T 為半生期，t 為經歷之時間。如圖 15-4 所示。

衰變是由原子核發生，與核外電子的結構無關。而前述的半衰期是一種機率統計所得的結果，我們不可用單一放射性原子核來觀察，因為一個原子核可能在任意時間衰變。而每一次的衰變發生時，該原子核只能同時放出 α 與 γ 射線或是 β 與 γ 射線，故 γ 又稱伴隨射線。(請參閱本書第一章)

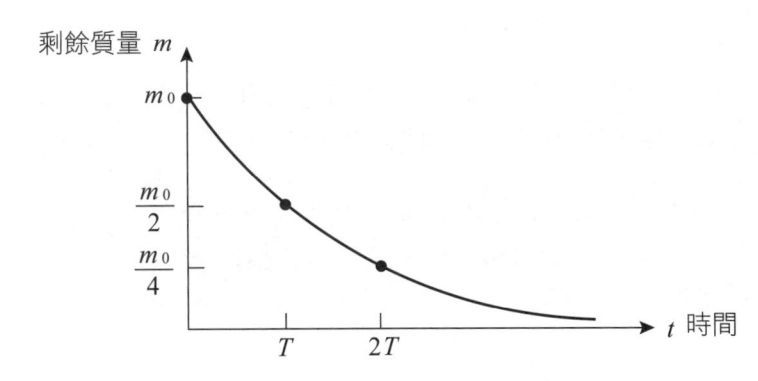

圖 15-4　放射性物質 $m-t$ 圖。

不穩定的較大原子序的元素在受到外來粒子撞擊時 (如中子)，通常會分裂成較小的新原子核及其他粒子，並同時放出大量的能量，此現象稱為**核分裂**，如核子彈、核能發電等皆為其應用。

而由兩個較小的原子核融合成一個較大的原子核之反應稱為**核融合反應**。由於核融合時損失的質量比例大於核分裂的時候，因此產生的能量甚為可觀。自然界中的恒星體本身的能量即來自星球內高溫高壓下產生的核融合反應。氫彈亦是核融合的應用。

範例 15-7

以一個 α 粒子撞擊鈹產生核反應 $^4_2He + ^9_4Be \rightarrow ^{12}_6C + ^1_0n$。它們的質量 ^4_2He 為 4.0026 a.m.u.，^9_4Be 為 9.0122 a.m.u.，$^{12}_6C$ 為 12.0000 a.m.u.，中子 ^1_0n 為 1.0087 a.m.u. (1 a.m.u.=1.66×10^{-27} 公斤)。則反應後 ^{12}C 與中子之動能和比 α 粒子之入射動能約多出若干？

解：

依題意知核反應後減少的質量為

$$m = (4.0026+9.0122)-(12.0000+1.0087) \text{ a.m.u.}$$
$$= 0.0061 \text{ a.m.u.} = 0.0061 \times 1.66 \times 10^{-27}$$
$$= 1.0126 \times 10^{-29} \text{ (公斤)}$$

依愛因斯坦質能方程式可知核反應後減少的質量 m 轉變為能量 $E=mc^2$，則反應後 ^{12}C 與中子之動能和比 α 粒子之入射動能約多出

$$E = mc^2 = 1.0126 \times 10^{-29} \times (3\times10^8)^2$$
$$= 9.11 \times 10^{-13} \text{ (焦耳)} \quad \text{......Ans.}$$

15-4　X 射線

　　1895 年侖琴於實驗室中發現 X 射線，X 射線的波長介於 10^{-9} m 到 6×10^{-12} m 的範圍內，即頻率在 3×10^{17} 到 5×10^{19} Hz 之間。其成因為由 X 射線管的陰極發出的高速電子經高壓加速後撞到陽極金屬靶上，將金屬表面的原子電離。入射電子深入原子的內層，把內層電子撞出軌道留下空缺，此時外層電子自動躍遷到空缺軌道，而放出光子，即為 X 射線。除此之外，亦可用制動輻射或減速輻射的方式產生 X 射線，即利用高速電子從靶原子核旁經過減速所生，使原高速電子的動能轉化成光子的能量。

　　X 射線的波長極短，對晶體可產生勞厄繞射及布拉格繞射，證實其為電磁波的波動性質。而尤其亦有康普頓散射的現象，證實具有質點的性質。故 X 射線兼具波動與質點的雙重性。

15-5 物質波

1923 年，德布羅衣提出不僅光子具有波的性質，而且所有物質的粒子都附帶有一種波，稱為**物質波**。由 (15.4) 式可知物質波波長與其動量有關，即德布羅衣波長

$$\lambda = \frac{h}{p} = \frac{h}{mv} \tag{15.18}$$

德布羅衣的物質波理論與愛因斯坦假設電磁波具有粒子性的理論中方程式形式相同，但內涵意義則完全不同。

具有動量的粒子即可附有物質波，故電子經由電位差 V 加速後之物質波波長為

$$\lambda = \frac{12.26}{\sqrt{V}} \text{ (Å)}$$

而質子的物質波波長為

$$\lambda = \frac{12.26}{\sqrt{1840V}} \text{ (Å)}$$

氦原子在絕對溫度 T K 時之物質波波長為

$$\lambda = \frac{12.6}{\sqrt{T}} \text{ (Å)}$$

1927 年，戴維生及革末以鎳金屬晶體實驗證實了電子束會產生繞射現象，即具有波的性質。利用繞射實證所得之圖形，可量測繞射波的波長，與德布羅衣所預測的波長一致。

範例 15-8

一個電子被加速至 10^3 公尺/秒，則與其物質波相同波長之光子的頻率為若干？

解：

$$\lambda = \frac{h}{mv}$$

$$\Rightarrow f = \frac{c}{\lambda} = \frac{mvc}{h}$$

$$= \frac{9.1 \times 10^{-31} \times 10^3 \times 3 \times 10^8}{6.63 \times 10^{-34}}$$

$$\fallingdotseq 4.12 \times 10^{14} \text{ (赫)} \quad \text{......Ans.}$$

範例 15-9

(1) 動能為 13.7 電子伏特的電子，其物質波的波長為多少公尺？

(2) 若有一束動能為 13.7 電子伏特的電子通過狹縫間距離為 0.01公釐的雙狹縫，則在雙狹縫後 10 公尺處所探測到的電子密度最小處的間隔約為多少公釐？（1 公釐＝10^{-3} 公尺）

解：

(1) 依題意知電子動能 $E_K = 13.7$ 電子伏特＝2.19×10^{-10} 焦耳，而其質量 $m = 9.11 \times 10^{-31}$ 公斤 $\Rightarrow$ 動量量值 $P = \sqrt{2mE_K} = 2.00 \times 10^{-24}$ kg-m/s，則由德布羅衣物質波說

$$\Rightarrow \text{物質波的波長 } \lambda = \frac{h}{p} = \frac{6.63 \times 10^{-34}}{2.00 \times 10^{-24}}$$

$$= 3.32 \times 10^{-10} \text{ 公尺} \quad \text{......Ans.}$$

(2) 因雙狹縫之距離 $d = 0.01$ 公釐，且雙狹縫至探測電子處之距離 $r = 10$ 公尺＝10^4 公釐，則由波的干涉原理知電子密度最小處的間隔為

$$\Delta y = \frac{r\lambda}{d} = \frac{10^4 \times 3.32 \times 10^{-7}}{0.01} = 0.332 \text{ (公釐)} \quad \text{......Ans.}$$

習 題

一、選擇題

	答案
1. 氫的同位素，^3H 中之中子數為：	(B)
(A) 1 (B) 2 (C) 3 (D) 4	
2. 一原子的質量數 A，原子序 Z，今衰變，放出一個 α 粒子，新元素的質量數和原子序為：	(C)
(A) A，$Z-1$ (B) A，$Z+1$ (C) $A-4$，$Z-2$ (D) $A-2$，$Z+1$	
3. 以下哪一種不是電磁波：	(C)
(A) 可見光 (B) X 射線 (C) α 射線 (D) γ 射線	
4. 對光子而言，下列敘述何者正確：	(D)
(A) 光子帶正電	
(B) 光子、能量與其質量成正比	
(C) 光子能量與其波長成正比	
(D) 光子能量與其頻率成正比	
5. 在康普頓實驗中：	(B)
(A) 證實了光子具有波動性	
(B) 證實了光子具有粒子性	
(C) 證明了物質波的存在	
(D) 證明了原子的質量大部分集中在原子核	
6. 當一電子的速度變為原來的 2 倍時，其相對應的物質波波長變為原來的若干倍：	(C)
(A) 2 (B) 4 (C) 1/2 (D) 1/4	
7. 光電效應：	(D)
(A) 當照射光愈強時，放射出電子之能量愈大	
(B) 當光之波長愈長時，放射出電子之能量愈大	
(C) 當光之波長愈長時，放射出電子之數目愈多	
(D) 當光愈強，放射出電子之數目愈多	
(E) 當光之波長愈短時，放射出電子之數目愈多	
8. 核能發電是利用鈾同位素分裂，減少：	(C)
(A) 位能 (B) 動能 (C) 質量 (D) 動量 以產生熱量	

9. 放射性元素放出 α 質點而形成新元素，與原來元素比較，新元素的： (D)
   (A) 質量數增 1
   (B) 原子序數增 1
   (C) 質量數減 2
   (D) 原子序數減 2
10. 從電子的繞射現象可以證明： (D)
    (A) 光的微粒說
    (B) 光的波動說
    (C) 波爾的原子模型
    (D) 物質波　理論是對的
11. 來自外太空的高能質點是： (A)
    (A) 宇宙射線　　(B) β 射線　　(C) γ 射線　　(D) α 射線
12. 光電效應中，當以藍光照射某金屬表面時不能產生光電流，則以下列何種色光照射該金屬表面時，可能產生光電流： (B)
    (A) 紅光　　(B) 紫光　　(C) 黃光　　(D) 綠光
13. 放射性元素之三種射線比較，何者正確： (D)
    (A) 穿透力 $α > β > γ$
    (B) 感光作用 $α > β > γ$
    (C) 速度 $α > β > γ$
    (D) γ 射線的能量最高，因其波長較 x 光為短
14. 就原子之能階而言，下列敘述何者錯誤： (E)
    (A) 任兩種原子之能階不相同，可用以鑑別原子
    (B) 氫原子中電子的基態能階為 $-13.6\,eV$
    (C) 原子吸收了能量後稱為激發態
    (D) 原子未吸收能量時稱為基態
    (E) 原子對能量之吸收沒有一個定值
15. 動量相同之下列各質點，其相對應的物質波波長何者最長： (E)
    (A) 電子　　(B) 質子　　(C) 中子　　(D) 氦原子　　(E) 相同
16. 放射性元素有三種放射線 α、β、γ，當射線通過電場時，下列敘述何者錯誤： (C)
    (A) γ 射線不受電場偏向
    (B) α 射線偏向負極
    (C) β 射線偏向負極
    (D) 三種射線被電場分成三束射線
17. 在光電效應中，假設入射光之波長增加，則光電子的動能會有什麼變化： (B)
    (A) 增加　　(B) 減少　　(C) 不變　　(D) 不一定
18. 質量為 1 公克的物質若轉換為能量時，可產生若干焦耳： (B)
    (A) $9×10^{16}$　(B) $9×10^{13}$　(C) $3×10^8$　(D) $1.6×10^{-19}$　(E) 1 焦耳

19. 在光電效應中欲增加光電表面放出之光電子的最大動能則需增加： (A)
    (A)入射光頻率　(B)入射光強度　(C)光電表面積　(D)功函數

20. 放射線中 γ 射線的帶電量，以 e 為單位時，等於： (C)
    (A) +2　　　(B) −1　　　(C) 0　　　(D) −2

21. 電磁波的波長由大至小排列，下列何者正確： (A)
    (A)紅外線，可見光，X 射線　(B) γ 射線，X 射線，紫外線
    (C)無線電波，紫外線，可見光　(D)黃光，綠光，紅光

22. 波長為 4000Å 之紫光，其每一光子的能量約為若干焦耳： (D)
    (A) 3.1　(B) 4×10^3　(C) 1.6×10^{-19}　(D) 4.96×10^{-19}　(E) 8.23×10^{-19} 焦耳

23. 下列對陰極射線敘述，何者錯誤： (C)
    (A)依直線進行　(B)為電子　(C)沒有質量　(D)會受磁場作用而偏向

24. 下列敘述何者正確： (B)
    (A)聲波靠物質傳播，是物質波的一種
    (B)光與物質皆兼具波動和粒子的雙重性質
    (C)電子的繞射現象證明電子的粒子性質
    (D)動量大的粒子，其物質波波長較長

25. 一原子放射出頻率為 f 為光，在未放射前是靜止的，放射後該原子如何變化： (C)
    (A)與光子同速度移動　　　(B)與光子同方向移動
    (C)與光子反方向移動　　　(D)與光子成垂直方向移動

26. 下列敘述何者正確： (G)
    (A)光具有粒子性，光子的能量 $E\,(\text{eV})=\dfrac{12{,}400\text{ eV}\cdot\text{Å}}{\lambda(\text{Å})}$
    (B)光電效應，入射光愈強，打出電子形成的光電流愈大
    (C)光電效應，入射光頻率愈高，打出光電子的動能愈大
    (D)愛因斯坦的狹義相對論指出，有相對速度時量得同向方向物體長度縮短
    (E)光具有波動和粒子兩種性質
    (F)聲波、繩波為機械波，皆非物質波
    (G)以上皆正確

27. 波爾原子理論中，討論氫原子中的電子軌道能階，若主量子數 $n=2$，則能量為： (C)
    (A) -13.6 eV　(B) $\dfrac{-13.6\text{ eV}}{2}$　(C) $\dfrac{-13.6\text{ eV}}{(2)^2}$　(D) -13.6 eV$\times 2$

二、計算題

1. 試求下列不同形式放射出的光子動量：(1) 由 He-Ne 雷射發出的可見光波長 633 nm；(2) 波長 300 nm 的紫外線；(3) 波長 0.100 nm 的 X 射線。

   答案：(1) 1.05×10^{-27}

   　　　(2) 2.21×10^{-27}

   　　　(3) 6.63×10^{-27} (單位 kg·m/s)

2. 試求距鈾原子核 7.4×10^{-15} m 處之 α 粒子的電位能為若干 MeV？

   答案：35.8 MeV

3. 於電視機內真空管中被 20,000 V 電位差加速的電子，其德布羅衣波長為若干？此電子束以粒子看待是否合理？

   答案：8.67×10^{-12} m，合理

4. 質量 0.15 kg 的棒球，以 40 m/s 的速率移動時，其德布羅衣波長為若干？

   答案：1.1×10^{-34} m

5. X 射線管的兩極加以 40,000 V 電壓時，試求 X 射線的最短波長為若干？

   答案：0.31 Å

6. 由某 X 射線管產生的最短 X 射線波長為 0.040 nm，試求加於管之兩極的最小電壓為若干？

   答案：3.1×10^4 V

索　引

三　畫

大氣壓力	122
介電質	242

四　畫

內聚力	128

五　畫

反磁性物質	275
功率	72
半生期	310
半生期或半衰期	7
半衰期	310
史蒂芬-波茲曼定律	155
瓦特	72

六　畫

交流電	289
光度	208
光通量	208
光槓桿原理	216
全反射	213
向量	15

七　畫

冷次定律	287
束縛能	69

八　畫

兩象性	207
固態	151
帕斯卡原理	120
放射性元素蛻變法	7
波速 v	186
物理量	1
物質波	313
直流電	290
直線	191
非彈性碰撞	83
非彈性碰撞	87

九　畫

亮度	208
恢復係數	91
重力質量	6

十　畫

原子質量單位	6
原線圈	291
庫侖力	234
弱磁性物質	275
振動頻率 f	186
振幅	55
核分裂	311
核融合反應	311
氣態	151

海更士原理	198
純量	15
能量	67

十一畫

脈動	186
副線圈	291
動量	81
動量守恆定律	82
動摩擦係數	47
液態	151
脫逃速度	69
脫離能	69

十二畫

惠斯登電橋法	260
散射	208
斯勒格	6
焦耳	66
焦耳電熱定律	263
週期 T	186
週期波	186
順磁性物質	275

十三畫

照度	208
節線	191
節點	191
節點	193
腹線	191
腹點	191
腹點	193
電功率	262
電位	238
電阻	252
電阻定律	252
電阻係數	252

電流的磁效應	276
電流強度	251
電容	242
電動勢	257
電荷守恆定律	231
電磁感應	286

十四畫

慣性矩	104
慣性質量	6
漂移速度	251
漫射	209
爾格	66
磁力線	276
磁通量	276
磁場	276
磁極	275

十五畫

彈性碰撞	87
歐姆定律	252
潛熱	152
熱平衡	145
熱輻射	299
衝量	81
質量數	309

十六畫以上

靜摩擦係數	47
壓力	119
聲波	196
簡諧運動	53
轉動慣量	104
雙曲線	191
顛倒溫度計	146
鐵磁性物質	275
驗電器	232